油气储运工程师技术岗位资质认证丛书

管道工程师

中国石油天然气股份有限公司管道分公司 编

石油工业出版社

内 容 提 要

本书系统介绍了油气储运管道工程师所应掌握的专业基础知识、管理内容及相关知识，并分三个层级给出相应的测试试题。其中，第一部分专业基础知识重点介绍了阴极保护、管道保护、管道应急管理知识、工程施工管理等；第二部分技术管理内容及知识重点介绍了管道防腐管理、管道保护管理、管道完整性管理、管道应急管理、管道管理系统使用等管理内容；第三部分为试题集，是评估相关从业人员岗位胜任能力的标准。

本书适用于油气储运管道工程师技术岗位和相关管理岗位人员阅读，可作为业务指导及资质认证培训、考核用书。

图书在版编目(CIP)数据

管道工程师／中国石油天然气股份有限公司管道分公司

编. —北京：石油工业出版社，2018.1

（油气储运工程师技术岗位资质认证丛书）

ISBN 978-7-5183-1956-5

Ⅰ.①管… Ⅱ.①中… Ⅲ.①油气运输-管道运输-技术

培训-教材 Ⅳ.①TE973

中国版本图书馆 CIP 数据核字(2017)第 159828 号

出版发行：石油工业出版社

（北京安定门外安华里 2 区 1 号　100011）

网　　址：www.petropub.com

编辑部：(010)64523583　图书营销中心：(010)64523633

经　　销：全国新华书店

印　　刷：北京中石油彩色印刷有限责任公司

2018 年 1 月第 1 版　2018 年 1 月第 1 次印刷

787×1092 毫米　开本：1/16　印张：15.75

字数：360 千字

定价：72.00 元

《管道工程师》编写组

主　编：王洪涛

副主编：姜艳华　何　飞　张娜娜　崔　蕾

《管道工程师》审核组

大纲审核

主　审：南立团　刘志刚

副主审：张存生　吴志宏

成　员：李景昌　卢启春　费雪松　高　强　姜征峰　滕延平

　　　　张晓春　王立峰　刘少柱　尤庆宇　孟令新

内容审核

主　审：冯庆善

成　员：滕延平　郭　莘　刘广兴　杨雪梅　吴凯旋

体例审核

孙　鸿　吴志宏　杨雪梅　张宏涛　井丽磊　吴凯旋

前　言

　　《油气储运工程师技术岗位资质认证丛书》是针对油气储运工程师技术岗位资质培训的系列丛书。本丛书按照专业领域及岗位设置划分编写了《工艺工程师》《设备(机械)工程师》《电气工程师》《管道工程师》《维抢修工程师》《能源工程师》《仪表自动化工程师》《计量工程师》《通信工程师》和《安全工程师》10个分册。对各岗位工作任务进行梳理，以此为依据，本着"干什么、学什么，缺什么、补什么"的原则，按照统一、科学、规范、适用、可操作的要求进行编写。作者均为生产管理、专业技术等方面的骨干力量。

　　每分册内容分为三部分，第一部分为专业基础知识，第二部分为管理内容，第三部分为试题集。其中专业基础知识、管理内容不分层级，试题集按照难易度和复杂程度分初、中、高三个资质层级，基本涵盖了现有工程师岗位人员所必须的知识点和技能点，内容上力求做到理论和实际有机结合。

　　《管道工程师》分册由中国石油管道公司管道处(保卫处)牵头，北京输油气分公司、济南输油分公司等单位参与编写。其中，姜艳华编写阴极保护知识、工程施工管理知识、管道完整性管理及相关试题；何飞编写管道保护知识、管道应急管理知识、管道保护管理、管道应急管理及相关试题何飞、张娜娜编写管道防腐管理及相关试题；崔蕾编写管道管理系统使用及相关试题。王洪涛负责整体架构设计、统稿工作，最后由审核组审定。

　　在编写过程中，编写人员克服了时间紧、任务重等困难，占用大量业余时间，编者所在的单位和部门给予了大力的支持，在此一并表示感谢。因作者水平有限，内容难免存在不足之处，恳请广大读者批评指正，以便修订完善。

编　者

目　　录

管道工程师工作任务和工作标准清单

工作步骤、目标结果、行为标准［输油、气站］

序号	工作任务	初级	中级	高级
业务模块一：管道防腐管理				
1	管道阴极保护管理	（1）阴极保护站的日常维护； （2）阴极保护投运前对被保护管道的检查及验收； （3）阴极保护投运	（1）电位测量； （2）杂散电流干扰腐蚀测试	管道阴极保护系统异常情况分析与应对
2	管道防腐层管理	（1）管道防腐层检测计划编制； （2）管道定位、埋深检测	A字架探测管道防腐层缺陷	编制防腐层修复方案
业务模块二：管道保护管理				
1	管道巡护管理	（1）管道重点防护部位管理； （2）检查巡护人员的巡线情况，组织召开巡护人员会议； （3）开展管道巡护管理	（1）各类管道风险的识别； （2）与公安等政府部门建立联系，定期汇报管道保护情况	（1）识别出风险管控； （2）协调处理管道保护相关事宜
2	管道地面标识管理	定期更新管道地面标识台账，组织对管道地面标识进行日常维护	地面标识制作与设置	
3	管道保护宣传	（1）制订本站的年度管道保护宣传计划； （2）参与管道宣传活动，做好《管道宣传活动记录》	制订本站管道保护宣传方案	管道保护法宣贯

1

续表

序号	工作任务	工作步骤、目标结果、行为标准[输油、气站]		
		初级	中级	高级
4	第三方管道施工管理	(1)识别第三方施工损伤管道的风险，建立第三方施工台账；(2)根据第三方施工相关规定，对第三方施工及管道保护方案进行初步审查	对第三方施工作业进行监护	对第三方施工关联段管道保护工程进行验收归档
5	防汛及地质灾害管理	(1)识别防汛重点地段和隐患；(2)防汛物资管理；(3)填报防汛周报	(1)制订本站的防汛工作方案；(2)编制防汛工作总结；(3)防汛应急管理（修订）防汛预案、防汛演练；(4)地质灾害风险识别	(1)汛期巡线与抢修；(2)地质灾害监控
6	管道占压管理	组织排查管道占压，建立台账	及时制止管道新增占压	参与管道占压清理
业务模块三：管道完整性管理				
1	管道高后果区管理	高后果区识别	高后果区管理	
2	管道风险评价数据收集与整理	管道风险评价数据收集与整理		
业务模块四：管道应急管理				
1	应急预案	(1)制订站外管道应急预案演练计划和演练方案并将计划上传到PIS系统；(2)培训、报备站外管道应急预案	(1)编制、修订站外管道应急预案；(2)组织或参与相关应急预案演练	组织应急预案演练后评价、撰写演练总结
2	应急响应	应急预案响应		
业务模块五：管道管理系统使用				
1	PIS系统使用	(1)熟练使用PIS系统填报，审核各项工作；(2)对系统数据进行更新		
2	GPS系统使用	使用GPS巡检系统检查巡线员管道巡护情况		

第一部分　管道专业基础知识

第一章　阴极保护知识

阴极保护是利用电化学原理对金属结构物进行腐蚀防护的技术，该技术最早应用于1824年。那时，英国海军科学家David发现，当将两种不同的金属连接在一起并浸入电解质后，一种金属腐蚀加速，而另一种金属得到一定程度的保护。根据这一发现，他建议在舰船的铜制船底上安装铁或者锌对其加以保护，这是阴极保护的最早应用。

20世纪初，油气管道的应用越来越广泛，而腐蚀问题变得非常严重。在1920年，美国新奥尔良州的R. J. Kuhm首次对埋地管道实施阴极保护。到20世纪30年代初期，美国几乎所有埋地油气管道都采用了阴极保护。1936年，美国成立了"中州阴极保护协会"用来交流阴极保护技术，1943年，该协会正式更名为"美国防腐蚀工程师协会"（NACE），该协会为全世界阴极保护技术的发展做出了重要贡献。

阴极保护在我国的应用始于1958年，首次应用于克拉玛依—独山子输油管道，到20世纪60年代，阴极保护已广泛应用于输油管道。自20世纪90年代末期，开始对储罐底板施加阴极保护。迄今，几乎所有输油气管道、储罐、海洋结构都施加了阴极保护。对输水管道、混凝土钢筋码头的阴极保护也逐渐展开。

第一节　概　　述

一、防腐蚀的重要意义

自然界中，大多数金属是以化合态存在的。通过炼制，被赋予能量，才从离子状态转变成原子状态。然而，回归自然状态是金属固有的本性。我们把金属与周围的电解质发生反应，从原子变成离子的过程称为腐蚀。金属腐蚀广泛地存在于人们的生活中，以至于人们对其发生、发展熟视无睹。国外统计表明，每年由于腐蚀而报废的金属材料，相当于金属产量的20%~40%，全世界每年因腐蚀而损耗的金属达1×10^8t以上。金属腐蚀直接地和间接地造成巨大的经济损失。据有关国家统计，每年由于腐蚀而造成的经济损失：美国约5000亿美元，平均每人2000美元；英国为国民经济总产值的3.5%；日本为国民经济总产值的1.8%。

大多数长输管道是埋地的，由于土壤中含有水分、空气、酸、碱和水溶性矿物盐以及微生物，这些因素都会使金属管道发生腐蚀。因此，必须采取防腐措施，以保证管道的使用寿命，减少由于腐蚀造成的经济损失。利用目前已知的防腐技术，可以挽回30%的腐蚀损失，因此，积极地进行腐蚀防护具有很大的经济意义。

二、金属的构成

金属是由原子构成的，原子是由原子核和绕原子核旋转的电子组成。原子核是由质子与中子构成，如图1-1-1所示。对于给定的原子，质子数等于电子数，原子不带电。将金属放入电解质中，金属阳离子受水中氢氧根离子的吸引，丢掉电子，进入溶液，生成腐蚀产物。而被丢弃的电子被溶液中氢离子俘获，生成氢原子，如图1-1-2所示。

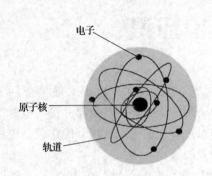

图1-1-1　原子结构图

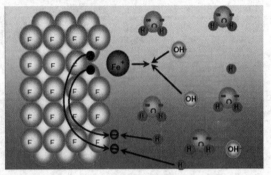

图1-1-2　溶液中氢离子俘获电子

日常所见的金属多为合金，由不同原子组成，当把金属放入电解质中后，其表面各点的电位是不同的，电位的高低取决于金属内部结构及外部环境。电位较低的为阳极、电位较高的为阴极，电子将离开阳极向阴极移动，而位于阳极区的金属原子由于失去电子而成为带正电的离子进入电解质，与电解质中的负离子发生反应而形成腐蚀产物，金属发生腐蚀。在阴极区，由于存在多余的电子，金属不会发生腐蚀，化学反应在电解质中发生，如析氢，如图1-1-3所示。

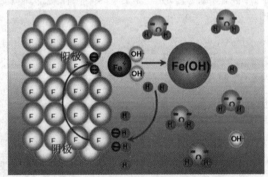

图1-1-3　电解质中的金属腐蚀

（1）阳极：在电化学反应中失去电子，发生氧化反应的电极。

$$Fe \longrightarrow Fe^{2+}+2e$$

（2）阴极：在电化学反应中得到电子，发生还原反应的电极。

$$2H^+ +2e \longrightarrow H_2 \uparrow$$

$$O_2+2H_2O+4e \longrightarrow 4OH^-$$

（3）电解质：含有离子的溶液，一般指土壤、水、潮气等。

（4）导体：电子迁移的途径(金属导体)。

当4个因素都存在时，就会发生腐蚀，而去除任意一个因素，腐蚀就停止。防腐层就是通过将金属与电解液隔离，去掉电解质而达到防腐的目的。

三、埋地管道金属腐蚀

埋地金属管道，不论是金属内部结构有差异还是外部环境条件有区别，都会造成金属管道上的各点电位不同，而电位的差异就是电流流动的驱动力，也是腐蚀的源泉。由于自然界中，环境条件差别比比皆是，也就造成了腐蚀无处不在，以至于我们对其发生也习以为常，熟视无睹。

1. 金属杂质引起的腐蚀

如果钢铁表面存在杂屑，与周围的金属相比，杂屑电位较正，为阴极；周围的金属电位较负，为阳极。阳极失去电子而发生腐蚀，通常会发生点蚀，如图1-1-4所示。

2. 异种金属腐蚀

如果不同的金属处于同一电解质并且电气连接，较活泼的金属电位偏负，发生腐蚀；电位较正的金属为阴极，得到保护。如

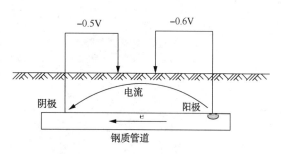

图1-1-4 金属杂质引起的腐蚀

钢制水管道上的铜阀门，钢管被腐蚀而铜阀门得到保护。管道不锈钢管箍用低碳钢螺栓固定，螺栓先腐蚀。

3. 氧浓差引起的腐蚀

在通气条件差(含氧量低)的环境下，钢结构对地电位较负，为阳极；而在氧气供应充分的位置，钢铁的电位较正，为阴极。如公路穿越处，由于沥青路面阻碍了氧气的供应，公路正下方氧气含量低，管地电位负，为阳极，发生腐蚀；而路两侧管道通气条件好，管地电位较正，为阴极，得到保护，如图1-1-5所示。

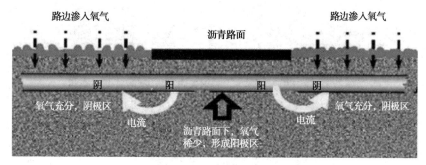

图1-1-5 氧浓差腐蚀

4. 含水量不同引起的腐蚀

处于含水量大的土壤中，含氧量小，金属为阳极，易发生腐蚀，当管道经过沼泽进入沙漠地带时，该现象尤为突出，如图1-1-6所示。

5. 土壤密实度引起的腐蚀

储罐或管道处于土壤不均匀的环境时，引起腐蚀，土壤密实处为阳极，如图1-1-7所示。

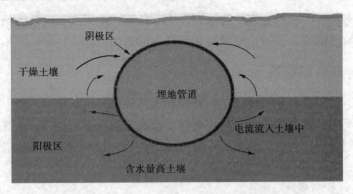

图 1-1-6　含水量不同引起的腐蚀

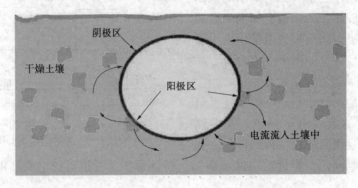

图 1-1-7　土壤密实度引起的腐蚀

6. 混凝土界面上的腐蚀

管道进站、出站或在穿跨越，一般要安装混凝土固定墩，以防止管道在内应力作用下发生纵向或横向位移。由于混凝土呈碱性，混凝土包裹部分管道电位高，为阴极；而未包裹部分管道电位低，为阳极，发生腐蚀，如图 1-1-8 所示。

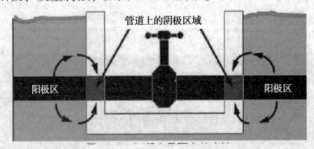

图 1-1-8　混凝土界面上的腐蚀

7. 硫酸盐还原菌腐蚀

（1）当通气条件差时（如在黏土中或潮湿环境下），硫酸盐还原菌可能会活跃，发生如下反应：

$$SO_4^{2-}+8H^+ \Longrightarrow H_2S+2H_2O+2OH^-$$

（2）由于氢原子不断被消耗，需要更多的电子来产生氢原子，因此，腐蚀加剧。腐蚀特点是金属表面光亮并伴有臭鸡蛋味，如图 1-1-9 所示。

图 1-1-9　氢原子消耗引起的管道腐蚀

8. 新旧管道的腐蚀

在旧管道中换掉一段管，新换的管道电位偏负，易发生腐蚀，要比预期寿命短，如图 1-1-10 所示。

（1）低碳钢（旧管道）电位：-0.50~-0.20V（CSE）。

（2）低碳钢（新管道）电位：-0.80~-0.50V（CSE）。

图 1-1-10　新旧管道腐蚀

9. 土壤性质不同引起的腐蚀

管道经过不同性质的土壤时，将形成腐蚀电池，含盐量高的管段电位偏负，为阳极，发生腐蚀；含盐量低的管段电位偏正，为阴极，如图 1-1-11 所示。

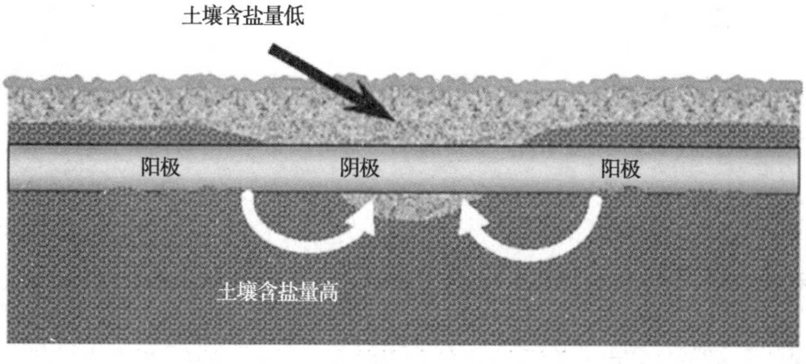

图 1-1-11　土壤性质不同引起的腐蚀

10. 杂散电流造成的腐蚀

杂散电流是沿规定路径之外流动的电流，它在土壤中流动，且与被保护管道系统无关。该电流从管道的某一部位进入管道，沿管道流动一段距离后，又从管道流入土壤，在电流流出的部位，管道发生腐蚀，称该腐蚀为杂散电流腐蚀。

11. 土壤酸碱度不同造成的腐蚀

（1）酸度和碱度（pH 值）：当介质中的 H^+ 含量大于 OH^- 含量，则为酸性的。当介质中 OH^- 含量大于 H^+ 含量，则为碱性的。pH 值中性点为 7。酸性溶液的 pH 值低于 7，而碱性溶液的 pH 值高于 7。对于很多金属，pH 值低于 4 时，腐蚀速率显著增加。pH 值为 4~8 时，腐蚀速率与 pH 值无关。pH 值高于 8，环境变得有钝化性能，因此腐蚀速率下降。

（2）铝、铅、锌的腐蚀速率在 pH 值高于 8 时，趋向于增加。这是由于这些金属表面的保护性氧化膜在很强的酸和碱中发生溶解，金属发生腐蚀。在低和高的 pH 值的情况下，都发生腐蚀的金属被称为两性金属。

（3）pH 值对于评价土壤的腐蚀性没有太大意义，但当怀疑有酸性污染时，应当对其进行测量。采用一般的 pH 值试纸就可以满足精度要求，如图 1-1-12 所示。

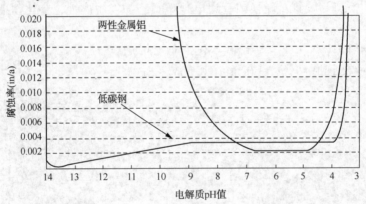

图 1-1-12　溶液 pH 值与腐蚀速率的关系

第二节　阴极保护原理

一、电化学反应

电化学是化学的一个分支，涉及化学反应中电荷的移动。腐蚀和阴极保护涉及在水或者其他溶液环境中的电荷转移。

1. 氧化

氧化定义为原子或者分子失去一个或者多个电子，从而形成一个带正电的离子。当原子和分子失去电子时，就会发生氧化反应。原子或者分子的负电荷减少。

例如，当一个中性粒子铁原子（Fe）氧化，将可能失去两个或者三个电子，生成铁阳离子（Fe^{2+} 或者 Fe^{3+}）：

$$Fe \longrightarrow Fe^{2+} + 2e$$

$$Fe \longrightarrow Fe^{3+} + 3e$$

发生氧化的电极或者金属部位称为阳极。此处定义的氧化与氧没有必然的联系。

2. 还原

还原定义为原子或者分子得到一个或者多个电子，从而形成一个阴离子或者中性元素。当原子或者分子得到电子，发生还原反应。原子或者分子的负电荷增加。例如，氢离子（H^+）被还原，它将得到一个电子，生成一个中性的原子（H）：

$$H^+ + e \Longrightarrow H$$

发生还原反应的电极或者金属的部位称为阴极。

二、电极反应

1. 阳极反应

在阳极上发生的化学反应，主要取决于阳极材料和环境条件。主要的化学反应有金属氧化、析氧和析氯。

对于牺牲阳极阴极保护，主要的阳极反应是阳极金属的氧化。在中性土壤中，金属离子又和水中的氢氧根离子结合成氢氧化合物及氢离子。

$$M \Longrightarrow M^+ + e$$

$$M^+ + H_2O \Longrightarrow MOH + H^+$$

对于外加电流阴极保护，由于阳极材料多选用耐腐蚀材料，主要的化学反应是阳极周围负离子的氧化。当土壤中氯离子含量很低时，阳极反应主要是析氧。

$$2H_2O \Longrightarrow O_2 + 4H^+ + 4e$$

当氯离子含量较高时，阳极反应为析氯，氯气和水反应产生次氯酸和盐酸。所以，析氯将降低溶液的 pH 值。

$$2Cl^- \Longrightarrow Cl_2 + 2e$$

当用回填料后，化学反应发生在焦炭回填料上，无论如何，阳极反应都会降低阳极附近溶液的 pH 值，所以，阳极材料要具有耐酸的特性。

$$C + H_2O \Longrightarrow CO + 2H^+ + 2e$$

$$C + 2H_2O \Longrightarrow CO_2 + 4H^+ + 4e$$

2. 阴极反应

发生在阴极的化学反应，是还原反应，还原是得到电子。发生的阴极反应取决于电解质。以下是在阴极表面发生的两个最常见的还原反应：

氧还原（中性环境中比较常见）

$$2H_2O + O_2 + 4e \longrightarrow 4OH^-$$

氢离子还原（酸性环境中比较常见）

$$H^+ + e \longrightarrow H$$

阴极反应和阳极反应可以发生在不同金属上或同一金属的不同部位。腐蚀电池的阳极发生腐蚀，阴极不发生腐蚀。

三、电化学腐蚀电池

图 1-2-1 表示基本的电化学腐蚀电池。电池中的各个部分在以后讨论。

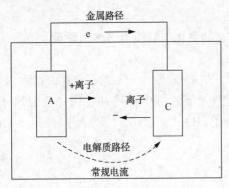

图 1-2-1 电化学腐蚀电池

1. 电解质

电解质是具有导电性的离子溶液。

2. 电离

除了在氧化和还原反应中可以产生离子，离子也可以由离子化分子的电解而存在于电解质中。阳离子是带正电荷的离子，阴离子是带负电荷的离子。这些离子可以载流。因此，电解作用越强的电解质，其导电性也越好。

3. 腐蚀电池

腐蚀是一种含有电子和离子移动的电化学过程。金属的损失(腐蚀)发生在阳极。阴极没有金属的损失(阴极被保护)。

电化学腐蚀发生在腐蚀电池内，并伴随有电子的传输过程。一个腐蚀电池由阳极、阴极、电解质、金属通路 4 部分组成，如图 1-2-1 所示。

4. 电解质中的电荷传输

带电离子的运动是电解质导电的原理，它与固体金属导体中的电子运动不同。一方面，带正电荷的离子(阳离子)从阳极向阴极的方向移动(注：离子在阴极不会沉积出来)；另一方面，带负电荷的离子(阴离子)从阴极向阳极的方向移动。这种电荷的传输称为电解电流。离子相对比较重而且移动缓慢。因此，电解质具有比金属高的电阻率。这引起极化的现象。

5. 传统电流

在腐蚀和阴极保护工作中，采用传统电流的方向。传统电流的方向和正离子传输的方向一致，与负离子或电子的传输方向相反[1]。

四、阴极保护方式

阴极保护是利用电化学方式对金属结构物进行腐蚀防护的技术，利用通电技术使金属表面各点电位达到一致，从而减缓腐蚀。实现阴极保护有两种方式：牺牲阳极阴极保护和外加电流阴极保护。因在《综合维修管道工》中有对两种阴极保护方式的详细讲述，本节只做简单介绍。

1. 牺牲阳极阴极保护

牺牲阳极阴极保护是将活性不同的两种金属连接后，处于同一电解质中，利用不同金属的电位差异，活性强的金属失去电子受到腐蚀，而活性差的金属得到电子受到保护。由于这一过程中，活性强的金属被腐蚀，所以称为牺牲阳极阴极保护。

牺牲阳极常用于电流需求小、土壤电阻率小的环境中，或用于结构的局部保护[1]。

牺牲阳极材料应具有：电位足够负但不宜太负，以免阴极区产生析氢反应；阳极的极化率要小，电位极电流输出要稳定；阳极材料电容量要大；必须有高的电流效率；溶解均匀，容易脱落；材料价格低廉，来源充分。

通常使用镁、锌、铝 3 种材料制作牺牲阳极。

镁阳极具有高驱动电压、低电流效率、高造价的特点，多用于电阻率大于 $15\Omega \cdot m$ 的土壤或淡水环境中。镁阳极的电流效率因环境不同有所变化，土壤或水中含盐量低时，电流输出小，自身腐蚀相对较大。土壤电阻率高时，阳极输出电流小，阳极表面容易发生钝化，阳极输出电流减小。温度升高自身腐蚀加剧，效率降低。所以在咸水或盐水中使用温度不宜超过 30℃，在淡水中使用温度不宜超过 45℃。在海水中，寿命很短不宜使用[1]。

镁阳极消耗量计算：

$$W = \frac{8766It}{UZQ} \tag{1-2-1}$$

式中　I——阳极输出电流，A；

　　　t——设计寿命，a；

　　　U——电流效率（取 0.5）；

　　　Z——理论电容量（取 2200A·h/kg），A·h/kg；

　　　Q——阳极使用率（取 85%）；

　　　W——阳极质量，kg[1]。

锌阳极多用于土壤电阻率小于 15Ω·m 的土壤环境或海水环境。电极电位为 −1.1V（CSE），驱动电压 0.25V。温度高于 49℃ 时，发生晶间腐蚀；高于 54℃ 时，锌阳极的电极电位变正，它与钢铁的极性发生逆转，变成阴极受到保护，而钢铁变成阳极受到腐蚀。所以，锌阳极一般用于温度低于 49℃ 的环境。锌阳极必须使用回填料。锌阳极消耗量计算见式（1-2-1），理论电容量取 820A·h/kg。

铝阳极大多用于海水环境金属结构或原油储罐内底板的阴极保护，不能用于氯离子含量低的土壤环境。温度高于 49℃ 时，电容量随温度递减，在咸水中，电流容量可能会降低到一半。铝阳极直接固定在被保护结构上，无须填料。铝阳极消耗量计算见式（1-2-1），理论电容量取 2500A·h/kg。

当使用填料时，阳极的电流输出效率提高，回填料成分一般为石膏粉 75%、膨润土 20%、硫酸钠 5%。石膏粉用来保持水分，降低阳极的接地电阻；膨润土用来增强和土壤的紧密性；硫酸钠用来活化阳极表面，使阳极表面均匀腐蚀，提高阳极利用效率。不同土壤条件下使用的回填料见表 1-2-1。

表 1-2-1　回填料成分

阳极类型	质量分数（%）			适用土壤电阻率（Ω·m）
	石膏粉	膨润土	工业硫酸钠	
镁阳极	50	50	—	≤20
	75	20	5	>20
锌阳极	50	45	5	≤20
	75	20	5	>20

注：所选用的石膏粉的分子式为 $CaSO_4·2H_2O$。

2. 外加电流阴极保护

利用外部电源，将电流通过阳极地床输入到土壤，电流在土壤中流动到被保护结构，并从汇流点返回电源设备。由于电流被强制流向被保护结构，又称为强制电流阴极保护。

外加电流阴极保护可应用于保护高土壤电阻率中的大型结构，应用范围广。

五、腐蚀速率

1. 法拉第定律

沉积在阴极上(或从阳极上游离出来)的任何材料的质量与通过回路中的电荷量成正比。法拉第定律将腐蚀电池中金属随时间的损失和电流联系起来。定律的表达式如下:

$$W_t = KIT \qquad (1-2-2)$$

式中　W_t——质量损失,kg;

　　　K——电化学当量,kg/(A·a);

　　　I——电流,A;

　　　T——时间,a。

如果损耗发生在整个结构上,上述损失可能是不明显的。但是,如果结构涂敷有涂层,损耗只在涂层有缺陷的地方发生,那么在短期内,可能产生若干穿孔。对于埋地管道,随着防腐层完整性的改善,涂层漏点越来越少。如果不施加阴极保护,由于流出的电流集中在很少的涂层缺陷处,管道腐蚀穿孔的速度可能比防腐层差的管道更快。

法拉第定律对于预测阴极保护中阳极寿命也是很有用的。知道阳极材料以及阳极的预计输出值,则可以计算其寿命(表1-2-2)。

表1-2-2　阳极材料消耗量表

阳极材料	消耗量	
	kg/(A·a)	lb/(A·a)
镁	4.0	8.8
铝	2.95	6.5
锌	10.66	23.6
铬	5.64	12.5
镉	18.39	40.5
铁	9.13	20.1
镍	9.58	21.1
铜(Cu^+)	20.77	45.6
铜(Cu^{2+})	10.39	22.8
锡	19.39	42.7
铅(Pb^{2+})	33.87	74.5
碳(C^+)	1.91	4.2
碳(C^{4+})	1.00	2.2

2. 影响腐蚀速率的因素

1) 极化

极化是由于电流的流动而导致电位偏离电极开路电位的现象。若电流持续流动的话,阴极和阳极都会发生极化。极化降低了阳极和阴极区域的电位差，导致腐蚀电流和腐蚀速率的降低。最初，阴极周围有大量的反应物，可以及时消化阴极上的电子，随着阴极反应的持续，阴极周围的反应物越来越少，反应产物却越来越多。由于反应产物不能及时移走，这又阻碍了反应物接近阴极，其结果是阴极上出现了多余的电子。随着电子的积累，阴极电位也会逐渐降低。阴极保护就是利用这一现象，使金属表面各点电位都降低到某一电位值，从而消除金属表面各点之间的电位差，减缓腐蚀。相反，如果阴极周围存在大量的反应物或反应物很容易移走(如在流动的水中)，要想达到某一负电位，就需要相对多的电子，也就是说，极化困难。例如，阴极周围存在大量的氧分子(如透气性良好的沙土)，阴极就难以极化到要求的电位。能够消耗阴极电子的物质称为去极化剂。去极化剂包括溶解氧、活性微生物、水流等。

当极化和去极化作用之间达到平衡时，电位差和阴阳极间的腐蚀电流达到稳定。腐蚀速率取决于这个最终的电流。

2) 阴阳极相对面积比

腐蚀电池中阴阳极相对面积比对阳极的腐蚀速率有很大的影响。如果相对于阴极，阳极的面积很小(例如，铜板上的钢铆钉)，则阳极(钢铆钉)将迅速被腐蚀。这是由于腐蚀电流集中于一个很小的面积上(电流密度很大)。同样，阴极面积大可能不易极化，因此保持比较高的腐蚀速率。

当小阴极与大阳极相连接(如钢板上的铜铆钉)，阳极(钢板)上的腐蚀电流密度要比上面讨论的那种情况时小很多，因此阳极的腐蚀较慢。极化在此也起到了重要的作用。小阴极可能会迅速发生极化，从而降低了腐蚀电流速率。

3) 电导率

通过电解质的电流大小受到离子含量的影响。离子越多，电导率越大；电导率越大，对于给定的电池电压，电流越大；而电流越大，腐蚀速率也越高。电导率等于电阻率的倒数，单位为西门子/厘米(S/cm)。

在腐蚀及其防护研究中，电导率或它的倒数(电阻率)是重要的参数。电导率高本身不代表是腐蚀性的环境，它仅仅代表承载电流的能力。

4) 化学活性

电解质的化学活性，提供了驱动氧化还原反应的能量。电解质中的一些化学物质通过协助生成保护膜，从而可能阻滞或者延缓化学反应。例如，碳酸盐可能导致锌表面钝化膜的生成；在这样的环境中，镀锌构件实际上可能不发生腐蚀。然而，如果镀锌表面有破损的话，则破损处下面的钢铁可能迅速发生腐蚀，因为它将处于比碳酸锌膜更负的电位。钝化也可以使锌阳极不起作用。

特别关心的是 pH 值，pH 值表示电解质中的氢离子的浓度。氢离子浓度越高，pH 值越低。当与电化学活性比氢更强的金属接触时，氢离子容易接受电子。例如，镁、铝、锌、铁和铅都是比氢更具有活性的金属。其他的金属，如铜，活性较氢低(或更贵)。因此，在酸性环境中，活性比氢更大的金属将发生腐蚀，而更贵的金属将不发生腐蚀。

强碱性环境(通常指 pH 值高于8)中，可以加速诸如铝和铅这样的两性金属的腐蚀[1]。

第三节　阴极保护主要技术指标

一、参比电极

参比电极，或者半电池，是测量电解质中金属电位的一种重要装置，结构—土壤间电位是相对于一个电极进行测量，经常提到的结构对电解质的电位实际上是结构和参比电极间测得的电位。电解质本身无电位，结构对电解质的电位可以测量，与所用的参比电极无关，因此，在讨论如何测量沿结构的电位时，必须要讨论参比电极。饱和硫酸铜参比电极，因其电极电位具有良好的重复性和稳定性，构造简单，在阴极保护领域中得到广泛采用。

1. 对参比电极的要求

（1）参比电极的电位应具有重复性，极化小、稳定性好、寿命长。

（2）不容易被污染，不污染被测量环境。

（3）电位波动小于 10mV。

（4）实验室中，采用氢电极电位作为零电位，由于它制作、维护困难，工程上很少采用，工程上大多采用硫酸铜参比电极。

2. 常见参比电极相对于铜—硫酸铜参比电极的电位

（1）铜—硫酸铜电极电位（CSE）：0.000V；

（2）银—氯化银电极（饱和）电位（SSC）：-0.050V；

（3）饱和甘汞电极电位（SCE）：-0.070V；

（4）氢电极电位（SHE）：-0.320V；

（5）锌电极电位（Zn）：-1.100V。

3. 便携参比电极

在进行电位测量的大多数环境中，使用标准氢电极半电池是不方便的。作为替代，使用其他的在特定离子浓度溶液中的金属电极，参比电池必须是稳定的，并且数据具有重现性。

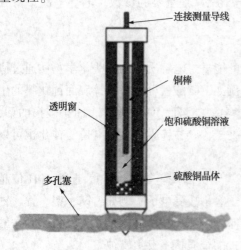

图 1-3-1　便携式参比电极

连接测量导线
铜棒
透明窗
饱和硫酸铜溶液
硫酸铜晶体
多孔塞

硫酸铜电极（CSE）是测量埋地结构以及淡水环境中结构电位最常用的参比电极，此电极是将铜棒浸泡在饱和硫酸铜溶液中，溶液置于底部带有多孔塞的不导电的圆筒中，如图 1-3-1 所示，饱和溶液中的铜离子可防止铜棒的腐蚀，并稳定参比电极电位。

4. 硫酸铜参比电极的使用和维护

（1）保持清洁，不使用时，要用塑料/橡胶帽将多孔塞套上。

（2）保持无污染。定期更换硫酸铜并且用非金属的研磨材料清洁铜棒。如使用氧化硅砂纸而非氧化铝砂纸清洁铜棒。如果溶液变混浊，将其倒掉并换上新的硫酸铜溶液，确保溶液中一直有未溶解的晶体。在有污染的环境中（如盐水）使用电极后，要对其进行维护。氧化物的污染可改变化学反应，当浓度为 $5\mu g/g$ 时，电位偏差可达 20mV；浓度为 $10\mu g/g$ 时，偏差达到 95mV。

（3）应留有备用的电极，若原电极丢失，则可以使用备用电极继续工作。

（4）备有一个新的电极，以便用来校准现场使用的电极，当校准电极与使用电极之间的差值大于 5mV 时，则需要清洗现场所使用的电极。

（5）由于温度和光照的关系，需要校正电位的变化，对于温度校正，读数时记录温度是很必要的。当参考温度高于或者低于环境温度时，必须分别加上或者减去 $0.5mV/℉$ 或者 $0.9mV/℃$ 的温度校正值。

（6）测量过程中屏蔽电极，避免阳光直接照射（例如，用黑色胶带覆在电极一侧的透明部分），与放置在黑暗处的电极相比，在光线照射下的参比电极的电位要降低 10~50mV。

5. 储罐内壁专用参比电极

储罐内壁专用参比电极用于储罐内壁或其他水介质中阴极保护电位的测量。

注意：将纯锌棒固定在多孔的非金属外壳内，保证电极不与被保护结构接触；电极位于套筒内，以避免直接与器壁接触，电极电位 $-1.10V$（CSE），电位稳定，漂移或极化小于 5%，结构保护电位应低于 $+0.25V$。

电极主要成分见表 1-3-1。

表 1-3-1　电极主要成分　　　　　　　　　　　　　　　　　　单位:%

Al	Cd	Fe	Cu	Pb	Zn
<0.005	<0.003	<0.014	<0.002	<0.003	余量

二、阴极保护参数

1. 自然电位

自然电位是金属埋入土壤后，在无外部电流影响时的结构对地电位。自然电位随着金属结构的材质、表面状况和土质状况以及含水量等因素不同而异，一般有涂层埋地管道的自然电位为 $-0.70 \sim -0.40V$（CSE），在雨季土壤湿润时，自然电位会偏负，一般取平均值 $-0.55V$（CSE）。

2. 最小保护电位

金属达到完全保护所需要的最低电位值。一般认为，金属在电解质溶液中，极化电位达到阳极区的开路电位时，就达到了完全保护。

3. 最大保护电位

如前所述，保护电位不是越低越好，是有限度的，过低的保护电位会造成管道防腐层破损点处析出氢气，造成涂层与管道脱离，即阴极剥离，不仅使防腐层失效，而且大量消耗电能，碱性环境还会加速防腐层老化。氢原子的析出还可导致金属管道发生氢鼓包进而引发氢脆断裂。所以必须将电位控制在比析氢电位稍正的电位值，此电位称为最大保护电位，超过最大保护电位时称为"过保护"。需要指出的是，判断管道是否过保护，要根据管道的断电电位来判断，根据规范要求，管道的断电电位应控制在 $-1.20 \sim -0.85V$（CSE）。

15

4. 最小保护电流密度

使金属腐蚀降低到最低程度或停止时所需要的保护电流密度，称为最小保护电流密度，其常用单位为 mA/m^2。处于土壤中的裸露金属，最小保护电流密度一般取 $10 \sim 30mA/m^2$。

5. 瞬间断电电位

在断掉被保护结构的外加电源或牺牲阳极 0.5s 之内读取得结构对地电位，由于此时没有外加电流介质中流向被保护结构，所以，所测电位为结构的实际极化电位。不含 IR 降(介质中的电压降)。由于在断开被保护结构阴极保护系统时，结构对地电位受电感影响，会有一个正向脉冲，所以，应选取 0.5s 之内的电位读数。

6. IR 降

由于阴极保护电流在土壤中流动而引起的电压降称为"IR 降"。在日常进行管道保护电位测量时，所测电位由管道的自然电位、阴极极化、土壤中 IR 降组成。为了有效评价阴极保护状况，我们所关心的是管道的极化电位(不含 IR 降)，因此，必须消除测量中的 IR 降，才能知道管道的实际极化电位。

7. 通电电位

阴极保护系统正常工作时测量的管道电位，其中含有自然电位、IR 降、阴极极化。

8. 阴极极化

管道施加阴极保护后，管道电位自自然电位向负电位偏移，该偏移量称为阴极极化。

第四节　杂散电流腐蚀干扰的判断与测试

一、杂散电流腐蚀

以前采用的防腐层绝缘强度低，漏点多，管道具有很好的接地，其接地电阻通常小于 1Ω，对杂散电流腐蚀尤其是交流干扰并不敏感。随着技术的进步，防腐层的绝缘性能及完整性越来越好，杂散电流腐蚀干扰的问题也越来越突出。

1. 直流杂散电流腐蚀

直流电气化铁道、直流有轨电车铁轨、直流电解设备接地极、直流焊机接地极、阴极保护系统中的阳极地床与管道、高压直流输电系统中的接地极、大地电流等，都是大地中直流杂散电流的来源。

大地中存在着的直流杂散电流造成的地电位差可达几伏甚至几十伏。对埋地管道具有干扰范围广、腐蚀速度快的特点。是管道管理中需要密切注意的问题。

2. 交流杂散电流腐蚀

管道交流杂散电流是指由交流输电系统和交流牵引系统在管道上耦合产生交流电压和电流的现象。从定义上出发，管道上形成干扰的原因是耦合，耦合的形式有 3 种：静电耦合(也称电容耦合)、电阻耦合和电磁耦合(也称感应耦合)。

交流干扰的电压作用于地下金属管道上，可对人身和设备产生危害。按照干扰电压作用的时间，可以分为瞬间干扰、间歇干扰和持续干扰。

（1）瞬间干扰：强电线路故障时产生的干扰电压可达几千伏以上，由于电力系统切断很快，干扰电压作用持续时间在 1s 以下，故称瞬间干扰电压，此电压很高，对人身安全构成严重威胁，同时高压电也会引起管道防腐绝缘层被击穿。当管道与电力系统接地距离不当时，还会产生电弧通道，烧穿管壁，引起事故。

（2）间歇干扰：在电气化铁路附近的管道上，感应电压随列车负荷曲线变动，由几伏到几千伏。其特点是作用时间时断时续，伴有尖峰电压出现，因为它的作用时间较瞬间电压长，只要电气铁道馈电网内有电流流动，管道上就有干扰电压，故称间歇干扰。在这种情况下，除应考虑对人身的危害外，同样也应注意它对管道设备的有害影响。

（3）持续干扰：高压输电线正常运行时，感应在管道上的交流电压值随电力负荷而增减，可由几伏、几十伏到上百伏。因为它的作用时间长，只要高压输电线上有电流，管道上就有感应电压，故称持续干扰电压。在过高的交流干扰电压长期作用下，埋地金属管道会产生交流腐蚀，如沥青防腐绝缘层剥离和管道可能产生氢破裂；对有阴极保护的管道，其保护度下降，严重时使阴极保护设备不能正常工作或造成损坏；管道牺牲阳极性能变坏，甚至极性逆转，从而加速管道腐蚀。同样，过高的持续干扰电压对人身安全也会造成威胁，在交流干扰严重管段上，工作人员会受到过轻度电击。

3. 杂散电流的腐蚀举例

（1）直流电车系统以及阴极保护系统经常成为杂散电流源。电车的供电经常用铁轨作为供电回路，如果土壤与铁轨的绝缘不好，就会有电流进入土壤，即杂散电流。如果铁轨附近埋设有管道，当管道防腐层较差时，杂散电流从管道的一个部位进入管道，沿管道流动一段距离后，在靠近机车系统变电站处的涂层缺陷处离开管道。

（2）如果一条管道经过另一条管道的阳极地床附近，电流就会在此处进入该管道，沿该管道移动到与被保护管道交叉处，再离开该管道。

（3）在电流进入的部位，管道得到保护；在电流离开的部位，管道发生腐蚀，如图 1-4-1 所示。

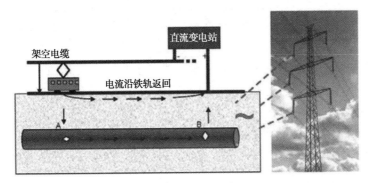

图 1-4-1　杂散电流腐蚀

二、交、直流干扰的判定标准

1. 交流电干扰判定

（1）当管道上的交流干扰电压不高于 4V 时，可不采取交流干扰防护措施；高于 4V 时，应采用交流电流密度进行评估，交流电流密度可按下式计算：

$$J_{AC} = \frac{8U}{\rho \pi d}$$

式中　J_{AC}——评估的交流电流密度，A/m^2；

　　　U——交流干扰电压有效值的平均值，V；

　　　ρ——土壤电阻率(该值应取交流干扰电压测试时，测试点处与管道埋深相同的土壤电阻率实测值)，$\Omega \cdot m$；

　　　d——破损点直径，m，该值按发生交流腐蚀最严重考虑，取 0.0113。

（2）管道受交流干扰的程度可按表 1-4-1 交流干扰程度的判断指标的规定判定。

表 1-4-1　交流干扰程度的判断指标

交流干扰强度	弱	中	强
交流电流密度（A/m^2）	<30	30~100	>100

（3）当交流干扰程度判定为"强"时，应采取交流干扰防护措施；判定为"中"时，宜采取交流干扰防护措施；判定为"弱"时，可不采取交流干扰防护措施[2]。

2. 直流电干扰判定

（1）管道工程处于设计阶段时，可采用管道拟经路由两侧各 20m 范围内的地电位梯度判断土壤中杂散电流的强弱，当地电位梯度大于 0.5mV/m 时，应确认存在直流杂散电流；当地电位梯度大于或等于 2.5mV/m 时，应评估管道敷设后可能受到的直流干扰影响，并应根据评估结果预设干扰防护措施。

（2）没有实施阴极保护的管道，宜采用管地电位相对于自然电位的偏移值进行判断。当任意点上的管地电位相对于自然电位正向或负向偏移超过 20mV，应确认存在直流干扰；当任意点上管地电位相对于自然电位正向偏移大于或等于 100mV 时，应及时采取干扰防护措施。

（3）已投运阴极保护的管道，当干扰导致管道不满足最小保护电位要求时，应及时采取干扰防护措施。

（4）具有如下腐蚀形貌特征的被干扰管道，可判定发生了直流杂散电流腐蚀：

① 腐蚀点呈孔蚀状、创面光滑、有时有金属光泽、边缘较整齐；

② 腐蚀产物呈炭黑色细粉状；

③ 有水分存在时，可明显观察到电解过程迹象。

（5）可根据干扰程度和受干扰位置随时间变化的情况，判定干扰的形态，并应符合下列规定：

① 干扰程度和受干扰的位置随时间没有变化或变化很小，应确定为静态干扰；

② 干扰程度和受干扰的位置随时间不断变化，应确定为动态干扰。

（6）可根据管地电位随距离分布的特征，确定干扰的范围及管道阳极区、管道阴极区和管道交变区的位置[3]。

三、杂散电流干扰的调查与测试

1. 交流干扰的调查与测试

1）一般规定

（1）当管道与高压交流输电线路、交流电气化铁路的间隔距离大于1000m时，不需要进行干扰调查测试；当管道与110kV及以上高压交流输电线路靠近时，是否需要进行干扰调查测试可按管道与高压交流输电线路的极限接近段长度与间距相对关系图（图1-4-2）确定。

（2）当管道与高压交流输电线路的相对位置关系处于需要进行干扰调查测试区时，对已建管道应进行管道交流干扰电压、交流电流密度和土壤电阻率的测量；对在设计阶段的新建管道可采用专业分析软件，对干扰源在正常和故障条件下管道可能受到的交流干扰进行计算。

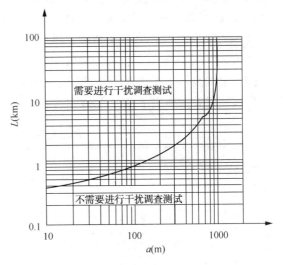

图1-4-2　极限接近段长度 L 与间距 a 相对关系图

2）调查与测试的项目

交流干扰源的调查测试应包括下列内容：

（1）高压输电系统调查测试。

① 管道与高压输电线路的相对位置关系；

② 塔型、相间距、相序排列方式、导线类型和平均对地高度；

③ 接地系统的类型（包括基础）及与管道的距离；

④ 额定电压、负载电流及三相负荷不平衡度；

⑤ 单相短路故障电流和持续时间；

⑥ 区域内发电厂（变电站）的设置情况。

（2）电气化铁路调查测试。

① 铁轨与管道的相对位置关系；

② 牵引变电所位置，铁路沿线高压杆塔的位置与分布；

③ 馈电网络及供电方式；

④ 供电臂短时电流、有效电流及运行状况（运行时刻表）。

（3）被干扰管道的调查测试。

① 本地区过去的腐蚀实例；

② 管道外径、壁厚、材质、敷设情况及地面设施（跨越、阀门、测试桩）等设计资料；

③ 管道与干扰源的相对位置关系；

④ 管道防腐层电阻率、防腐层类型和厚度；

⑤ 管道交流干扰电压及其分布；

⑥ 安装检查片处交流电流密度；

⑦ 管道已有阴极保护和防护设施的运行参数及运行状况；

⑧ 相邻管道或其他埋地金属构筑物干扰腐蚀与防护技术资料。

3）测试工作的分类及应用

（1）测试工作应分为以下 3 种。

① 普查测试：用于初步调查干扰程度及管地交流电位分布情况，为详细测试提供依据。

② 详细测试：提供实施干扰防护措施所需的技术参数。

③ 防护效果评定测试：用于调整交流干扰防护系统运行参数及评定防护效果。

（2）根据具体干扰状态、测试工作种类确定对全部或部分项目进行测试。一般情况下调查与测试项目宜按照表 1-4-2 的规定进行。

表 1-4-2　调查与测试项目

实施方面	调查与测试项目		测试分类		
			普查测试	详细测试	防护效果评定测试
干扰源	高压输电系统	管道与高压输电线路的相对位置关系	○	○	—
		塔型、相间距、相序排列方式、导线类型和平均对地高度	√	○	—
		接地系统的类型（包括基础）及与管道的距离	○	○	—
		额定电压、负载电流及三相负荷不平衡度	△	○	—
		单相短路故障电流和持续时间	√	○	—
		区域内发电厂（变电站）的设置情况	√	○	—
		铁轨与管道的相对位置关系	○	○	—
	电气化铁路	牵引变电所位置，铁路沿线高压杆塔的位置与分布	○	○	—
		馈电网络及供电方式	○	○	—
		供电臂短时电流、有效电流及运行状况（运行时刻表）	√	○	—
被干扰侧		本地区过去的腐蚀实例	△	△	—
		管道外径、壁厚、材质、敷设情况及地面设施（跨越、阀门、测试桩）等设计资料	√	○	—
		管道与干扰源的相对位置关系	○	○	—
		管道防腐层电阻率、防腐层类型和厚度	△	○	—
		管道交流干扰电压及其分布	○	○	○
		安装检查片处交流电流密度	—	√	√
		管道沿线土壤电阻率	○	○	○
		管道已有阴极保护和防护设施的运行参数及运行状况	△	○	△
		相邻管道或其他埋地金属构筑物干扰腐蚀与防护技术资料	△	△	—

注：○—必须进行的项目；△—应进行的项目；√—宜进行的项目。

4）测试工作的要求

（1）普查测试应遵循下列原则：

① 测试点应选在与干扰源接近的管段，间隔宜为 1km，宜利用现有测试桩。

② 对于高压交流输电线路接近的管段，各点测试时间不短于 5min；对与交流电气化铁路接近的管段，测试宜选择在列车运行的高峰时间段上。

③ 应记录每次测量的时间和位置。

（2）详细测试应遵循下列原则：

① 测试点应根据普遍测试结果布设在干扰较严重的管段上，干扰复杂时宜加密测试点。

② 测定时间段应分别选择在干扰源的高峰、低峰和一般负荷 3 个时间段上，测定时间段一般为 60min，对运行频繁的电气化铁路可取 30min；对强度大或剧烈波动的干扰，普查测试期间测得的交流干扰电压最大和交流电流密度最大的点，以及其他具有代表性的点，应当进行 24h 连续测试，或者直到确立和干扰源负载变化的对应关系。

③ 每次测试的起止时间、测定时间段、读数时间间隔、测试点均应相同。

④ 各测试点以相同的读数时间间隔记录数据。

（3）防护效果评定测试应遵循下列原则：

① 防护效果评定应在所有详细测试点进行，测定时间段一般为 8h。

② 接地点、检查片安装点、干扰缓解较大的点和较小的点，测定时间段为 24h。

③ 在安装检查片的测试点应进行交流电流密度的测量。

④ 在安装减轻干扰的接地点应测量接地线中的交流电源。

⑤ 其他原则与详细测试相同。

⑥ 应绘制实施干扰防护措施前、后、原干扰段的管地交流电位分布曲线和测试点的电压—时间曲线。

（4）上述各类测试中，读数时间间隔一般为 10~30s，干扰电压变动剧烈时，宜为 1s。

（5）测试时应断开临时性阴极保护和临时防护接地体。

（6）土壤电阻率的测试应与管道交流电压测试同时、同位置进行[2]。

2. 直流干扰的调查与测试

1）被干扰管道的调查与测试

（1）本地区管道的腐蚀实例及被干扰管道腐蚀的形貌特征；

（2）管地电位及其分布；

（3）管壁中流动的管道干扰电流；流入、流出管道的管道干扰电流大小与部位；管轨电压及其方向；

（4）管道外防腐层绝缘电阻率；

（5）管道外防腐层缺陷点；

（6）管道沿线土壤电阻率；

（7）地电位梯度与杂散电流方向；

（8）管道现有阴极保护和干扰防护系统的运行参数及运行状况；

（9）管道与其他相邻、交叉的管道或其他埋地金属构筑物间的电位差以及其他相邻、交叉的管道或其他埋地金属构筑物的阴极保护和干扰防护系统的运行参数和运行状态；

（10）其他需要测试的内容。

2）直流干扰源的调查与测试

（1）高压直流输电系统。

① 高压直流输电系统建设时间、电压等级、额定容量和额定电流；

② 高压直流输电线路分布情况及其与管道的相互位置关系；

③ 高压直流输电系统接地极的尺寸、形状及其与管道的相互位置关系；

④ 单极大地回线运行方式的发生频次和持续时间；

⑤ 高压直流输电系统接地极的额定电流、不平衡电流、最大过负荷电流和最大暂态电流；

⑥ 其他需要测试的内容。

（2）直流牵引系统。

① 直流牵引系统的建设时间、供电电压、馈电方式、馈电极性和牵引电流；

② 轨道线路分布情况及其与管道的相互位置关系；

③ 直流供电所的分布情况及其与管道的相互位置关系；

④ 电车运行状况；

⑤ 轨地电位及其分布；

⑥ 铁轨附近地电位梯度；

⑦ 其他需要测试的内容。

（3）阴极保护系统。

① 阴极保护系统类型、建设时间和保护对象；

② 阴极保护系统的辅助阳极地床与受干扰管道相互位置关系；

③ 阴极保护系统的保护对象与受干扰管道相互位置关系；

④ 阴极保护系统辅助阳极的材质、规格和安装方式；

⑤ 阴极保护系统的控制电位、输出电压和输出电流；

⑥ 阴极保护系统保护对象的防腐层类型及等级；

⑦ 阴极保护系统保护对象的对地电位及其分布；

⑧ 其他需要测试的内容。

（4）其他直流用电设施。

① 直流用电设施用途、类型和建设时间；

② 直流用电设施特别是直流用电设施的接地装置与受干扰管道相互位置关系；

③ 直流用电设施电压等级、工作电流和泄漏电流；

④ 直流用电设施运行频次和时间；

⑤ 其他需要测试的内容。

3）测试作业的分类及应用

（1）测试作业分如下 3 种：

① 预备性测试。用于初步了解管道干扰程度及管地电位变化特征和分布。

② 防护工程测试。用于详细了解管道干扰程度及管地电位变化特征和分布。

③ 防护效果评定测试。用于评定干扰防护效果并指导干扰防护系统的调整。

（2）根据具体干扰状态、测试作业种类确定对全部或部分项目进行测试。一般情况下，被干扰管道的推荐调查与测试项目宜按表 1-4-3 规定进行选择，直流干扰源的推荐调查与测试项目宜按表 1-4-3 的规定进行选择。

表 1-4-3　被干扰管道的推荐调查与测试项目

调查与测试项目	测试分类		
	预备性测试	防护工程测试	防护效果评定测试
本地区管道的腐蚀实例及被干扰管道腐蚀的形貌特征	△	—	—
管地电位及其分布	○	○	○
管壁中流动的管道干扰电流	—	△	—
流入、流出管道的管道干扰电流大小与部位	—	△	—
管轨电压及其方向			
管道外防腐层绝缘电阻率	—	√	—
管道外防腐层缺陷点	—	√	—
管道沿线土壤电阻率	√	○	√
地电位梯度与杂散电流方向	√	△	—
管道现有阴极保护和干扰防护系统的运行参数及运行状况	△	○	○
管道与其他相邻、交叉的管道和其他埋地金属构筑物间的电位差以及其他相邻、交叉的管道和其他埋地金属构筑物的阴极保护和干扰防护系统的运行参数和运行状态	△	○	√
其他需要测试的内容	根据需要选择		

注：○—应进行的项目；△—宜进行的项目；√—可进行的项目。

表 1-4-4　直流干扰源的推荐调查与测试项目

干扰源类别	调查与测试项目	测试分类		
		预备性测试	防护工程测试	防护效果评定测试
高压直流输电系统	高压直流输电系统建设时间、电压等级、额定容量和额定电流	—	○	—
	高压直流输电线路分布情况及其与管道的相互位置关系	—	○	—
	高压直流输电系统接地极的尺寸、形状及其与管道的相互位置关系	△	○	—
	单极大地回线运行方式的发生频次和持续时间	√	○	—
	高压直流输电系统接地极的额定电流、不平衡电流、最大过负荷电流和最大暂态电流	√	○	—
	其他需要测试的内容	根据需要选择		
直流牵引系统	直流牵引系统的建设时间、供电电压、馈电方式、馈电极性和牵引电流	—	○	—
	轨道线路分布情况及其与管道的相互位置关系	√	○	—
	直流供电所的分布情况及其与管道的相互位置关系	√	○	—
	电车运行状况	—	○	—
	轨地电位及其分布	—	√	—
	铁轨附近地电位梯度	—	√	—
	其他需要测试的内容	根据需要选择		

续表

干扰源类别	调查与测试项目	测试分类		
		预备性测试	防护工程测试	防护效果评定测试
阴极保护系统	阴极保护系统类型、建设时间和保护对象	√	△	—
	阴极保护系统的辅助阳极地床与受干扰管道相互位置关系	√	○	—
	阴极保护系统的保护对象与受干扰管道相互位置关系	√	△	—
	阴极保护系统辅助阳极的材质、规格和安装方式	√	△	—
	阴极保护系统的控制电位、输出电压和输出电流	√	○	—
	阴极保护系统保护对象的防腐层类型及等级	√	√	—
	阴极保护系统保护对象的对地电位及其分布	√	√	—
	其他需要测试的内容	根据需要选择		
其他直流用电设施	直流用电设施用途、类型和建设时间	√	△	—
	直流用电设施特别是直流用电设施的接地装置与受干扰管道相互位置关系	√	○	—
	直流用电设施电压等级、工作电流和泄漏电流	√	○	—
	直流用电设施运行频次和时间	√	△	—
	其他需要测试的内容	根据需要选择		

注：○—应进行的项目；△—宜进行的项目；√—可进行的项目。

4）测试作业的要求

（1）预备性测试应符合下列规定：

① 在可能存在直流干扰的管段进行测试时，可利用管道现有的测试桩作为测试点；

② 对与阴极保护系统等负荷变化较小的干扰源交叉或接近的管段，各个测试点的持续测试时间宜大于 5min；对与直流牵引系统等负荷变化较大的干扰源交叉或接近的管段，宜选择在干扰源负荷的高峰时间段内进行测试，测试过程应至少有一次负荷变化周期。

（2）防护工程测试应符合下列规定：

① 测试点应根据预备性测试结果布设在干扰较严重的管段上，测试点间距宜为 50～200m，最大间距不宜大于 500m。

② 每次测试的持续测试时间宜为 24h，在已经了解干扰源负荷变化规律的情况下，持续测试时间可适当缩短，但应大于 1h，且应选择在干扰源负荷的高峰、平峰和低谷 3 个时间段上。对现有排流点、管道绝缘接头(法兰)两端及管道与干扰源接近和交叉处等具有代表性的点，应进行 24h 连续测试。

③ 测试的次数可根据实际情况确定，不宜少于 3 次。

④ 每次测试的测试点位置应相同，测试起止时间应一致，并应采用相同的读数时间间隔。

⑤ 同一干扰管段内各测试点的测试起止时间应一致，读数时间间隔应相同。

⑥ 干扰源的测试应与被干扰管道同步进行。

⑦ 测试宜在现有防护设施全部关闭和全部运行两种状态下分别进行。

（3）防护效果评定测试除应符合本标准第4.4.2条规定外，还应符合下列规定：

① 测试点在防护工程测试的测试点中选定，应包括拟定排流点、实际排流点和其他采取防护措施的位置、相邻两个排流点中间位置等具有代表性的点。

② 持续测试时间应为24h。

③ 测试宜在所有防护设施全部关闭和全部运行两种状态下分别进行。

（4）测试读数时间间隔宜为10~30s，管地电位变动剧烈时测试读数时间间隔宜为1s。

（5）应采取适当措施消除管地电位测试中土壤IR降的影响[3]。

第五节　储罐阴极保护基础知识

储油罐是管道运输不可缺少的设施，随着人们对投资回报、环境保护的重视，对储油罐的阴极保护也得到广泛的应用。

一、储罐底板阴极保护

储罐底板一般是坐落在沥青砂之上，但随着沥青砂的老化，沥青砂垫层会逐渐开裂，破碎，使地下水分透过沥青砂到达储罐底板。另外，随着储罐内液体高度的变化，储罐底板也会发生变形，会将潮湿的空气吸入底板下面，当储罐底板边缘密封不好时，雨水也会渗入底板下方。因此，有必要对储罐底板施加阴极保护。

1. 阴极保护基本规定

1）阴极保护电流密度的规定

（1）罐底板外表面有防腐层时，保护电流密度范围应为$5~10mA/m^2$；

（2）无防腐层或防腐层质量差的在用储罐，保护电流密度可取$10~20mA/m^2$。

2）阴极保护检测的规定

（1）应在罐底板下方埋设长效参比电极，罐底中心埋设的参比电极宜为长效硫酸铜或纯锌参比电极；

（2）测试导线应有足够强度，长度应留有一定的裕量；

（3）可在罐底板下方安装带孔塑料管，用来测量储罐底板保护电位。

3）防雷防静电接地的规定

（1）牺牲阳极可兼作储罐的防雷防静电接地极，储罐的接地极应采用电位较低的材料，宜选用棒状、带状锌阳极或镀锌扁钢、镀锌圆钢接地极；

（2）为了减小阴极保护电流的流失，可以在储罐接地线与接地网之间安装接地电池；

（3）每组锌阳极接地极的汇接电缆与储罐接地引线可用铜鼻子螺栓方式连接；

（4）工艺站场的电气设备的工作接地、保护接地及信息系统的接地宜采用镀锌扁钢、圆钢、锌棒等材料。

2. 储罐底板阴极保护方式

储罐底板外壁可采用外加电流或牺牲阳极阴极保护。对于大型储罐，尤其是土壤电阻率较高时，宜采用外加电流阴极保护方式，而对于位于土壤电阻率低的环境中的小型储罐，宜采用牺牲阳极阴极保护。计算阴极保护电流时，要考虑接地系统造成的阴极保护电流的流失。

沥青砂的存在往往会阻碍阴极保护电流流向储罐底板，建议储罐基础中不使用沥青砂。而储罐底板外侧涂刷底漆。尽管焊接会损坏底漆，但毕竟还有大部分底漆存在，这将有效地减小对阴极保护电流的需求，使电流分布更为均匀。

网状阳极是储罐底板外壁阴极保护的有效方式，已经在国内得到广泛应用。由于阳极网处于储罐基础中，阳极反应产生的氧气会在储罐底板下方积聚，尤其当储罐底板下方安装防渗膜时或有混凝土承台时，该现象更为突出。由于氧气是去极化剂，它的大量存在会造成储罐底板难以极化到保护电位。因此，在采用网状阳极时，在阳极带上方防腐一层焦炭回填料，使化学反应发生在焦炭上，减小氧气的产生。采用100mV阴极极化保护准则，判断储罐底板的保护状况，无限地加大保护电流有时不能使电位变得更负。

3. 储罐底板阴极保护地床的类型

（1）环绕储罐底板安装或环绕储罐但阳极斜向安装，距离储罐边缘板3~5m。

（2）在储罐一侧安装深井阳极或在储罐底板下方安装阳极。

（3）网状阳极安装在储罐基础中或防渗膜以上。

（4）与储罐连接的阴极电缆，与储罐连接一处就可以。因为储罐体积大，电阻小，不论阴极电缆何处连接，都不会影响电流的走向，而真正影响电流分布及走向的是阳极地床的安装位置。

4. 储罐底板阴极保护判断准则

（1）罐底板外表面阴极保护准则可采用下列任意一项或多项作为判据：

① 在施加阴极保护时，测得的保护电位为-1200~-850mV（CSE）。测量电位时，必须考虑消除测量方法中所含的IR降误差。

② 罐/地极化电位为-1200~-850mV（CSE）。

③ 阴极极化或去极化电位差大于100mV的判据。

注：在高温条件下，硫酸盐还原菌（SRB）的土壤中、存在杂散电流干扰及异种金属材料耦合的罐底板中，不能采用100mV极化准则；该准则通常用于由于裸金属表面、耗电量大、自然电位低的罐外底板外加电流保护。

（2）罐内浸水表面阴极保护准则可采用下列任意一项或多项作为判据：

① 在施加阴极保护时，测得的保护电位为-1100~-850mV（CSE），且应尽可能保持在-850mV附近，测量电位时，必须考虑消除测量方法中所含有的IR降误差。

② 罐/水极化电位为-1100~-850mV（CSE），且应尽可能保持在-850mV附近。

③ 水介质中含H_2S等硫化物时，罐/水极化电位或消除了IR降影响的保护电位应达到-950mV或更负。

④ 对于原油、含油污水或清水储罐，介质温度较高时，极化电位应达到-950mV（CSE）或更负。

（3）腐蚀状况检查或腐蚀速率测试判定：

① 腐蚀状态检查，包括外观检查，腐蚀类型、腐蚀产物分析，腐蚀深度和金属壁厚测

试等，所获结果应表明腐蚀程度没有超出被保护储罐使用寿命所允许的限度。

② 罐底板外表面腐蚀速度可采用埋地检查片测试，储罐内表面腐蚀速率可采用腐蚀挂片测试，腐蚀速率的测试可参照 SY/T 0029《埋地钢制检查片腐蚀速率测试方法》的有关规定执行。腐蚀速率测试结果应限制在允许的范围内。

二、储罐内壁阴极保护

随着油田开采时间延长，采出原油的含水量越来越高，有时甚至达到 80% 以上。原油中的水矿化度极高，氯离子和硫酸根离子含量很大，使之对油田设施均有很强的腐蚀性。因此对于油田的污水罐、原油罐都有必要采用涂层加阴极保护的方式进行腐蚀防护。

1. 保护电流密度规定

（1）储罐内表面有防腐层时，保护电流密度范围应为 $10\sim30\mathrm{mA/m^2}$；采用衬里等绝缘电阻较高的防腐层时，可适当降低保护电流密度。

（2）储罐内表面无防腐层或防腐层质量很差时，保护电流密度应为 $30\sim150\mathrm{mA/m^2}$；如无法确定保护电流密度时，均可取 $100\mathrm{mA/m^2}$。

（3）水介质中含有去极化剂(如 H_2S 和 O_2)和较高温度的环境和(或)高流速运行下，应提高保护电流密度。

（4）充海水期间所需保护电流密度为 $70\sim100\mathrm{mA/m^2}$。

2. 储罐内壁阴极保护方式

根据储罐内部介质的不同，可选用外加电流或牺牲阳极阴极保护。如果介质中氯离子含量低，如淡水，可以采用外加电流阴极保护，而且电流密度也可以适当降低，对于油田污水罐或原油罐，由于污水的氯离子含量较大，除非污水在不停地流动，更换，否则，不能采用外加电流阴极保护。因为阳极反应会产生氯气，而氯气溶于水而形成盐酸，对于金属具有很强的腐蚀性。

油田污水储罐多采用牺牲阳极阴极保护，在选用阳极材料时，要考虑温度影响。当污水温度高时，如 50℃ 以上，不能采用锌阳极，因为锌阳极电位在高温时会变正。由于镁阳极电位较低，消耗太快，而且容易发生过保护，也不经常采用。

采用最多的是铝阳极，由于其驱动电位较小，寿命长，已经得到广泛应用。

3. 储罐内壁阴极保护铝阳极的安装

（1）首先检查阳极尺寸、形状、结构是否符合设计要求，表面是否有缺陷；

（2）将阳极块放置在设计位置，将阳极铁芯焊接到储罐底板或侧板上；

（3）在喷砂除锈以及内涂层喷涂时，对阳极施加临时保护，防止喷砂除锈损伤阳极，避免阳极表面被油漆污染。

4. 阴极保护检测的规定

储罐内壁阴极保护电位，可以通过安装参比电极的方式来测量。一般采用纯锌参比电极，将参比电极安装在两支阳极中间，尽量靠近罐板。锌参比电极要采取措施，防止其与壁板短路。参比电极的引线可以通过储罐顶部，或专门安装导管引导罐外。

第六节　管道阴极保护设施的安装与调试

一、恒电位仪的安装与调试

1. 恒电位仪的安装

(1) 恒电位仪附近应无妨碍通风、影响散热的设备,在安装恒电位仪时,应小心轻放,接线时应检查电源是否符合恒电位仪的额定需求。

(2) 在危险区域(如罐区),应采用防爆型整流电源,多数情况下,将整流电源安装在仪表间内。

(3) 根据接线图接线,输出电源极性应正确,在接线端子上注明"+""-"等标识,经用万用表检查接线柱正确,经试通电后方可将电缆接头封装;设备安装到位后,设备的机壳要有良好的接地性能。

(4) 恒电位仪通电前,首先测量管道的自然电位,该值应该为-0.60V 左右(带有临时阴极保护的管道,该值可能达到-1.10V 甚至更负);然后测量阳极地床的电位,焦炭回填料包裹的阳极,电位值为+0.20~+0.30V(CSE)(如果填料用镀锌铁板圆筒预包装,电位值可能达到-0.90V)。只有设置电位低于管道的自然电位时,恒电位仪才有输出电流。如果阴极和阳极电缆(正负极电缆)测量电位值很小,一般表明阴、阳极电缆线断路。

2. 恒电位仪的调试

(1) 将面板上"手动""自动"电位器逆时针旋转到尽头,再将电源开关合上,此时电源指示灯点亮。

(2) 手动输出调节,将面板上"手动—自动"开关打在"手动"挡。顺时针旋动"手动"电位器,此时仪器输出电压将逐渐增大,测量参比电极对零位电位值,来确定输出电压大小,此时"手动"调节输出已确定下来。

(3) 自动输出调节:将面板上"手动—自动"开关打在"自动"挡,顺时针旋动"自动"电位器,此时给定电位表读值将逐渐增大,输出电压也随着增加,参比电位也将随着增加,根据用户需要的参比电位,来确定给定电位大小(如 $Cu/CuSO_4$ 电极,给定电位确定在-0.95~-1.30V)。

(4) 仪器可以按用户需要来确定"手动"工作制或"自动"工作制。

(5) 调节稳流值:调节稳压电源面板上限流电位器至所需稳流值(注意:只有输出电流进入限流时,调节才起作用)。具体调节方法可参照该设备说明书。

3. 恒电位仪故障排除

(1) 手动输出调节正常,自动输出调节不正常:属于参比电极故障。

(2) 输入电压正常,输出电压、电流均为零,保护电位有显示,是设定电位正于管道已有电位。

(3) 输出电压升高,输出电流不变,可能是阳极电缆有故障,如部分阳极断路。

(4) 雨、雪天,恒电位仪输出电压、电流同时升高为正常现象。

二、辅助阳极地床安装

依据阴极保护站平面图,确定阳极地床的位置,阳极地床距保护管线垂直距离按设计进行,辅助阳极地床尽量选择在土壤电阻率低的环境,以有利于电流的输出。

高硅铸铁阳极引出线为 VV-1KV/1×10mm²,阳极接头密封可靠,阳极表面应无明显缺陷,阳极进场前,必须按产品性能指标验收。因高硅铸铁性脆、易断,在搬运、安装时应特别小心,以免摔碰而断裂,不能把阳极导线作为起吊工具。严禁用阳极引出线拉运阳极,阳极应轻拿轻放。

阳极四周填充焦炭填料,其粒度为小于 φ10mm,含碳量大于 85%,阳极上下部的焦炭厚均为 150mm,四周的焦炭厚度不小于 100mm,焦炭中不得混入泥土等杂物,必须夯实后才能回填上面,高硅铸铁阳极电缆与阳极汇流电缆,在接线箱内进行连接。

三、连接电缆的敷设

直埋电缆表面距离地面的距离不小于 0.8m,埋设电缆的四周垫以不小于 100mm 厚的细土、细砂,直埋电缆应在长度上留有一定裕量并作波浪形敷设,以适应回填土的下沉。所以电缆集中到测试桩内连接。

四、长效硫酸铜参比电极

1. 构造

长效硫酸铜参比电极有纯铜线圈以及硫酸铜饱和液组成,外壳为 TUBPVC,放在填包料袋中。电位波动小于 10mV。有足够的导线长度延伸到圈梁以外或测试桩内。

采用长效 Cu/CuSO₄ 参比电极,预包装在有填包料的布袋中,并带有一根截面积为 6mm² 的高分子聚氯乙烯铜芯电缆。填饱料由石膏粉和膨润土各 50% 组成,目的是增强参比电极与土壤的接触。

2. 长效参比电极的安装位置

(1) 参比电极的埋设位置尽量靠近管道,管道为热力管道时,间距可取 300mm,埋设深度不小于 1m,以确保其处于永久湿润的环境中。

(2) 参比电极埋设前须用清洁淡水浸泡方可使用,把参比电极放入土坑中,并浇上足量的清洁淡水。

(3) 安装参比电极时,参比电极要安装在阳极地床的对面,对于柔性阳极,这点尤为重要。

(4) 参比电极安装在储罐底板下方、埋地储罐中间或管道附近。

(5) 参比电极安装在码头钢桩、储水罐或污水处理池内壁上。

(6) 参比电极安装在导管架、挡土墙或淡水管道附近。

五、接地电池

在泵站、清管站处的管道上,在进出站位置安装有绝缘接头,用来把站内外管道电绝缘,为防止雷击或电击造成绝缘装置的破坏或操作人员的触电,一般会在绝缘接头处安装接地电池，以便及时把故障电压排入大地。在阀室处，通过接地电池将阀头与接地网连接，可以有效地避免阴极保护电流的流失，并同时起到安全接地的作用。为保护绝缘接头，也经常采用火花隙，但火花隙不能起到排泄杂散电流的作用，会引起绝缘接头非保护侧的腐蚀。所以，对于地上的绝缘接头，可以采用火花隙，而对于埋地的绝缘接头，最好采用接地电池。

1. 接地电池技术规格

（1）双锌棒型接地电池，由两支锌棒组成，锌棒间用绝缘块分开，距离不小于 25mm。

（2）阳极类型：双棒形、高纯锌。

（3）单支锌阳极：外形尺寸 1000mm×35mm×35mm，重 9kg 或按要求订做。

（4）连接电缆：耐压等级 1kV，单芯多股绞合铜导线，截面 1mm×10mm，单支锌阳极引出电缆长 6m。

（5）填包料袋：纯棉材质，尺寸 ϕ250mm×1300mm，或按要求订做。

2. 接地电池安装说明

（1）首先检查货物合格证是否齐全；

（2）如有塑料包装，应去除；

（3）检查阳极引线是否完整无破损，检查锌棒在填料袋中是否居中；

（4）在规定位置案设计要求开挖接地电池坑，将接地电池放置在坑中；

（5）根据设计要求，接地电池可以竖直、水平安放；

（6）将电缆线引导测试桩：接在接线柱上；

（7）用清水浸泡接地电池，然后回填。

第七节　管道阴极保护设计基础知识

一、管道阴极保护设计需要考虑的因素

管道阴极保护可分别采用牺牲阳极法、外加电流法或两种方法的结合，设计时应视工程规模、土壤环境、管道防腐层质量等因素，经济合理地选用。对于高温、防腐层剥离、隔热保温层、屏蔽、细菌侵蚀及电解质的异常污染等特殊条件下，阴极保护可能无效或部分无效，在设计时应给予考虑。为了使所设计的阴极保护系统有效，管道要满足以下条件：

（1）管道必须是电气连续的。对于焊接管道，这不是问题。如果管道上有承插接口，法兰连接的阀门，要用跨接线跨接。

（2）被保护的管道段必须和其他埋地管道、电缆、接地极绝缘，可采用绝缘接头或绝缘法兰；套管穿越时，主管和套管之间要安装绝缘垫块。

（3）管道穿越其他管道、电缆或埋地结构时，其间距要大于 0.4m，如果间距小于 0.1m，要在它们之间安装绝缘板，以提供机械保护、防止腐蚀干扰。当管道与其他结构平行时，其间距应大于 10m，每隔 1~2km 安装一个测试桩。

（4）管道上的阀门、三通、管件也要涂敷，管道上的电动阀头要与阀体绝缘（可以采用接地电池进行接地），管道不能与固定墩中的钢筋短路。采用金属支架进行跨越时，应在管

道跨越两端安装绝缘接头。并用跨接线将跨越两端的管道连接。

二、管道阴极保护设计需要收集的信息

1. 需要收集的信息种类

（1）管道走向以及所处区域其他埋地设施情况、管道直径、长度、运营时间、运营温度、防腐层类型、管道连续性。

（2）土壤类型、电阻率、地下水情况、阴极保护系统设计寿命。

（3）对于新建系统，可以根据经验及理论计算，确定管道系统需要的保护电流，大概的阴极保护站位置，然后实际测量阴极保护站位置处的土壤电阻率，选择低土壤电阻率点作为以后阳极地床位置。

（4）对于已建管道，可以进行理论计算，也可以实施测量管道阴极保护所需要的保护电流。实际测量阴极保护电流时，可以用蓄电池或临时的整流电源及地床给管道送电，测量管道沿线各点的管地电位，根据试验结果确定阴极保护电流及保护站位置。多数情况下，将阴极保护站设立在管道泵站、加压站或阀室处。

（5）由于牺牲阳极驱动电压低、输出电流小，所以，一般只用在短距离管道且土壤电阻率低的情况下。外加电流阴极保护由于输出可调，所以，可以用在大型管道以及高土壤电阻率区。应尽量采用外加电流阴极保护方式以取得最大的效益投资比。

2. 需要收集的信息数据

1）阴极保护系统所需保护电流

阴极保护设计的第一步是计算所需要的电流量，对于新建结构，可以参考类似地区已建结构电流来计算新建结构的电流大小，如果结构已经建成，可以采取通电试验的方法实际测量达到保护电位所需的电流值。电流密度是指保护单位面积所需要的电流的大小，单位为 mA/m^2。

（1）文献参考电流。

根据多年的实际经验，已经总结出不同环境下阴极保护电流密度的大小，可以在设计中根据实际条件进行选用。具体见表 1-7-1 至表 1-7-3。

表 1-7-1 美国军队文献推荐保护电流密度

被保护结构	推荐保护电流密度（mA/m^2）		防腐层有效率（%）
	裸金属	带涂层金属	
环氧或更高级防腐层	10.76	0.01.~0.064	99.5~99.9
沥青或油漆管道涂层	10.76	0.538~3.767	65.0~95.0
储罐底板	32.29	0.538~21.529	33.3~98.3
冷水淡水储罐	32.29	0.538~21.529	33.3~98.3
冷水海水储罐	53.82	0.538~43.056	20.0~99.0
热水淡水储罐	53.82	0.522~32.292	40.0~94.0
淡水钢桩	53.82	1.076~16.146	70.0~98.0
海水钢桩	53.82	1.076~21.529	60.0~98.0

表 1-7-2　SY/T 0036—2000 推荐保护电流密度

涂层类型	电流密度(mA/m²)	涂层破损率(%)	涂层电阻率(Ω·m²)
煤焦油瓷漆、沥青、环氧煤沥青防腐层	0.05~0.1	0.5~1	5000~10000
环氧粉末、胶带	0.01~0.05	0.1~0.5	50000
3层PE防腐层	0.01	0.1	100000

表 1-7-3　ISO 15589：2003 推荐保护电流密度

管道涂层	推荐保护电流密度(mA/m²)		
	10年设计寿命	20年设计寿命	30年设计寿命
沥青、煤焦油磁漆、冷缠胶带防腐层	0.4	0.6	0.8
熔结环氧粉末、液态环氧涂层	0.4	0.6	0.9
3层PE或3层聚丙烯涂层	0.08	0.1	0.4

注：使用该电流密度时，环境温度低于30℃，温度每提高10℃，电流密度增加25%。

对于目前普遍采用的3层PE管道防腐层，新建管道设计电流密度取 $0.01mA/m^2$ 是合适的，SY/T 0036—2000 所推荐保护电流密度更接近实际情况。上述美国军队文献推荐保护电流密度以及 ISO 15589 推荐的保护电流密度值过于保守，造成大量材料浪费。

在设计时，也可以假设涂层的破损率，一般为 0.1%~0.5%，然后，再根据土壤电阻率选择一个合适的裸钢板电流密度，计算出总的保护电流。无论怎样，对当地类似结构进行调查，所得出的电流密度值最接近实际情况。ISO/CD 15589-1 推荐的裸管和涂层管道保护电流密度以及推荐的涂层破损率见表 1-7-4 至表 1-7-6。

表 1-7-4　ISO/CD 15589-1 推荐裸管保护电流密度

土壤电阻率(Ω·m)	保护电流密度(mA/m²)	土壤电阻率(Ω·m)	保护电流密度(mA/m²)
<10	20	100~1000	5
10~100	10	>1000	1

温度高于 30℃，每 10℃ 电流密度增大 2.5%

表 1-7-5　ISO/CD 15589-1 推荐涂层破损率　　　　单位:%

涂层类型	10年	20年	30年
FBE	1	4	9
液态环氧	3	10	30
3层PE	0.3	0.4	0.9

表 1-7-6　ISO/CD 15589-1 推荐涂层管道保护电流密度　　单位：mA/m²

涂层类型	5年	15年	30年
沥青、胶带	0.04	0.10	0.20
FBE、液态环氧、环氧煤沥青	0.10	0.02	0.05
3层PE	0.002	0.005	0.01

（2）保护电流实地测量。

对于已经建成的结构，如管道或储罐，最实际的方式是实地测量阴极保护所需电流大小。测量设备由电源、可调电阻、万用表、参比电极和连接导线等组成，电源可以采用车用蓄电池或输出电压可调的整流器。测量时，可以将一支铁管埋入地下（最好在预计阳极地床位置），将蓄电池正极接到铁管上，负极连接到管道上。将电流表和可调电阻（$1 \sim 100\Omega$）串联在电路中，逐渐缩小电阻值，直到通电点电位达到$-1.3V$（CSE），然后，沿管道测试桩测量管道沿线电位，确定该通电点能够保护的管道距离。当管地电位降低到$-0.85V$时，可以认为到达了保护范围的边缘。根据管道的直径及距离以及此时蓄电池的输出电流，计算保护电流密度，或以此电流为参考，计算阴极保护站数量及间距。

2）被保护结构面积

被保护结构的保护面积可以根据其尺寸和形状，利用简单的几何公式计算出来，总保护电流为保护面积乘以电流密度。如果已知防腐层的电阻率，可以用电阻率除以结构面积获得结构对地电阻，在用$0.3V$除以该电阻值得到总保护电流。如果是从规范中查到的涂层电阻率（一般指在$1000\Omega \cdot m$条件下的电阻率），要根据实际土壤电阻率进行修正。

3）土壤电阻率

土壤电阻率是阴极保护设计中的重要指标，它不仅影响阴极保护电流密度的选取，还决定着阳极地床的数量及位置。土壤电阻率可由两种方式获得：一是现场测试；二是利用现有的阴极保护系统进行估算。阳极的接地电阻一般占系统电阻的85%，如果附近的阴极保护设施输出电压为$40V$，电流为$20A$，则该系统的电阻为2Ω，阳极的接地电阻为$2 \times 0.85 = 1.7\Omega$，据此，可根据相应阳极地床的电阻公式计算出土壤的电阻率，阳极接地电阻将直接影响系统的运营成本，一般来讲，接地电阻不大于1.0Ω。环境电阻率与腐蚀性的关系见表1-7-7。

表1-7-7　环境电阻率与腐蚀性的关系

环　　境	电阻率（$\Omega \cdot m$）	腐　蚀　性
咸河水	1	极强
海水	20	极强
海床	$40 \sim 100$	强
城市自来水	$1000 \sim 1200$	强
淤积土	$1000 \sim 2000$	强
黏土	$4000 \sim 8000$	中等
湿沙	10000	弱
砂砾	$10000 \sim 25000$	弱
干沙	$25000 \sim 50000$	极弱

4）浅埋式阳极地床接地电阻

将阳极埋入距地表$1 \sim 5m$的土层中，这是管道阴极保护一般选用的阳极埋设形式。浅埋式阳极又可分为立式和水平式两种；对于废钢阳极可以两种联合，称为联合式阳极。

（1）单支竖直阳极接地电阻。

将单支阳极埋设在土壤中，其接地电阻按下式计算。该式中阳极的长度和直径按填料尺寸计算。

$$R_a = \left(\frac{\rho}{2\pi L}\right)\left[\ln\left(\frac{8L}{d}\right) - 1\right] \tag{1-7-1}$$

式中　R_a——阳极接地电阻，Ω；

　　　ρ——土壤电阻率，$\Omega \cdot m$；

　　　L——阳极长度，m；

　　　d——阳极直径，m。

（2）多支竖直阳极接地电阻。

由多根垂直埋入地下的阳极排流构成。电极间用电缆连接或将阳极引线全部连接到接线箱，阳极间距一般为 3m。其优点有：全年接地电阻变化不大；当阳极尺寸相同时，立式阳极地床的接地电阻较水平式阳极地床小。

$$R_{gb,v} = \left(\frac{\rho}{2\pi NL}\right)\left[\ln\frac{8L}{d} - 1 + \left(\frac{2L}{S}\ln 0.656N\right)\right] \tag{1-7-2}$$

式中　$R_{gb,v}$——阳极接地电阻，Ω；

　　　ρ——土壤电阻率，$\Omega \cdot m$；

　　　L——阳极长度，m；

　　　d——阳极直径，m；

　　　N——阳极数量，个；

　　　S——阳极间距，m。

（3）单支水平阳极接地电阻。

$$R_{gb,h} = \frac{0.00159\rho}{L}\left(\ln\frac{4L + 4L\sqrt{h^2 + L^2}}{dh} + \frac{h}{L} - \frac{\sqrt{h^2 + L^2}}{L} + 1\right) \tag{1-7-3}$$

式中　$R_{gb,h}$——阳极接地电阻，Ω；

　　　ρ——土壤电阻率，$\Omega \cdot m$；

　　　L——阳极长度，m；

　　　d——阳极直径，m；

　　　h——阳极埋深的两倍($2t$)，m。

（4）多支水平阳极用填料整体回填接地电阻。

将阳极以水平方向埋入一定深度的地层中，用填料将整条阳极沟回填至规定高度，其优点有：安装土石方量较小，易于施工；容易检查地床各部分的工作情况，其接地电阻计算公式见式(1-7-3)。

（5）多支阳极水平埋设，独立回填接地电阻。

目前，预填饱阳极的使用日益广泛，安装此类阳极时，阳极之间的空间不用回填料，而是用土壤直接回填，每支阳极相对独立，其接地电阻按式(1-7-4)计算：

$$R_{gb,h} = \frac{R_{a,h}}{N}F \tag{1-7-4}$$

式中　$R_{gb,h}$——多支阳极接地电阻，Ω；

$R_{a,h}$——单支阳极接地电阻，Ω；

N——阳极数量，个。

$$F = 1 + \frac{\rho}{\pi S R_{a,h}} \ln 0.656N \qquad (1-7-5)$$

式中　F——多支阳极干扰系数；

　　　ρ——土壤电阻率，$\Omega \cdot m$；

　　　S——阳极中心间距，m。

5）管道接地电阻

管道的接地电阻为管道保护电位（极化电位）减去管道自然电位除以阴极保护总电流。电缆的电阻等于单位长度电阻乘以总长度。由于这些电阻比较小，在设计中经常忽略不计。

6）牺牲阳极发电量

牺牲阳极驱动电位为阳极的开路电位减去结构的极化电位（一般用保护电位，设计时可采用-0.85V（CSE），假设被保护结构的极化电位为-1.0V，则驱动电压 $\Delta V = V - (-1.0)$，高电位镁阳极开路电位-1.75V，低电位镁阳极开路电位-1.55V，锌阳极电位-1.10V。

阳极发电量为驱动电压除以阳极接地电阻：

$$I = \Delta V / R_a$$

7）保护距离

在阴极保护设计时，要计算一个阴极保护站所能保护的最大管道距离。由于通电点（回流点）的电位不能太低，太低的阴极保护电位会造成管道防腐层的剥离或管材的氢致开裂，所以，一般都限定汇流点断电电位不低于-1.20V（CSE），保护末端断电电位-0.85V（CSE）。因此，可按下式计算一个阴极保护站能够保护的最大距离：

$$R = \frac{\rho t}{\pi(D-\delta)\delta}, \quad 2L = \sqrt{\frac{8\Delta U}{\pi D J_s R}} \qquad (1-7-6)$$

式中　L——管道一侧保护长度，m；

　　　ΔU——汇流点与最低保护电位之差，V；

　　　D——管道外径，mm；

　　　J_s——保护电流密度，mA/m^2；

　　　R——管道电阻，$\Omega \cdot m$；

　　　δ——管道壁厚，mm；

　　　ρ——管材电阻率，$\Omega \cdot mm^2/m$。

三、绝缘接头及测试桩的安装位置

1. 绝缘接头的安装位置

（1）站场的管道进出口；

（2）支线管道连接处；

（3）不同防腐层的管段间；

（4）不同电解质的管段间（如河流穿越处）；

（5）交、直流干扰影响的管段上；

（6）实施阴极保护的管道与未保护的设施之间。

2. 常见测试桩及安装位置

1）常见测试桩

几种常见的测试桩如图 1-7-1 至图 1-7-6 所示。

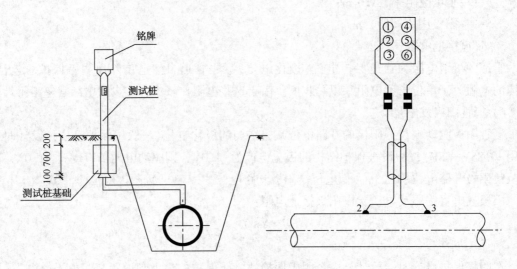

图 1-7-1　线路测试桩

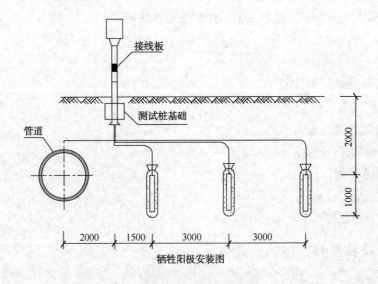

牺牲阳极安装图

图 1-7-2　牺牲阳极处测试桩（单位：mm）

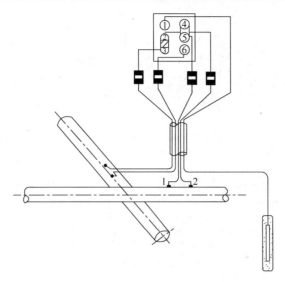

图 1-7-3 管道交叉处测试桩

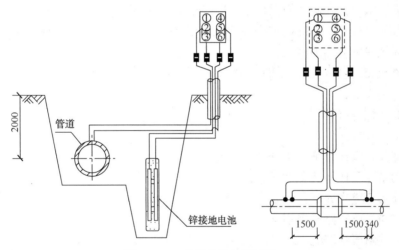

图 1-7-4 绝缘接头处测试桩

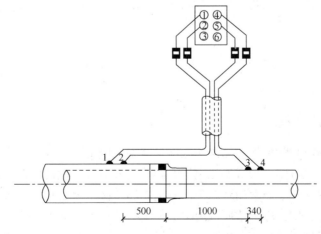

图 1-7-5 套管穿越处测试桩

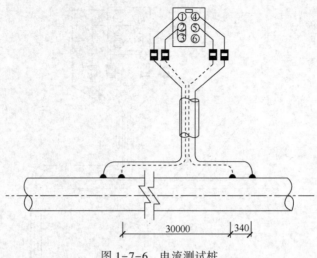

30000 | 340

图 1-7-6　电流测试桩

2）测试桩安装位置

阴极保护测试装置应与阴极保护系统同步安装。测试装置应沿管道线路走向进行设置，相邻测试装置间隔宜为 1~3km。在城镇市区或工业区，相邻的间隔不应大于 1km，杂散电流干扰影响区域内可适当加密。

（1）管道与交、直流电气化铁路交叉或平行段；

（2）绝缘接头处；

（3）接地系统连接处；

（4）金属套管处；

（5）与其他管道或设施连接处；

（6）辅助试片及接地装置连接处；

（7）与外部管道交叉处；

（8）管道与主要道路或堤坝交叉处；

（9）穿越铁路或河流处；

（10）与外部金属构筑物相邻处。

每个测试装置中至少有两根电缆与管道连接，电缆应采用颜色或其他标记法进行区分，并做到全线统一。

第八节　管道防腐层知识

一、防腐层防腐原理

油气管道腐蚀是电化学作用的结果，也就是说腐蚀电池的形成是导致管道腐蚀破坏的主要原因。分析腐蚀电池可知，形成腐蚀电池必须有电极电位不同的两个电极；两电极之间有电连续性；电极必须存在于电解质环境中。管道防腐层技术就是把存在着许多不同电极区域的管道同电解质隔开，即消除形成腐蚀电池的一个必要条件。此外，管道防腐层除具有以上作用以外，还具有机械保护作用，可以保护管道在运输、储存及施工过程中不受到破坏。

1. 防腐层与阴极保护之间的关系

对油气管道进行阴极保护而不加防腐层或防腐层制作质量较差是不行的，因为这样做会耗电巨大而不经济。那么只采用防腐层保护不加阴极保护是否可行呢？回答也是否定的。因为防腐层不可能绝对完好无损，一旦防腐层上有针孔或破损，就会形成大阴极、小阳极(针孔或破损部分)的腐蚀电池，腐蚀将会集中在破损或针孔处，其腐蚀速度比裸露管道的腐蚀速度还要快，从而导致管道在较短的时间内穿孔。所以，只采用防腐层保护而不施加阴极保护显然是不行的。

阴极保护与防腐层技术的结合，被称为管道的"联合保护"，是当今世界上公认的管道防腐措施。

2. 管道防腐层的一般规定

(1) 新建管道除经充分调查表明不需要防腐层外，一般均需做外防腐层。

(2) 埋地管道的外防腐层一般分为普通、加强和特加强3个级别。在确定防腐层种类和等级时，应根据土壤的腐蚀性和环境因素而定，同时应考虑阴极保护的因素。

场、站、库内埋地管道及穿越铁路、公路、江河、湖泊的管道，均采用加强级防腐。

(3) 防腐层的补口补伤材料应与主体防腐材料有良好的粘结性。补口、补伤后应达到主体防腐层的各项性能指标。

(4) 对于采用内外防腐的管道，根据所采用防腐材料的要求，必须对被保护金属首先进行相应的表面处理。

(5) 钢管的质量应符合国家有关标准的要求。

二、防腐材料基本知识

20世纪50年代，埋地长输管道外壁防腐层主要采用石油沥青和煤焦油沥青材料，在预制厂加工和野外"一条龙"施工。随着现代科学技术的发展，到了20世纪50~60年代，市场上陆续出现了一些性能很好的塑性防腐材料，如聚乙烯胶粘带、环氧粉末、聚乙烯夹克等。这些新型防腐材料与石油、煤焦油体系材料相比有强度高、弹性好、耐撞击、化学性能稳定、吸水率低、电绝缘性能好、施工时材料消耗少、便于实现机械化作业、不污染环境、节省劳动力和比较经济等特点。因此，塑性防腐材料在20世纪60年代后发展迅速。

我国早期管道的防腐层基本上是以石油沥青为主的，到了20世纪70年代，少量聚乙烯夹克和胶带开始应用，20世纪90年代开始使用煤焦油瓷漆与环氧粉末。1995年，我国陕京输气管道采用了当今世界上先进的三层聚乙烯(PE)材料，把我国防腐材料的应用推向了一个新的高潮。

应指出的是，不存在最佳防腐层问题，而应根据具体情况(如管道的状况、环境条件、施工方式、气候因素等)来选择经济合理的防腐层。

根据目前的技术标准规定，新建管道都应有防腐层，防腐层又可根据其结构和厚度的不同分为普通、加强和特加强3个级别。

对防腐层性能的基本要求是：

(1) 与金属有良好的粘结性；

(2) 电绝缘性能好，有足够的电气强度(击穿电压)和电阻率；

(3) 有良好的防水性及化学稳定性，即当防腐层长期浸入电解质溶液中时，不会发生化学分解而失效或产生导致腐蚀管道的物质；

（4）具有足够的机械强度及韧性，即防腐层不会因施工过程中的碰撞或敷设后受到不均衡的土壤压力而损坏；

（5）具有耐热和抗低温脆性，即防腐层在管道运行温度范围内和施工过程中不因温度过高而软化，也不会因温度过低而脆裂；

（6）耐阴极剥离性能好，能抵抗阴极析出的氢对防腐层的破坏；

（7）抗微生物腐蚀；

（8）破坏后易修复；

（9）材料价廉，便于施工。

目前，我国埋地油气管道常用的防腐层材料主要有石油沥青、煤焦油瓷漆、聚乙烯胶带、熔结环氧粉末，聚乙烯夹克、环氧煤沥青改性沥青热缠带及液态环氧涂料等。

三、常用防腐层

1. 石油沥青防腐层

1）石油沥青防腐层的特点

石油沥青防腐层技术成熟，价格低廉；但是，经过长期的应用实践表明，该防腐层存在机械强度及低温韧性较差、吸水率高、易受细菌腐蚀、施工条件差等缺点。目前，该防腐层主要用于一些距离短、土壤腐蚀性弱的管道。

2）材料性能

石油沥青防腐层由石油沥青、玻璃布、塑料膜和底漆组成。

（1）石油沥青。

作为防腐层使用的石油沥青，应根据管道输送介质的温度来确定。当管道输送介质的温度不超过80℃时，应采用管道防腐石油沥青，管道防腐石油沥青的质量指标应符合表1-8-1的规定。当管道输送介质的温度低于51℃时，可采用10号建筑石油沥青，其质量指标应符合 GB494《建筑石油沥青》的规定。

表1-8-1 管道防腐石油沥青质量指标

项　目	质量指标	试验方法
针入度(25℃，100g)(0.1mm)	5~20	GB/T 4509—1984
延度(25℃)(cm)	≥1	CB/T 4508—1984
软化点(环球法)(℃)	≥125	GB/T 4507—1984
溶解度(苯)(%)	>99	GB/T 11148—1989
闪点(开口)(℃)	≥260	GB/T 267—1988
水分	痕迹	CB/T 260—1977
含蜡量(%)	≤7	—

石油沥青的性质主要由针入度、延度和软化点3个指标来决定。

① 针入度——表示沥青的机械强度。针入度小，则强度大；反之，针入度大，则强度小。

② 延度——表示沥青在一定温度下外力作用时的变形能力。

③ 软化点——指在一定条件下，沥青加热软化，由固态变成液态时的温度。

（2）玻璃布。

为了提高防腐层的强度和热稳定性，沥青中间包扎一层或多层玻璃布作为加强材料。按性能要求应使用无碱或低碱的玻璃布，但由于经济上的原因，多用中碱玻璃布，含碱量不大于12%，其性能及规格见表1-8-2。玻璃布两边宜为独边，否则难以保证施工质量。玻璃布经纬密度应均匀，宽度应一致，不应有局部断裂和破洞，经纬密度的大小应根据施工气温选取。另外，施工时玻璃布的宽度应根据钢管的管径选取。

表 1-8-2 中碱玻璃布的性能及规格

项目	含碱量（%）	原纱号数×股数（公制支数/股数）		单纤维公称直径（μm）		厚度（mm）	密度（根/cm）		长度（m）
		经纱	纬纱	经纱	纬纱		经纱	纬纱	
性能及规格	≤12	22×8（45.4/8）	22×2（45.4/2）	7.5	7.5	0.100±0.010	8±1（9±1）	8±1（9±1）	200~250（带轴芯φ40mm，轴芯壁厚3mm）
试验方法	按 JC 176—1980《玻璃纤维制品试验方法》的规定进行								

注：玻璃布的包装均应有防潮措施。

（3）塑料膜。

石油沥青防腐层外层用塑料膜包覆，一方面可以提高防腐层的强度和热稳定性，减缓防腐层的机械损伤和热变形；另一方面，塑料膜本身也是绝缘材料，它和沥青粘结在一起可以提高防腐层的防腐性能和抗老化性能，并且还能防止植物根茎穿透防腐层以及防止碱土使防腐层龟裂。

塑料膜多采用聚氯乙烯工业膜或聚乙烯膜。聚氯乙烯工业膜一般分为耐寒（黄色）和不耐寒（白色）两种。塑料膜不得有局部断裂、起皱和破洞，边缘应整齐，幅宽宜与玻璃布相同，其性能指标见表1-8-3。

表 1-8-3 聚氯乙烯工业膜的性能指标

项 目	性能指标	试验方法
拉伸强度（纵、横向）（MPa）	≥14.7	GB/T 1040—1992《塑料拉伸性能试验方法》
断裂伸长率（纵、横向）（%）	≥200	GB/T 1040—1992《塑料拉伸性能试验方法》
耐寒性（℃）	≤-30	SY/T 0420—1997《埋地钢质管道石油沥青防腐技术标准》附录 B
耐热性（℃）	≥70	SY/T 0420—1997《埋地钢质管道石油沥青防腐技术标准》附录 C
厚度（mm）	0.2±0.03	千分尺（千分表）测量
长度（m）	200~250（带轴芯φ40mm，轴芯壁厚3mm）	

注：耐热试验要求：101℃±1℃，7天伸长率保留75%。

施工期间月平均气温高于-10℃时，无耐寒性要求。

（4）底漆。

为了增强沥青与钢管表面的粘结作用，要在热浇沥青前涂刷一道底漆。底漆采用同类沥青及不加铅的车用汽油或工业溶剂汽油调制，调制前应沉淀脱水，按石油沥青与汽油的体积比(汽油相对密度为 0.80~4.82)1：(2~3)配成。

3）防腐层结构

石油沥青防腐层结构应符合表1-8-4的规定[4]。

表1-8-4　石油沥青防腐层结构

	防腐等级	普通级(三油三布)	加强级(四油四布)	特加强级(五油五布)
	防腐层总厚度(mm)	≥4	≥5.5	≥7
防腐层结构	1 层防腐	底漆一层	底漆一层	底漆一层
	2 层防腐	石油沥青厚≥1.5mm	石油沥青厚≥1.5mm	石油沥青≥1.5mm
	3 层防腐	玻璃布一层	玻璃布一层	玻璃布一层
	4 层防腐	石油沥青厚1.0~1.5mm	石油沥青厚≥1.5mm	石油沥青厚1.0~1.5mm
	5 层防腐	玻璃布一层	玻璃布一层	玻璃布一层
	6 层防腐	石油沥青厚1.0~1.5mm	石油沥青厚1.0~1.5mm	石油沥青厚1.0~1.5mm
	7 层防腐	外包保护层	玻璃布一层	玻璃布一层
	8 层防腐	—	石油沥青厚1.0~1.5mm	石油沥青厚1.0~1.5mm
	9 层防腐	—	外包保护层	玻璃布一层
	10 层防腐	—	—	石油沥青厚1.0~1.5mm
	11 层防腐	—	—	外包保护层

2. 环氧煤沥青防腐层

1）环氧煤沥青防腐层的特点

环氧煤沥青防腐层采用冷涂敷工艺，施工方便；耐化学介质腐蚀、耐磨，对金属表面有很好的附着力。

环氧煤沥青防腐层的主要缺点是施工过程中固化时间长、表面处理质量要求高、要求施工场地较大；由于溶剂的挥发，针孔率较高。

环氧煤沥青防腐层可应用于埋地、水下各种金属结构的储罐以及短距离或中、小管径管道的防腐。

2）材料性能

(1) 环氧煤沥青涂料。

环氧煤沥青涂料是甲、乙双组分涂料，分底漆和面漆两种。甲组分为漆料，主要成分为环氧树脂和煤焦油沥青。乙组分为固化剂，使用过程中应与相应的稀释剂配套。稀释剂的用量，应以固化后确保防腐层的厚度和无针孔为宜。

环氧煤沥青涂料应达到有关的技术指标，涂敷后的防腐层应符合表1-8-5(引自 SY/T 0447—1996《埋地钢质管道环氧煤沥青防腐层技术标准》)的规定。

表1-8-5　环氧煤沥青防腐层质量评定标准

序号	项　目	指　标	试验方法
1	剪切粘结强度(MPa)	≥4	SYJ 41—1989
2	阴极剥离(级)	1~3	SYJ 37—1989
3	工频电气强度(MV/m)	≥20	SY/T 0447—1996

序号	项 目	指 标	试验方法
4	体积电阻率(Ω·m)	≥1×10^{10}	SY/T 0447—1996
5	吸水率(25℃, 24h)(%)	≤0.4	SY/T 0447—1996
6	耐油性(煤油, 温度, 7d)	通过	SY/T 0447—1996
7	耐沸水性(24h)	通过	SY/T 0447—1996

（2）玻璃布。

作为加强材料，玻璃布宜选用经纬密度为（10×10）根/cm²，厚度为 0.10~0.12mm，中碱（含碱量≤12%）、无捻、平纹、两边封边、带芯轴的玻璃布卷。玻璃布的宽度应根据管径的大小选取。

3）环氧煤沥青防腐层结构

环氧煤沥青防腐层由一层底漆和多层面漆组成，面漆层间可用玻璃布增强，其具体等级与结构见表4-8-6。

表 1-8-6　环氧煤沥青防腐层等级与结构

等级	结 构	干膜厚度（mm）
普通级	底漆—面漆—面漆—面漆	≥0.30
加强级	底漆—面漆—面漆、玻璃布、面漆—面漆	≥0.40
特加强级	底漆—面漆—面漆、玻璃布、面漆—面漆、玻璃布、面漆—面漆	≥0.60

注：“面漆、玻璃布、面漆”应连续涂敷，也可用一层浸满面漆的玻璃布代替[5]。

3. 煤焦油瓷漆防腐层

1）煤焦油瓷漆防腐层的特点

煤焦油瓷漆防腐层抗水性能、粘结性能均优于石油沥青，能抗植物根茎穿透和耐微生物腐蚀，电绝缘性能好。但是，该防腐层机械强度及低温韧性差，施工劳动条件恶劣，略有毒性。

2）材料性能

（1）底漆。

煤焦油瓷漆防腐层的底漆有两种，即合成底漆和煤焦油底漆。一般应采用合成底漆。合成底漆是由氯化橡胶、合成增塑剂和溶剂组成的液体涂料，该底漆可以在被涂敷的金属与煤焦油瓷漆之间产生良好的粘结。

（2）煤焦油瓷漆。

煤焦油瓷漆是由高温煤焦油分馏得到的重质馏分和煤沥青添加煤粉和填料，经加热熬制而成的。煤焦油瓷漆分为 A、B、C 三种型号，其性能应符合 SY/T 0379—1998《埋地钢质管道煤焦油瓷漆外防腐层技术标准》的规定，见表1-8-7。

表 1-8-7　煤焦油瓷漆技术指标

序号	项 目	指 标			测试方法
		A	B	C	
1	软化点(环球法)(℃)	104~116	104~116	120~130	GB/T 4507—1984
2	针入度(46℃, 50g, 5s)(10^{-1}mm)	10~20	5~10	1~9	SY/T 0526.3—1993
3	针入度(25℃, 100g, 5s)(10^{-1}mm)	15~55	12~30	3~16	SY/T 0526.3—1993

续表

序号	项　目	指　标			测试方法
		A	B	C	
4	灰粉(质量分数)(%)	25~35	25~35	25~35	SY/T 0526.11—1993
5	相对密度(天平法)(25℃)	1.4~1.6	1.4~1.6	1.4~1.6	CB/T 4472—1984
6	填料筛余(φ200×50/0.063 CB/T 6003—1985 试验筛)(质量分数)(%)	≤10	≤10	≤10	CB/T 5211.18—1988

A、B、C 三种型号的煤焦油瓷漆防腐层的使用条件应符合表 1-8-8 的规定。

表 1-8-8　煤焦油瓷漆防腐层的使用条件

型号	针入度(25℃，100g，5s)(10^{-1}mm)	可搬运最低环境温度(℃)	静止状态最低温度(℃)	管内输送介质温度(℃)
A	15~20	−12	−29	−25~70
	10~15		−23	−20~70
B	5~10	−6	−15	−10~70
C	1~9	−3	−10	−5~80

（3）内外缠带。

内外缠带是用于煤焦油瓷漆相容的耐热粘结剂粘结，并用玻璃纤维纵向加强的带状玻璃纤维毡。内缠带缠绕在煤焦油瓷漆层中，用以改善防腐层的机械性能。外缠带是均匀浸渍了煤焦油瓷漆的带状加厚玻璃纤维毡，它缠绕在最外层的煤焦油瓷漆层上，用以增加防腐层抵抗外部机械作用的能力。

内外缠带应满足下列技术要求。

① 外观。内缠带表面应均匀，玻璃纤维加强筋应平行等距地沿纵向排布，无孔洞、裂纹、纤维浮起、边缘破损及其他杂质(油脂、泥土等)。

外缠带表面应均匀，玻璃纤维加强筋和玻璃毡应结合良好，无孔洞、裂纹、边缘破损、浸渍不良及其他杂质(油脂、泥土等)，表面应均匀散布矿物微粒。

② 在 0~38℃打开卷时缠带层间应能够分开，不会因粘连而撕坏。

③ 缠带应和配套使用的煤焦油瓷漆相容，其结构和粘结剂含量应保证在正常涂敷条件下，瓷漆能良好地渗透进去。

④ 缠带的宽度可根据管径的不同参照表 1-8-9 选用。

表 1-8-9　内外缠带带宽和管径对照表

管径(mm)	<159	159~457	457~720	>720
带宽(mm)	<150	150~300	300~400	>720

（4）热烤缠带。

热烤缠带的制作基本等同于外缠带，主要用于异型管件及补口、补伤使用。热烤缠带应满足下列技术要求：

① 外观应一致，厚度应均匀，基毡两面均应被煤焦油瓷漆充分覆盖，无瓷漆从纤维基毡上剥落的现象；

② 厚度应不小于 1.3mm，宽度偏差应不大于 1.6mm；

③ 粘结性应符合要求；

④ 热烤缠带上的瓷漆应和管体所用的瓷漆性能相符；

⑤ 在 25℃以上气温，热烤缠带应具有足够的柔韧性，展开缠带时煤焦油瓷漆不会从纤维基毡上剥落；

⑥ 在加热烘烤缠绕施工时，缠带不会因均匀而适度的拉力撕裂、拉断。

（5）附加外保护材料。

附加外保护材料有防晒漆及用户认为有必要时所采用的牛皮纸、防岩石塑料格网等。

3）煤焦油瓷漆防腐层结构

煤焦油瓷漆防腐层的结构应符合表 1-8-10 的规定。

表 1-8-10　煤焦油瓷漆防腐层结构

防腐等级		普通级	加强级	特强级
防腐层总厚度（mm）		≥2.4	≥3.2	≥4.0
防腐层结构	1 层防腐	底漆一层	底漆一层	底漆　层
	2 层防腐	瓷漆一层（厚度为 2.4mm±0.8mm）	瓷漆一层（厚度为 2.4mm±0.8mm）	瓷漆一层（厚度为 2.4mm±0.8mm）
	3 层防腐	外缠带一层	内缠带一层	内缠带一层
	4 层防腐	—	瓷漆一层（厚度≥0.8mm）	瓷漆一层（厚度≥0.8mm）
	5 层防腐	—	外缠带一层	内缠带一层
	6 层防腐	—	—	瓷漆一层（厚度≥0.8mm）
	7 层防腐	—	—	外缠带一层

注：当作为螺旋焊接管的外防腐层时，第一层瓷漆的厚度应不小于 2.4mm，各级防腐层的总厚度均应相应增加 0.8mm；焊缝外防腐层厚度应不小于总厚度的 65%。

防晒漆或其他附加保护材料，由设计部门根据实际需要设计[6]。

4. 熔结环氧粉末防腐层

1）环氧粉末防腐层的特点

环氧粉末防腐层具有优异的防腐性能，较为突出的优点包括机械性能、耐磨和粘结性能强，耐阴极剥离及耐温性能好等。环氧粉末防腐层可用作管道的内外防腐。

2）材料性能

环氧粉末涂料是环氧树脂加固化剂、流平剂、颜料、增塑剂、填料等多种材料经混炼而成的。

环氧树脂应具备的条件有：

（1）原始相对分子质量小、质脆、易于粉碎；

（2）可与不同熔点的其他树脂相混合；

（3）固化时不产生小分子物质（避免产生气孔和气泡）。

固化剂应具备的条件有：

（1）常温下为固态；

（2）固化反应可在尽可能低的温度下短时间完成；

（3）储存性能好。

流平剂的作用是减少防腐层缩孔、桔皮等表面缺陷，提高防腐层的平整性。

增塑剂可以提高防腐层的抗冲击、抗弯曲等力学性能。

填料和颜料常采用无机材料，用于改善防腐层的热膨胀系数和收缩率。

3）防腐层结构

熔结环氧粉末(FBE)防腐层为一次成膜结构，分为普通级和加强级两个级别，其厚度应符合表1-8-11中的规定。

表1-8-11　钢质管道熔结环氧粉末外防腐层的厚度规定[7]

防腐层级别	厚度(μm)	参考厚度(μm)
普通级	>300	300~400
加强级	≥400	400~500

5. 二层结构聚乙烯防腐层

1）聚乙烯防腐层的特点

聚乙烯防腐层绝缘电阻高，机械性能好，能承受长距离运输、敷设过程以及岩石区堆放时的物理损伤，耐冲击性强。但是聚乙烯防腐层对现场补口质量要求高，失去粘结性能的聚乙烯壳层对阴极保护电流会起到屏蔽作用。

聚乙烯防腐层的制作工艺为挤出包覆或挤出缠绕，挤出聚乙烯防腐管的最高使用温度为70℃。

2）材料性能

（1）聚乙烯。

聚乙烯是热塑性高分子材料，有高密度、中密度和低密度之分，由于密度不同，其性能也不相同。聚乙烯混合料压制片材的性能应符合表1-8-12的规定。

表1-8-12　聚乙烯混合料压制片材的性能指标

序　号	项　　目		性能指标
1	拉伸强度(MPa)		≥20
2	断裂伸长率(%)		≥600
3	维卡软化点(℃)		≥90
4	脆化温度(℃)		≤-65
5	电气强度(MV/m)		≥25
6	体积电阻率(Ω·m)		≥1000
7	耐环境应力开裂(F50)(h)		≥1000
8	耐化学介质腐蚀 (浸泡7d)(%)	10%HCl	≥85
		10%NaOH	≥85
		10%NaCl	≥85
9	耐热老化(%) (100℃，2400h) (100℃，4800h)		≤35
10	耐紫外光老化(336h)(%)		≥80

（2）胶粘剂。

钢管进行表面处理后，先涂敷一层底胶，可以将钢管和聚乙烯牢固地结合在一起。胶粘剂的性能应符合表 1-8-13 的规定。

表 1-8-13　二层结构聚乙烯防腐层所用胶粘剂的性能指标

序　号	项　目	性能指标
1	软化点（℃）	≥90
2	蒸发损失（160℃）（%）	≤1.0
3	剪切强度（PE/钢）（MPa）	≥1.0
4	剥离强度（PE/钢）（20℃±5℃）（N/cm）	≥35

3）防腐层结构

二层结构聚乙烯防腐层内层为胶粘剂，外层为聚乙烯。防腐层的厚度与管径大小有关，应符合表 1-8-14 的规定。

表 1-8-14　二层结构聚乙烯防腐层的构成

钢管公称直径 D_N（mm）	胶粘剂层厚度（μm）	防腐层最小厚度（mm）	
		普通级	加强级
$D_N \leqslant 100$		1.8	2.5
$100 < D_N \leqslant 250$		2.0	2.7
$250 < D_N \leqslant 500$	200~400	2.2	2.9
$500 \leqslant D_N < 800$		2.5	3.2
$D_N \geqslant 800$		3.0	3.7

6. 三层结构聚乙烯防腐层

三层结构聚乙烯防腐层是指底层为熔结环氧粉末（FBE）、中间层为胶粘剂、外层为聚乙烯的防腐层。

1）三层结构聚乙烯防腐层的特点

三层结构聚乙烯防腐层将环氧粉末优良的防腐性能同聚乙烯优良的机械保护性能结合起来，大大地提高了防腐层的防腐性能和使用寿命。

2）三层结构聚乙烯防腐层各层的功能

三层结构聚乙烯防腐层中的底层（FBE）、中间层（胶粘剂）和外层（PE）紧密结合，大大提高了防腐层的质量，各层主要功能见表 1-8-15。

表 1-8-15　三层结构聚乙烯防腐层各层的作用

性　能	主要功能层	性　能	主要功能层
耐化学性	底层	柔韧性	底层、中间层、外层
耐应力开裂	外层	机械性能	中间层、外层
绝缘性	底层、中间层	耐候性	外层

续表

性 能	主要功能层	性 能	主要功能层
抗剥离	底层、中间层、外层	耐紫外线	外层
耐磨性	外层	抗阴极剥离	底层

3）材料性能要求

（1）环氧涂料。

三层结构聚乙烯防腐层的底层一般采用熔结环氧粉末，也可使用无溶剂型液体环氧涂料，主要根据涂敷设备、管子直径、运输温度及管子涂敷速度等因素来决定。

环氧粉末涂料的性能应符合表1-8-16和表1-8-17的规定。

表1-8-16　环氧粉末的性能指标

序 号	项 目	性能指标
1	粒度分布（%）	150μm 筛上粉末≤3.0 250μm 筛上粉末≤0.2
2	挥发物含量（%）	≤0.6
3	胶化时间（200℃）（s）	15~50
4	固化时间（200℃）（min）	≥3

表1-8-17　熔结环氧粉末涂层的性能指标

序 号	项 目	性能指标
1	附着力（级）	≤2
2	阴极剥离（65℃，48h）（mm）	≤10

（2）胶粘剂。

胶粘剂的作用是连接底层（FBE）与外防护层（PE）。常用的胶粘剂属于共聚物，它同时具有极性基团和非极性基团，与底层和外防护层都有很强的结合能力。

（3）聚乙烯。

与二层结构聚乙烯防腐层中的聚乙烯性能要求相同。

4）防腐层的结构

三层结构聚乙烯防腐层的结构为：熔结环氧粉末涂料—胶粘剂—聚乙烯，各层的厚度参见表1-8-18的规定。

表1-8-18　三层结构聚乙烯防腐层的结构

钢管公称直径 D_N（mm）	环氧涂层厚度（μm）	胶粘剂层厚度（μm）	防腐层最小厚度（mm）	
			普通级	加强级
250<D_N<500			2.2	2.9
500≤D_N<800	≥100	170~250	2.5	3.2
D_N≥800			3.0	3.7

注：表中数据引自 Q/SY XQ8—2002《钢质管道三层结构聚乙烯防腐层技术标准》。

三层结构聚乙烯防腐层的性能应符合表1-8-19的要求。

表 1-8-19 三层结构聚乙烯防腐层的性能指标

序 号	项 目		性能指标
1	抗剥离强度（N/cm）	20℃±5℃	≥100
		50℃±5℃	≥70
2	抗阴极剥离（65℃，48h）（mm）		≤8
3	抗冲击强度（J/mm）		≥8
4	抗弯曲（2.5°）		聚乙烯无开裂

5）防腐层的涂敷

（1）钢管表面预处理应符合下列规定：

① 在防腐层涂敷前，先清除钢管表面的油脂和污垢等附着物，并对钢管预热后进行抛（喷）射除锈。除锈质量应达到 GB/T8923《涂装前钢材表面锈蚀等级和除锈等级》中规定的 Sa2½级要求，锚纹深度为 50~75μm。钢管表面的焊渣、毛刺等应清除干净。

② 抛（喷）射除锈后，应将钢管表面附着的灰尘及磨料清扫干净，并防止涂敷前钢管表面受潮、生锈或二次污染。

③ 表面预处理过的钢管应在 4h 内进行涂敷，超过 4h 或出现返锈及表面污染时，应重新进行表面预处理。

（2）在开始生产时，先用试验管段在生产线上依次调节预热温度及防腐层各层厚度，各项参数达到要求后方可开始生产。

（3）应用无污染的热源对钢管加热至合适的涂敷温度。

（4）环氧粉末应均匀地涂敷在钢管表面。

（5）胶粘剂涂敷必须在环氧粉末胶化过程中进行。

（6）采用侧向缠绕工艺时，应确保搭接部分的聚乙烯及焊缝两侧的聚乙烯完全辊压密实，并防止压伤聚乙烯层表面。

（7）聚乙烯层包覆后应用水冷却至钢管温度不高于60℃，并确保熔结环氧粉末涂层固化完全。

（8）防腐层涂敷完成后，应除去管端部位的聚乙烯层。管端预留长度（钢管裸露部分）应为 140~150mm，且聚乙烯层端面应形成小于或等于30°的倒角[8]。

7. 无溶剂液体环氧防腐层

（1）液态环氧涂料为双组分、化学反应固化涂料，埋地钢质管道液态环氧外防腐层采用无溶剂液体环氧涂料。

无溶剂液体环氧涂料的性能符合表 1-8-20 的规定。

表 1-8-20 无溶剂液体环氧涂料性能指标

序号	项 目		性能指标	试验方法
1	细度（μm）		≤100	GB/T 1724
2	固体含量（%）		≥98	SY/T 0457—2010 附录 A
3	干燥时间（h）	表干	≤2	GB/T 1728
4		实干	≤6	

无溶剂液体环氧外防腐层技术指标符合表 1-8-21 要求。

表 1-8-21　地下管道及设备无溶剂液态环氧防腐层技术指标

序号	项　目		性能指标
1	粘结强度（拉开法）（MPa）		≥10
2	吸水率（%）		≤0.6
3	吸着力（级）	95℃±3℃，24h	≤2
		最高运行温度以上 10℃±3℃，30d	≤2，无鼓泡
4	耐阴极剥离（mm）	1.5V，65℃±3℃，48h	≤8
		1.5V，65℃±3℃，30d	≤15
5	抗 1°弯曲（23℃±1℃）		无裂纹
6	抗冲击强度（25℃）（J）		≥6
7	体积电阻率（Ω·m）		≥1×10¹³
8	电气强度（MV/m）		≥25
9	耐化学试剂性能（90d）	pH 值 2.5~3.0 的 10%氯化钠加稀硫酸溶液	合格
		pH 值 2.5~3.0 的 10%稀盐酸溶液	
		10%氯化钠溶液	
		5%氢氧化钠溶液	

注：最高运行温度处于 65~80℃时，应按照实际最高运行温度设置长期阴极剥离试验温度。

（2）防腐层结构等级。为适应不同腐蚀环境对防腐层的要求，无溶剂环氧防腐层分为普通级和加强级，其要求见表 1-8-22。

表 1-8-22　防腐层等级

等　级	干膜厚度（mm）
普通级	≥0.4
加强级	≥0.55

注：在用户要求的情况下，可增加防腐层面漆的厚度[9]。

8. 聚乙烯胶粘带

1）聚乙烯胶粘带防腐层整体性能

聚乙烯胶粘带防腐层的整体性能应符合表 1-8-23 规定。

表 1-8-23　聚乙烯胶粘带防腐层性能

序号	项目名称		性能指标
1	厚度		符合设计规定
2	抗冲击（23℃）（J）	普通级	≥1.5
		加强级	≥3
		特加强级	≥5
3	阴极剥离（23℃，28d）（mm）		≤20

续表

序号	项目名称		性能指标
4	剥离强度（间层）（N/cm）	23℃	≥20（带隔离纸）
			≥5（不带隔离纸）
		70℃	≥2
5	剥离强度（对底漆钢）（N/cm）	23℃	≥20
		70℃	≥3

2）防腐层材料

（1）聚乙烯胶粘带及底漆。

① 聚乙烯胶粘带按用途可分为防腐胶粘带、保护胶粘带和补口胶粘带；

② 聚乙烯胶粘带的性能应符合表1-8-24的规定

表1-8-24 聚乙烯胶粘带的性能

序号	项 目			性能指标
1	厚度（mm）			符合厂家规定，厚度偏差≤±5%
2	基膜拉伸强度（MPa）			≥18
3	基膜断裂伸长率（%）			≥200
4	剥离强度（N/cm）	对底漆钢		≥20
		对背材	无隔离纸	≥5
			有隔离纸	≥20
5	电气强度（MV/m）			≥30
6	体积电阻率（Ω·m）			≥1×10²²
7	耐热老化（%）			≥75
8	吸水率（%）			≤0.2
9	对水蒸气渗透率[mg/（24h·cm²）]			≤0.45
10	耐紫外光老化（600h）（%）			≥80

③ 底漆性能应符合表1-8-25规定。

表1-8-25 底漆性能

序 号	项 目	性能指标
1	固体含量（%）	≥15
2	表干时间（min）	≤5
3	漏斗黏度（涂-4杯）（s）	10~30

3）防腐层结构和等级

（1）防腐层结构分类。

① 由底漆、防腐胶粘带（内带）和保护胶粘带（外带）组成的复合结构；

② 由底漆和防腐胶粘带组成的防腐层结构。

（2）防腐层等级。

根据管径、环境、防腐要求和施工条件的不同，防腐层结构和厚度，包括底漆、防腐胶粘带、保护胶粘带和防腐层总厚度是可以改变的，但防腐层的总厚度不应低于表1-8-26的规定，埋地管道的聚乙烯胶粘带防腐层宜采用加强级和特加强级。

表 1-8-26　防腐层等级和厚度

防腐层等级	总厚度（mm）
普通级	≥0.7
加强级	≥1.0

露天敷设的管道应采用耐火专用保护带[10]。

9. 黏弹体防腐胶带

1）黏弹体防腐胶带主要技术指标

黏弹体防腐胶带主要技术指标见表1-8-27。

表 1-8-27　黏弹体防腐胶带主要技术指标

性能项目		单　位	技术指标
厚度		mm	≥1.8
密度		g/cm^3	1.4~1.6
断裂伸长率		%	≥100
吸水率		%	≤0.03
电阻率		Ω·m^2	≥10^8
阴极剥离（70℃，1.5V）	48h	mm	0
	45d	mm	≤5
冲击强度		J	≥10（适用工况温度下，15kV 无漏点
耐压痕			施加压力至 10N/mm^2，在 23℃和最高适用温度下测试，15kV 无漏点
热水浸泡（70℃，120d）			无变化
耐盐雾（2000h）			无变化
耐紫外线老化（500h）			无变化
耐化学介质腐蚀（浸泡 120d）	10%HCl		无变化
	10%NaOH		无变化
	3%NaCl		无变化

外保护层可采用的 PE 胶带、PVC 胶带、热收缩带、玻璃纤维复合材料等材料的技术指标应符合国家或石油行业相关技术标准规定。

2）防腐层结构

（1）黏弹体防腐层由黏弹体防腐胶带+外保护层构成。

（2）黏弹体防腐胶带的厚度应符合表1-8-26技术指标的规定。

（3）外保护层，普通土壤应力环境宜使用 PE 胶带、PVC 胶带或热收缩带，强土壤应力环境宜使用热收缩带或玻璃纤维复合材料。PE 胶带、PVC 胶带单层厚度不应低于 0.45mm，热收缩带或玻璃纤维复合材料厚度应符合我国石油工业相关防腐技术标准规定[11]。

四、防腐层的管理

油气管道防腐层的质量不仅直接影响管道的防腐效果，同时也制约着阴极保护的效果。例如，一些旧管道在运行中出现的阴极保护电流增大，保护距离缩短，通常是由防腐层重量的恶化所造成的。因此，切实抓好管道防腐层的管理工作是至关重要的。

1. 日常检测工作

1）防腐层绝缘电阻的测定

防腐层绝缘电阻是反映防腐层质量的重要指标。其检测方法主要有拭布法、直流法、变频—选频法等。

变频—选频法是在综合各种方法优缺点的基础上，利用电子技术对管道防腐层绝缘电阻进行测定的一种先进的方法，目前在管道上已得到广泛应用，其主要特点如下：

（1）由于采用变频测量，使被测段边界条件得到满足，即与被测段首尾相连的管道在电气上是开路状态，而对被测段的测量无影响。所以只要在被测段内无分支管道，就可以实现任意长管段连续测量。这给防腐层分段评价、实施分级管理，并按分级采取相应的对策提供了条件。

（2）回避了管内电流的测量。由于测量信号为交流高频、小信号，也基本上解决了极化和 IR 降问题。

（3）测量快捷、简便，不用开挖管道，不用中断强制电流阴极保护的运行，属非破坏性检测。

（4）虚用计算机程序计算结果，快捷、准确。

（5）可适用于不同金属、不同管径和不同防腐层的管道测量，应用范围广。

防腐层绝缘电阻需要定期检测，石油沥青防腐层的检测周期如下：管道投产后，应立即对全线测定一次，并作为原始数据资料长期保存；运行 10 年内的管道，每 5 年测定一次；运行超过 10 年的管道，每 3 年测定一次；防腐层大修后，应在隔 1 年测定一次。其他防腐层应以石油沥青防腐层检测周期作为参考，根据防腐层质量劣化的速率，选择合适的周期，及时测定。

2）防腐层检漏

防腐层日常管理中的漏点检查是指在不开挖管道的情况下，通过地面检测查找防腐层破损和缺陷点，以便有针对性地开挖维修。

防腐层检漏所用的主要设备是检漏仪，国产检漏仪几乎全部都是由发射机、接收机、导向仪、电火花检漏仪配件、蓄电池组配套组成。

通常防腐层检漏修补作业应每年全线进行一次，修补后经 3~5 年，视防腐层破损点的减少情况，可适当缩减检漏修补作业。如每年检漏修补一半或 1/3 管段，等于每 2 年或是 3 年全线检漏修补一次。

2. 防腐层管理

油气管道防腐层应采用分级管理的方式，即将管道的防腐层分别按单元管段进行检测，然后根据检测结果，按单元管段进行分级，最后按各单元管段的级别，采取不同的对策。

作为评价对象的单元管道，其长度分割得越小，防腐层技术状态的不均匀性就反映得越充分、越真实。但是单元管道长度分割得越小，测量评价的工作量和费用也会上升。所以单元长度管道的分割应考虑以下两个因素：

（1）单元管道的长度与管道总长度应相协调。

（2）考虑检测设备和管道上已附属的检测点的分布情况。变频—选频法在理论上虽然可以测量任意长度管段，但测量仪器所适应的测段长也不宜小于100m，否则会增加仪器生产的难度和造价。长输管道一般每千米均有一个测试桩，所以比较适合将单元管段定为1km。

五、防腐层的修复

1. 涂装前钢材表面预处理

防腐层损坏后，无论进行修补或大修更换，都首先应进行钢材表面的预处理。

1）表面预处理的质量

钢材表面预处理的质量主要由两个因素决定：一是除锈等级（清洁度）；二是表面粗糙度（也称锚纹深度）。若处理后的钢材表面清洁度不够，表面粗糙度不恰当，就会严重影响防腐层与金属表面的粘结力。表面粗糙度应根据防腐层的种类、性质和厚度而定。表面粗糙度太大，不仅耗费涂料，而且可能在齿形锚纹"波谷"内存有空气，影响防腐层质量。薄的防腐层可能出现刺破防腐层的"波峰"，破坏防腐层的完整性，引起腐蚀。

2）表面预处理的方法

（1）钢材表面清理。表面清理指除掉钢材表面上所有可见的油、油脂、灰土、旧防腐层以及其他可溶污物。油、油脂等污物可以用溶剂、乳剂或碱清洗剂等清洗，使用的工具可以包括刚性纤维刷、钢丝刷、抹布等。

（2）手工工具除锈。工具除锈可分为手动工具和动力工具除锈两种方法。手动工具包括钢丝刷、粗砂纸、铲刀或类似的手工工具。动力工具包括旋转钢丝刷、砂轮等。手动工具和动力工具除锈质量等级、质量要求见表1-8-28。

表1-8-28　手动工具和动力工具除锈的质量等级及其质量要求

质量等级	质量要求
St2——彻底的手工和动力工具除锈	钢材表面应无可见的油脂和污垢，并且没有附着不牢的氧化皮、铁锈和油漆涂层等附着物
St3——非常彻底的手工和动力工具除锈	钢材表面应无可见的油脂和污垢，并且没有附着不牢的氧化皮、铁锈和油漆涂层等附着物除锈应比St2更彻底，底材显露部分的表面应具有金属光泽

3）喷（抛）射除锈

喷（抛）射除锈是指利用喷砂或抛丸的方法对金属表面进行除锈。

喷砂除锈指用压缩空气将磨料高速喷射到金属表面，依靠磨料的冲击和研磨作用，将金属表面的铁锈和其他污物清除。喷砂设备主要由压风机、油水分离器、除水器、喷砂机等组成。

抛丸法是利用高速旋转的叶轮，将进入叶轮腔体内的磨料在离心力作用下由开口处以45°~50°的角度定向抛出，射向被除锈的金属表面。

磨料的种类很多，按其材质、形状和粒度可分为不同类型和规格。常用的金属磨料有铸钢丸、铸钢砂、铸铁砂和钢丝段。非金属磨料包括天然矿物磨料(如石英砂、金刚石、火燧石等)和人造矿物磨料(如熔渣、炉渣等)。磨料的性能应符合有关标准的规定。

磨料的选择直接影响着除锈的效率与成本。磨料适宜的直径为 0.5~2.0mm。粒径过大，易使喷嘴堵塞；粒径过小，会使磨料对工件的冲击力减弱，降低除锈效率。大粒径磨料打出的锚纹较深，小粒径磨料打出的锚纹较浅。所以，在施工中应视钢管表面的锈蚀情况及防腐层所要求的锚纹深度来选用磨料。

抛丸或喷砂除锈表面处理效率较高，对管道防腐层维修作业来说，主要可用于防腐层的大修过程。目前，已研制出在管道不停输的情况下进行防腐层清理、除锈的机械化设备，尤其是利用喷砂除锈，表面除锈质量较高，表面粗糙度较大，有利于提高防腐层的附着力。喷(抛)射除锈质量等级及其质量要求参见表 1-8-29。

表 1-8-29　喷(抛)射除锈质量等级及其质量要求

质量等级	质量要求
Sa1——轻度的喷射或抛射除锈	钢材表面应无可见的油脂和污垢，并且没有附着不牢的氧化皮、铁锈和油漆涂层等附着物
Sa2——彻底的喷射或抛射除锈	钢材表面应无可见的油脂和污垢，并且氧化皮、铁锈和油漆涂层等附着物已基本清除，其残留物应是牢固附着的
Sa2½——非常彻底的喷射或抛射除锈	钢材表面应无可见的油脂、污垢、氧化皮、铁锈和油漆涂层等附着物，任何残留的痕迹应仅是点状或条纹状的轻微色斑
Sa3——使钢材表观洁净的喷射或抛射除锈	钢材表面应无可见的油脂、污垢、氧化皮、铁锈和油漆涂层等附着物，该表面应显示均匀的金属色泽

4) 酸洗

酸洗是指用加入腐蚀剂等添加剂的酸液来清洗钢材表面，达到除去污物、铁锈的目的。该方法所用机器设备较小，成本较低，简单易行，但处理后的金属表面粗糙度较小。该方法可用于埋地管道内表面预处理过程，一般不用在外防腐层维修中[12]。

2. 防腐层维修

对管道防腐层绝缘电阻大幅度降低、破损点较多的管道应进行防腐层大修或修补。

1) 大修材料的选择

防腐层大修时所用的防腐材料可以与原材料相同，也可以另外选择，但一般应考虑以下3 种因素。

(1) 技术可行。管道防腐层大修一般应在管道不停输的情况下进行，所以应选择既能满足管道沿线环境防腐蚀要求，又能满足在管道安全运行条件下进行施工的防腐材料。

(2) 经济合理。应结合管道的运行年限、预期寿命及有关材料的价格，合理选用防腐材料。

(3) 因地制宜。应根据管道所处的环境条件、管道的运行温度、压力来选择防腐材料。

2) 防腐层大修施工要求

无论采用何种材料进行防腐层大修，都应满足以下要求：

(1) 金属表面处理应达到所采用防腐层要求的表面处理质量等级；

(2) 严格按照各防腐层技术标准施工技术要求进行施工；

（3）施工过程中要及时进行外观、厚度、漏点和粘结力等质量检查，对不合格处应及时进行修补。

第九节 PCM+管道检测

雷迪 PCM+是通过非开挖方法，对埋地管道电绝缘实现检测的设备，具有管道路由定位、管道埋深测试、管道外防腐层缺陷定位、对管道搭接定位、对管道外防腐层保护状况测试等功能。

一、PCM+发射机的基本操作

PCM+发射机的外壳坚固防水。发射机在工作状态时，应打开箱盖散热，让发射机保持合适的温度。关闭箱盖前应断开所有连线。

PCM+发射机的操作界面如图 1-9-1 所示。

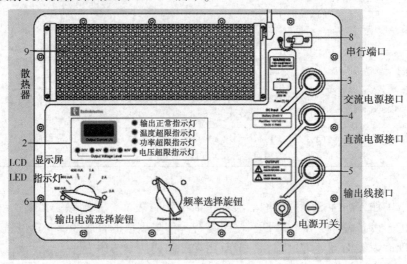

图 1-9-1　PCM+发射机操作界面

1—电源开关；2—LCD 显示屏与 LED 指示灯［LCD 显示屏显示输出电流值（单位：mA），LED 指示灯显示发射机工作状态］；3—AC 交流电源接口；4—DC 直流电源接口；5—输出线接口；6—输出电流选择旋钮；7—频率选择旋钮；8—串行端口：维修人员专用；9—散热器。

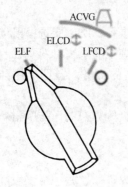

图 1-9-2　频率选择旋钮

1. 频率选择旋钮

频率选择旋钮用于选择 3 种混频电流信号如图 1-9-2 所示，其中：

（1）ELF 电流信号主要用于管道涂层评估。具有较远的传输距离。

（2）ELCD 电流信号是带有电流方向的 ELF 信号，具有中等输距离。主要用于同时进行管道涂层评估和故障点定位。

（3）LFCD 电流信号是带有电流方向的 LF 信号，具有中等输距离。主要用于同时进行管道涂层评估和故障点定位。

在 3 种混频电流信号中，都含有 4Hz 测绘电流频率。根据在密集管线区域探测管线或者故障点定位的需要，选择定位电流的频率和电流方向频率。

2. 输出电流选择旋钮

可选择 6 级 4Hz 测绘电流的输出水平：100mA，300mA，600mA，1A，2A，3A。LCD 显示屏显示 3 位数的 4Hz 测绘电流的输出电流值。PCM+发射机以恒定电流的方式输出信号，最大输出电流受电源功率的制约。

3. 输出电压指示灯

黄色的输出电压指示灯指示输出电压。电压指示灯不亮，表明输出电压小于 20V。电压超限指示灯亮，表明输出电压已到 100V 最大输出电压限值。此时，表明管道电阻或大地电阻过高，需要检查连接点的连接情况，降低连接电阻。注意：涂层良好的管道由于电流增大，也可能产生电压报警。

4. 输出状态指示灯

Output OK——输出正常指示灯：绿灯——信号输出正常，不亮——信号输出不正常。

Over Temperature——温度超限指示灯：红灯——温度过高，不亮——温度正常。

Power Limit——功率超限指示灯：红灯——输出功率过高，不亮——输出功率正常。

Voltage Limit——电压超限指示灯：红灯——输出电压过高，不亮——输出电压正常。

Over Temperature——温度超限指示灯：当发射机的温度超限时，发射机将自动关机。等发射机冷却后再继续使用。

Power Limit——功率超限指示灯：该灯亮表明当前输出电流的功率已经超出外部电源的供应能力，发射机达到最大输出功率。调低输出电流水平，直到 OutputOK 输出良好指示灯变为绿灯。

5. 施加发射机信号

(1) 保证发射机处于关机状态，从阴极保护整流器或测试桩上，断开管道连线和阳极连线。

(2) 发射机的白色输出线连接到管道，绿色输出线连接到阳极连线，如果白色线和绿色线接反，PCM+的电流方向箭头/故障点定向箭头将指向错误的方向。阳极线路必须连接在低阻抗接地点。连接在绝缘接头时，绝缘接头的另一端必须进行接地处理。采用接地钎自设接地点时，接地电阻有可能不够低。接地点的位置应距离管道连接点至少 45m，以保证足够的信号传输距离。

(3) 根据现场条件选择合适的电源，连接电源线。根据工作目的选择合理的工作频率。

管线探测、管道涂层评估一般选用 ELF 电流信号，管道涂层评估与故障点定位同时进行，可选用 ELCD 电流信号或者 LFCD 电流信号；使用电流方向功能探测密集管线，可选用 ELCD 电流信号或者 LFCD 电流信号。

(4) 用输出电流旋钮将输出电流转换至 100mA 的低输出挡位。

(5) 用输出电流旋钮逐步调高输出电流。在任何指示灯不变为红灯的条件下，尽量选用较大输出电流。

(6) 使用管线仪的发射机探测管线。

当 PCM+发射机远离探测点，接收信号过弱，当管道带有绝缘接头，PCM 信号无法继续传输时，需要用管线仪的发射机来施加定位信号。

二、PCM+接收机的基本操作

1. 接收机的操作界面

PCM+接收机操作界面如图 1-9-3 所示。

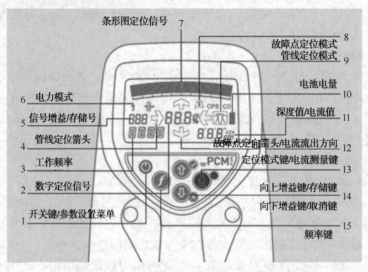

图 1-9-3　PCM+接收机操作界面

（1）开关键/参数设置菜单：开机后，短按键进入参数设置菜单，长按键关机。

（2）数字定位信号：管线定位模式时，以百分比形式显示管线定位信号强度。故障点定位模式（连接 A 字架）时，显示测量的电位梯度，单位为 dB。

（3）工作频率：显示当前使用的工作频率。

（4）管线定位箭头：指示目标管线所在的方向，仅用于谷值定位模式。

（5）信号增益：管线定位模式时，显示当前的信号增益值，单位 dB；电流测量模式时，显示数据的存储号。

（6）电力模式：选择 Power 电力信号频率用于探测带电电缆时，显示该图标。

（7）条形图定位信号：管线定位模式时，以条形图表示的定位信号强度，带有峰值信号指示线，电流测量模式时，显示 4Hz 电流测量进度。

（8）故障点定位模式：表示接收机已经连接 A 字架，处于故障点定位功能。

（9）管线定位模式：具有两种定位模式，峰值模式（采用双水平线圈）和谷值模式（采用单垂直线圈）。

（10）电池电量：显示电池的电量。

（11）深度值/电流值：显示测量的深度值或电流值，管线定位模式时，显示实时的管线中心深度值。电流测量模式时，显示测量的 4Hz 电流值。

（12）故障点定向箭头：当采用 A 字架查找故障点时，指示故障点的方向。当测量管道电流信号的电流方向时，指示目标管道的电流流出方向。

（13）定位模式键（电流测量键）：短按键，可选择峰值定位模式或谷值定位模式；长按键，启动电流测量功能，测量 4Hz 电流值。

（14）向上增益键（存储键）：管线定位模式时，用于增大信号增益；电流测量模式时，用于存储测量数据。在参数设置菜单中，用于选择参数选项。向下增益键(取消键)：管线定位模式时，用于减小信号增益；电流测量模式时，用于取消测量数据存储并返回定位模式。在参数设置菜单中，用于选择参数选项。信号强度以条形图和数字两种方式显示。一般信号强度显示为50%较为合适。如果信号超出显示范围，按相应的向上或向下增益键，接收机将自动将信号显示调节到条形图的50%中间位置。按住向上增益键或者向下增益键，可以1dB步进方式连续调节信号增益。

(15) 频率键：连续按键可选择工作频率。选频率有8个：

ELCD——用于管道涂层评估，用于探测密集管线。带有电流方向功能。

LFCD——用于管道涂层评估，用于探测密集管线。带有电流方向功能。

ACVG——用于管道涂层故障点定位。

ELF——用于管道涂层评估，用于低阻抗管线探测。无电流方向功能。

8kHz——用于一般管线探测，需与带有8kHz输出频率的管线仪发射机配合使用。

CPS——用于初步查找采用强制电流阴极保护法的油气管道。CPS阴保电流频率，接收频率为100Hz或120Hz。

50/60Hz——用于初步查找带电电缆。电力信号频率，接收频率为50Hz或60Hz。

8kFF——用于同时进行管道定位与管道涂层故障点定位。需与带有8kFF输出频率的管线仪发射机配合使用。

2. 参数设置菜单

开机后，长按开机键，进入参数设置菜单。用向上增益键或者向下增益键滚动选择所需要设置的参数选项，按开关键进入选项；再用向上增益键或者向下增益键选择具体设置，按开关键确认。

参数列表：

(1) Volume——音量：4级音量水平，VOL0为静音，VOL3为最大音量。

(2) SEND——发送数据：通过蓝牙发送存储的数据。测量数据以标准的CSV格式存储在接收机内存中，可用普通文本编辑器阅读。

(3) DEL——删除数据：删除存储的数据文件。

(4) BATT——电池类型：可选择Alkaline碱性电池或NiMH镍氢电池两种电池类型。

(5) PWR——电力频率：选择被动源法电力探测模式的频率，配置接收频率。可选频率为50Hz或60Hz。当选择50Hz时，电力信号频率为50Hz，CPS频率为100Hz，ELF频率为128Hz，LF频率为640Hz；当选择60Hz时，电力信号频率为60Hz，CPS频率为120HzELF频率为98Hz，LF频率为512Hz。

(6) UNIT.——单位：选择深度的测量单位，可选Metric(米)或Imperial(英尺)。

(7) SIGL.——信号：选择信号强度，可选NORM(正常信号强度)或LOW(低信号强度)。一般情况下选择NORM即可，LOW用于复杂环境。

(8) BLUT.——蓝牙：蓝牙菜单。Off关闭蓝牙通信，Auto开启蓝牙通信。Auto时接收机将与特定蓝牙设备建立连接。

3. 选择工作频率

按频率键切换接收频率。电流测量频率：ELF—超低频频率，128Hz/98Hz；LF—低频频率640Hz/512Hz；8k—标准定位频率需要配合使用管线仪的发射机。

发射机选用 ELCD 或 LFCD 输出频率时，接收机才显示电流方向箭头。定位指示箭头仅在谷值定位模式时可用。一般用于在简单环境中快速追踪管线，或检查干扰情况。

4. 深度测量

接收机自动测量并实时显示管线深度。深度单位为 m。只有在管线左右的 2 倍管线埋深范围内，接收机才能实时显示管线深度（注意：接收机位于管线正上方且锋面垂直于管线时，深度测量才准确）。

5. 电流测量模式与数据存储功能

接收机内置的存储器可存储测量出的 4Hz 电流值（单位：mA 或 dB）、电流方向和深度值。若兼容 PDA 的 GPS 连接到接收机，也可存储 GPS 位置数据和时间。接收机内存可存储 1000 个点的数据。

（1）管线电流测量。

测量管线电流时，接收机必须保持静止状态，才能得到准确的测量值。长按电流测量键（定位模式键）至少 4s，进入电流测量模式，开始测量 4Hz 电流强度。4s 后松开电流测量键，条形图显示电流测量进度，随后显示出 4Hz 电流的测量值、电流方向和 SAVE（存储功能）及已用的存储号。

若对 4Hz 测绘电流的测量精度不满意，不准备存储测量数据，按取消键（向下增益键），返回定位模式。

若对 4Hz 电流的测量精度满意，准备将测量值存储在接收机内存中，请按存储键（向上增益键）。随后显示屏显示 LOG（存储）、当前存储号和电流值、电流方向，存储完毕后，再次按存储键确认，返回定位模式。

电流测量完成后，若不按存储键或者取消键，接收机进入实时测量 4Hz 电流模式，实时显示当前测点的 4Hz 电流强度。按存储键或者取消键方可退出。

注意：电流值闪烁表明测量精度较差，需要重新进行测量。测量误差可能是移动的或邻近的金属物体引起的。

（2）下载数据。

注意：下载接收机存储的数据需要装有下载软件的 PC 机或 PDA。按存储键后，管线电流测量数据连同 GPS 数据可发送到 PDA，并存储在 PDA 中。

（3）删除存储的数据。

进入参数设置菜单的 DEL 选项，可全部删除存储的数据。

6. 管线定位

一般精确定位管道位置宜采用 Peak 峰值定位模式，抗干扰能力强，定位精度高。在峰值定位模式，出现峰值信号指示线，帮助操作者准确识别峰值点位置。

Null 谷值定位模式的抗干扰能力较差，一般存在至少 5cm 的定位常差，当地上或地下空间存在高压线、金属栅栏、浅层电缆或钢质管道等强电磁干扰时，往往出现较大的定位误差甚至定位错误。

但另一方面，Null 谷值定位模式的检测信号灵敏度较高，适合单一管线条件下长距离、大埋深管道的快速追踪，不适宜于 PCM 电流测量时的精确定位。

第二章　管道保护知识

第一节　管道保护重要性

石油、天然气管道特别是长输管道，是保障能源供给、关系国计民生的能源基础设施，一旦被损毁、破坏，导致管道长时间停输或管道报废，上游关井停产，下游炼厂减产以及成品油、天然气供应中断，将严重影响相关企业的生产和沿线居民的生活，甚至影响整个国家的能源供应安全。

随着经济社会快速发展和城乡建设不断加快，我国油气管道面临的不安全因素增加，主要表现在以下几个方面：一是管道的规划和建设与城乡发展统筹协调不够，许多远离城乡居住区的管道现在被居民楼、学校、医院、商店等建筑物占压；二是一些单位和个人违反管道保护距离制度，违法采石、挖砂、爆破或者从事其他施工作业；三是一些地方打孔盗油气等破坏管道的违法犯罪活动还比较严重。

由于油气管道运输的介质具有高压、易燃和易爆的特点，一旦管道被损毁、破坏，导致油气泄漏，极易发生火灾爆炸和人员伤亡事故，给人民生命财产带来严重损失。因此，保护管道成为管道管理人员的重要任务，也是管道工程师的主要任务。

2010 年 6 月 25 日，《中华人民共和国石油天然气管道保护法》（以下简称《管道保护法》）经中华人民共和国第十一届全国人民代表大会常务委员会第十五次会议通过，予以发布，自 2010 年 10 月 1 日起施行。

《管道保护法》建立了各司其职、各尽其责的管道保护管理体制；理顺了管道建设与城乡建设之间的关系，避免因规划不协调产生危害管道和公共安全的隐患；建立了更有效的管道保护措施，进一步强化了管道企业在管道保护中的责任；明确了处理管道与其他建设工程相遇关系的原则及具体规范；规定了更加严格的法律责任。

同时，管道保护工作还要遵循《油气管道管理与维护规程》、GB 50253《输油管道工程设计规范》、GB 50251《输气管道工程设计规范》等其他标准、规范的相关规定。

管道保护工作分为管道巡护管理、管道地面标识管理、管道保护宣传、第三方施工管理、防汛管理、管道占压管理等。

第二节　管道地面标识

一、地面标识种类

管道地面标识是用于管道上方的各种地面标记，包括里程桩、标志桩、测试桩、通信标石、加密桩、警示牌等。

二、常用的地面标识

（1）里程桩。用于标记油气管道的走向、里程的管道附属设施。

（2）测试桩。布设在埋地管道上，用于监测与测试管道阴极保护参数的附属设施（一般将里程桩与测试桩合并设置）。

（3）标志桩。用于标记管道走向变化、管道与地面工程（地下隐蔽物）交叉、管理单位交界、管道结构变化（管径、壁厚、防护层）、管道附属设施的地面标记。包括转角桩、穿（跨）越桩（河流、公路、铁路、隧道）、交叉桩（管道交叉、光缆交叉、电力电缆交叉）、分界桩、设施桩等。转角桩是明示管道在水平或纵向转角位置发生方向变化（如弯头或水平转角大于5°）时，确定走向与主要变化参数的地面标记。分界桩是明示管道所属行政管理区域分界的标志。

（4）通信标石。用于标记通信光缆敷设位置、走向的地面标识，也称光缆桩。

（5）加密桩（警示桩）。两个相邻里程桩之间，按一定距离埋设的用于确认管线走向的地面标记，同时用于管道埋深较浅的沟渠、重载车辆通过未做管道保护涵的道路、管道经过人口稠密区等特殊地段的地面警示标识。

（6）警示牌。用于标记高风险地区管道安全防范事项的地面警示标识。

（7）标识带。连续敷设于埋地管道上方，用于防止第三方施工意外损坏管道设置的管道标识。

（8）阀室标牌。明示管道线路上各类阀室的标志。

（9）警示盖板。在管道穿越沟渠、人口密集区、第三方施工较多的管段，敷设于埋地管道上方，用于防止第三方施工损坏管道的设施。

（10）空中巡检牌。在管道上方按一定距离埋设，便于飞行器巡查管道而设立的巡检标记。[14]

第三节　第三方施工

第三方施工是指在管道周边，从事维护管道以外的作业，有潜在危及管道安全的活动。

第三方施工包括定向钻、顶管作业、公路交叉、铁路交叉、电力线路交叉、光缆交叉、其他管道交叉、河道沟渠作业、挖砂取土作业、侵占、城建、爆破等。

第三方施工的风险主要表现在：一是直接导致管道破裂，引起介质泄漏、着火、爆炸事故；二是在一定程度上破坏了防腐层或者给管道造成划痕、凹坑，继而引起管道腐蚀、疲劳或者应力集中，最终导致管道破坏；三是导致光缆中断，影响管道数据传输等正常生产活动；四是干扰管道阴极保护系统的正常工作，导致管道腐蚀失效。

第四节　与管道相遇的第三方施工处理原则

一、《管道保护法》中的相关要求

第三十条　在管道线路中心线两侧各5m地域范围内，禁止下列危害管道安全的行为：

（一）种植乔木、灌木、藤类、芦苇、竹子或者其他根系深达管道埋设部位可能损坏管道防腐层的深根植物；

（二）取土、采石、用火、堆放重物、排放腐蚀性物质、使用机械工具进行挖掘施工；

（三）挖塘、修渠、修晒场、修建水产养殖场、建温室、建家畜棚圈、建房以及修建其他建筑物、构筑物。

第三十一条　在管道线路中心线两侧和本法第五十八条第一项所列管道附属设施周边修建下列建筑物、构筑物的，建筑物、构筑物与管道线路和管道附属设施的距离应当符合国家技术规范的强制性要求：

（一）居民小区、学校、医院、娱乐场所、车站、商场等人口密集的建筑物；

（二）变电站、加油站、加气站、储油罐、储气罐等易燃易爆物品的生产、经营、存储场所。

前款规定的国家技术规范的强制性要求，应当按照保障管道及建筑物、构筑物安全和节约用地的原则确定。

第三十二条　在穿越河流的管道线路中心线两侧各 500m 地域范围内，禁止抛锚、拖锚、挖砂、挖泥、采石、水下爆破。但是，在保障管道安全的条件下，为防洪和航道通畅而进行的养护疏浚作业除外。

第三十三条　在管道专用隧道中心线两侧各 1000m 地域范围内，除本条第二款规定的情形外，禁止采石、采矿、爆破。

在前款规定的地域范围内，因修建铁路、公路、水利工程等公共工程，确需实施采石、爆破作业的，应当经管道所在地县级人民政府主管管道保护工作的部门批准，并采取必要的安全防护措施，方可实施。

第三十四条　未经管道企业同意，其他单位不得使用管道专用伴行道路、管道水工防护设施、管道专用隧道等管道附属设施。

第三十五条　进行下列施工作业，施工单位应当向管道所在地县级人民政府主管管道保护工作的部门提出申请：

（一）穿跨越管道的施工作业；

（二）在管道线路中心线两侧各 5m 至 50m 和本法第五十八条第一项所列管道附属设施周边 100m 地域范围内，新建、改建、扩建铁路、公路、河渠，架设电力线路，埋设地下电缆、光缆，设置安全接地体、避雷接地体；

（三）在管道线路中心线两侧各 200m 和本法第五十八条第一项所列管道附属设施周边 500m 地域范围内，进行爆破、地震法勘探或者工程挖掘、工程钻探、采矿。

县级人民政府主管管道保护工作的部门接到申请后，应当组织施工单位与管道企业协商确定施工作业方案，并签订安全防护协议；协商不成的，主管管道保护工作的部门应当组织进行安全评审，作出是否批准作业的决定。

第三十六条　申请进行本法第三十三条第二款、第三十五条规定的施工作业，应当符合下列条件：

（一）具有符合管道安全和公共安全要求的施工作业方案；

（二）已制定事故应急预案；

（三）施工作业人员具备管道保护知识；

（四）具有保障安全施工作业的设备、设施。

第三十七条 进行本法第三十三条第二款、第三十五条规定的施工作业，应当在开工七日前书面通知管道企业。管道企业应当指派专门人员到现场进行管道保护安全指导。

二、其他工程与管道相遇的一般规定

（1）施工中挖出管段的最大悬空长度不应超过表 2-3-1 规定的数值（表中允许悬空长度是两端为土墩固定时数值；若使用刚性支撑，应增加 2m；其他情况可参照表 2-3-1 执行）；一个作业段直管段开挖累计长度不应大于 200m。在固定墩及弯头附近 200m 内，挖出的直管段长度不应大于 50m；开挖时，预留的土墩长度不应小于 4m，待悬空段回填夯实后，再挖开支撑土墩进行作业。

表 2-3-1　管段最大悬空长度

规格与材质	$\phi720mm\times8mm$ 16Mn	$\phi529mm\times7mm$ 16Mn	$\phi426mm\times7mm$ 16Mn	$\phi377mm\times7mm$ 16Mn	$\phi377mm\times7mm$ A3F
允许悬空长度（m）	<18	<16	<13	<11	<77

注：其他管线最大悬空长度按相关公式进行计算（按 Q/SY GD 1028—2014 中相关规定执行）。

（2）增加交叉方案的审批、审核。

（3）其他工程与管道相互交叉施工后，应加设管道标识桩。标识桩的位置及标识内容，应符合相关规范的规定。

（4）工程竣工时，工程建设单位应绘制竣工图，在竣工验收时交予管理单位存档。

三、铁路、公路与管道相互关系的处理原则

（1）新建铁路、公路与管道相交时，宜采用垂直交叉。必须斜交时，夹角不宜小于 60°，受地形条件或其他特殊情况限制时，应不小于 45°。在避不开的情况下，报上级主管部门，组织评审后实施。公路等级划分见表 2-3-2。

表 2-3-2　公路等级划分

公路等级		高速公路							
设计速度（km/h）		120			100			80	
车道数		8	6	4	8	6	4	6	4
路基宽度（m）	一般值	42.00	34.50	28.00	41.00	33.50	26.00	32.00	24.50
	最小值	40.00		25.00	38.50		23.50		21.50
公路等级		一级路							
设计速度（km/h）		100		80		60			
车道数		6	4	6	4	4			
路基宽度（m）	一般值	33.50	26.00	32.00	24.50	23.00			
	最小值		23.50		21.50	20.00			

续表

公路等级		二级公路		三级公路		四级公路	
设计速度（km/h）		80	60	40	30	20	
车道数		2	2	2	2	2 或 1	
路基宽度（m）	一般值	12.00	10.00	8.50	7.50	6.50	4.50
	最小值	10.00	8.50	—	—	—	—

注：（1）当设有中间带、爬坡车道、加减速车道、错车道时，还应计入该部分的宽度。

（2）公路路基宽度为车道宽度与路肩宽度之和。

注：公路用地范围指公路路堤侧坡脚加护道和排水沟外边缘以外 1m，或路堑坡截水沟、坡顶（若未设截水沟时）外边缘以外 1m。

（2）新建铁路、公路与管道相交时，应采取可靠的防护措施，其防护工程的设计，应满足强度、稳定性和耐久性的要求；同时，应满足双方今后安全运行及维护的需要，一般采用桥梁或涵洞的保护方式。

① 桥梁方式。新建铁路、高速公路、公路与管道交叉，当填方高度大于 1.8m 时，宜采用桥梁形式防护，桥梁净跨度不宜小于 10m，净高度在满足公路桥梁结构层前提下，最大限度保留净空间。

② 涵洞方式。新建铁路、高速公路、公路与管道交叉，当填方高度小于 1.8m 时，宜采用盖板涵形式防护，盖板涵净跨度不小于 $D+2.5m$（D 为管道外径，包括防护层），盖板应采用活动吊装形式。

③ 管道防护工程基础埋置深度规定：当采用桩基基础或敞开式基础结构时，基础埋置深度以不影响管道维护开挖所需深度为准，由铁路、公路设计方依据地质情况确定，管道开挖深度一般在管下 0.6~1.0m；当采用钢筋混凝土封闭式基础结构时，基础底板与管道净间距不应小于 1.0m。桩基基础承台与管道水平间距不宜小于 5m。

当管道改线与既有铁路、高速公路、公路穿越时，可采取钢筋混凝土套管保护方式，套管直径应比管道直径大 300mm，且应不小于 1.0m，套管长度宜伸出路堤坡脚、路边沟外边缘应不小于 2m。

④ 为保护管道而设置的涵洞不应作为铁路、公路的排水涵洞，涵洞内应填满细土或细砂。

⑤ 为保护管道而设置的单跨桥梁两端应设置栅栏等防盗措施。

⑥ 管道应避免与铁路站场、公路交叉路口、圆形转盘交叉。

（3）新建铁路、公路与管道平行敷设规定。

① 铁路、公路与管道平行敷设时，不应将管道纳入铁路、公路用地界限内，一般要求如下（未提到天然气管道）：

a. 铁路与输油管道平行敷设的最小间距不应小于铁路用地界限外 3m；

b. 铁路干线、支线与天然气管道平行敷设的最小间距分别不应小于 25m 和 10m；

c. 电气化铁路与管道平行敷设的最小间距不宜小于 200m；

d. 高速公路、一二级公路与原油、液化石油气、C_5 及 C_5 以上成品油管道平行敷设的最小间距不应小于公路用地界限外 10m；

e. 三级及以下公路与原油、液化石油气、C_5 及 C_5 以上成品油管道平行敷设的最小间距不应小于公路用地界限外 5m。

② 位于水域段的铁路和公路特大型、大型、中型桥与管道的水平间距不应小于 100m，小型桥与管道的水平间距不应小于 50m。

（4）管道与铁路平行或交叉时，应加强监测管道电流、电位变化，根据监测结果，采取相应措施。

四、管道与电力、通信线路相互关系的处理原则

1. 埋地电力、通信线路与管道相互关系的处理原则

（1）埋地电力电缆、通信电缆、通信光缆（同沟敷设光缆除外）与管道平行敷设时的间距，在开阔地带不宜小于 10m；受地形条件限制时，其间距应满足附录 C 的要求。

（2）埋地电力电缆、通信电缆、通信光缆与管道交叉时，宜从管道下方通过，净间距不应小于 0.5m，其间应有坚固的绝缘隔离物，确保绝缘良好；产权单位应对交叉处的埋地电力电缆、通信电缆、通信光缆增加刚性保护套管，其长度不应小于管沟开挖影响区域内的长度；针对石油沥青防腐层和聚乙烯、聚丙烯缠带防腐层的管道在交叉点两侧各 10m 范围内的管道和电缆应做特加强级防腐。

（3）埋地电力电缆应采用铠装屏蔽电缆。

（4）水下电缆（光缆）与管道的水平距离不宜小于 50m，受条件限制时不得小于 15m。

2. 架空电力、通信线路与管道相互关系的处理原则

（1）输电线路边导线与管道最小水平间距在开阔地区不宜小于 1 倍最高杆塔高度，在路径受限制地区考虑最大风偏情况下最小水平间距不宜小于 8m；

（2）Ⅰ 级和 Ⅱ 级通信线路与管道最小水平间距不宜小于 15m；

（3）管道及阴极保护的辅助阳极与塔杆接地极的距离应大于 20m；

（4）架空电力线路、通信线路与管道交叉时，杆塔基础与管道允许最小间距不宜小于 1 倍最高杆塔高度；

（5）管道与 110kV 及以上高压交流输电线路的交叉角度不宜小于 55°，在不能满足要求时，宜根据工程实际情况进行管道安全评估，结合防护措施，交叉角度可适当减小；

（6）电力系统接地体应背离管道方向埋设，与管道的最小水平安全间距应符合表 2-3-3 的要求。

表 2-3-3　管道与电力系统接地体间的最小水平安全距离

电压等级（kV）	≤220	330	500
铁塔或电杆接地（m）	5.0	6.0	7.5

五、其他管道与管道相互关系的处理原则

（1）两管道平行敷设间距不宜小于 10m；特殊地段平行敷设间距不应小于 5m。

（2）两管道交叉时，后建管道应从原管道下方通过，且夹角不宜小于 60°，交叉处垂直净间距不应小于 0.6m；其间应有坚固的绝缘隔离物，确保绝缘良好，同时确保两管线防腐层完好。

（3）采用不同施工方法施工的管道，应考虑规范允许的施工偏差对在役管道的安全

影响。

（4）对已有管道穿越段埋深无法准确掌握时，禁止任何施工方法的管道穿越在役管道。

（5）地质灾害易发区应评价新建管道工程对在役管道的影响，根据评价结果采取防治措施，确保在役管道的安全。

六、定向钻施工与管道相互关系的处理原则

（1）在在役管道附近采用定向钻方法施工，施工单位应主动向管道主管单位了解管道的位置、埋深、走向等情况，并将施工安全防护措施报管道主管单位，经审批同意后方可实施。

（2）定向钻穿越管道时宜与管道垂直交叉，受条件限制不能垂直交叉的，交角不应小于60°。

（3）与在役管道平行铺设时，净间距不得小于15m。与在役管道交叉时，垂直净间距应大于6m，出、入土端距离在役管道的最小距离不应小于100m。

（4）在管道附近采用定向钻施工时，施工单位应与管道的主管单位签订安全协议，管道主管单位应派人对其施工进行现场监护，发现有违反安全协议的行为时，应制止其继续施工。

（5）施工单位应提前告知管道主管单位其定向钻施工作业的具体时间。在定向钻施工作业期间，管道主管单位要24h密切监控管道运行状态，做好事故应急处理准备，一旦发生事故，应能立即响应。

七、管道与河渠相互关系的处理原则

（1）在穿越河流的管道线路中心线两侧各500m地域范围内，禁止抛锚、拖锚、挖砂、控泥、采石、水下爆破。但是在保障管道安全的条件下，为防洪和航道的通畅而进行的养护疏浚作业除外。

（2）经规划部门审批或与管道部门协商同意的新挖河渠和河渠变迁整治对管道构成影响时，应对管道采取相应的加固防护措施。

（3）经规划部门审批或与管道部门协商同意的新开河道或河渠整治宜与管道正交通过，如需斜交时，交角不应小于60°。

（4）河渠整治应保证管道埋设深度不低于河道设计冲刷线下1.0m，不满足时应采取保护措施，当河床设计有铺砌层时，应保证管道埋设深度不低于铺砌层底面下1.0m。

（5）水域穿越段管道上下游各500m范围内严禁挖砂取土；对于通航的水域，管道上下游各500m范围内为禁止抛锚区。

八、市政管网与管道相互关系的处理原则

（1）管道不宜与市政管网平行敷设，受条件限制需要平行敷设的，管道与市政管网平行敷设间距不宜小于10m；特殊地段平行敷设间距不应小于5m。

（2）后建市政管网应从管道下方通过，且夹角不宜小于60°，交叉处垂直净间距不应小于1m。因特殊原因无法满足上述要求的，应组织修订设计方案，经安全评估后实施。

（3）管道应避免与市政管网的密闭空间交叉，对于已经存在的交叉，应采取措施对管道

与市政管网的密闭空间进行物理隔离。

（4）管道与市政管网交叉处应设置警示牌，标注警示用语，并在巡检过程中监测油气浓度。[13]

九、其他规范中对油气管道与建（构）筑物的最小间距要求

针对管道与建（构）筑物之间的距离，我国只有 GB 50253《输油管道设计规范》对原油、C_5 及 C_5 以上成品油管道进行了规定，见表 2-3-4 所示。原油、成品油管道同军工厂、军事设施、易燃易爆仓库、国家重点文物保护单位的最小距离，应同有关部门协商解决。敷设在地面上的输油管道同建（构）筑物的最小距离，距离增加 1 倍。

对于输气管道，GB 50251《输气管道工程设计规范》没有对地面建筑物的安全距离进行规定，仅规定了与其他埋地电缆和管道相交的间距，该标准参照了 ASMEB31.8，是以"强度防护"为主要原则，用控制管道的强度来确保管线系统的安全；按照居民数和（或）建筑物的密度程度，划分为 4 个地区等级，并依据地区等级作出相应的管道设计。

《山东石油天然气管道保护办法》规定，埋地石油管道与居民区的安全距离不得少于 15m，天然气、成品油管道与居民区的安全距离不得少于 30m。同时，遵照其他地方相关法律法规执行。

注：距离，对于城镇居民点，由边缘建筑物的外墙算起；对于单独的工厂、机场、码头、港口、仓库等，应有划定的区域边界线算起。

表 2-3-4　国家强制规范规定的管道线路同建（构）筑物、公路、铁路等的最小间距

单位：m

序号	1	2	3	4	5	6	7	8	9	10
相关规范	城镇居民点或重要公共建筑	飞机场、海（河）港码头、大中型水库和水工建筑物、工厂	公路		铁路		军工厂、军事设施、易燃易爆文物	架空电力线路	地下电缆	名称
			高速公路、一二级公路	三级及以下	干线	支线				
GB 50253	5	20	10（用地范围边界）	5	3（距铁路用地边界）	3（距铁路用地边界）	协商解决	执行电力标准		原油、成品油管道
GB 50251										天然气管道
TB 10063					3	3				
Q/SY GD0008			输油：10 输气：20		铁道：30 电气化：200					

执行：GB 50253 和 GB 50251 中原油、成品油、天然气管道距离城镇居民或独立的人群密集房屋为 15m，距离飞机场、海（河）港码头、大中型水库和水工建筑物、工厂为 20m。山东省境内管道则执行《山东石油天然气管道保护办法》。

第五节 地质灾害

地质灾害是指在自然或者人为因素的作用下形成的,对人类生命财产、环境造成破坏和损失的地质作用(现象)。如崩塌、滑坡、泥石流、地裂缝、水土流失、土地沙漠化及沼泽化、土壤盐碱化,以及地震、火山、地热害等。

一、地质灾害分级

按危害程度和规模大小分为特大型、大型、中型、小型地质灾害险情和地质灾害灾情四级:

特大型地质灾害险情:受灾害威胁,需搬迁转移人数在1000人以上或潜在可能造成的经济损失1亿元以上的地质灾害险情。特大型地质灾害灾情:因灾死亡30人以上或因灾造成直接经济损失1000万元以上的地质灾害灾情。

大型地质灾害险情:受灾害威胁,需搬迁转移人数在500人以上、1000人以下,或潜在经济损失5000万元以上、1亿元以下的地质灾害险情。大型地质灾害灾情:因灾死亡10人以上、30人以下,或因灾造成直接经济损失500万元以上、1000万元以下的地质灾害灾情。

中型地质灾害险情:受灾害威胁,需搬迁转移人数在100人以上、500人以下,或潜在经济损失500万元以上、5000万元以下的地质灾害险情。中型地质灾害灾情:因灾死亡3人以上、10人以下,或因灾造成直接经济损失100万元以上、500万元以下的地质灾害灾情。

小型地质灾害险情:受灾害威胁,需搬迁转移人数在100以下,或潜在经济损失500万元以下的地质灾害险情。小型地质灾害灾情:因灾死亡3人以下,或因灾造成直接经济损失。

二、常见地质灾害的特点及危害程度分析

管道公司所辖管道线路较长,约1/3管道所经区域的水文、气候、地理以及地质环境条件较差,且差异性较大,特别是地区的气候、地质条件恶劣,地质灾害易发,水土流失严重。可能对管道造成危害的主要自然灾害类型有:地震断层、斜坡、洪水冲蚀、地面塌陷、湿陷性黄土、冻胀融沉、风蚀沙埋、地震液化、煤层自燃、盐渍土、膨胀岩等。其中以地震断层、斜坡、洪水冲蚀、地面塌陷、冻胀融沉对管道影响较大。

1. 地震断层

断层是地壳岩层因受力达到一定强度而发生破裂,并沿破裂面有明显移动的构造现象,分为走滑断层、正断层和逆断层3种基本形式。

一般而言,走滑断层随管道与断层跨越角度的不同而产生压力或拉力;正断层则增大埋地管道的拉力;逆断层使管道产生弯曲。

管道受断层形式、位移和范围等因素影响,而表现出弯曲、拉裂、折断、压缩、屈曲等多种破坏形式。

2. 斜坡

体积巨大的地表物质在重力作用下沿斜坡向下运动，常常形成严重的地质灾害，可分为崩塌、滑坡和泥石流 3 类。重力是斜坡灾害的内在动力，地质形貌构造、岩土特性、地下水是斜坡失稳的自然因素，而降水和人类活动则是斜坡灾害的主要诱因。

斜坡灾害发生时，管道因承受运动物质的巨大拖拽力，而发生弯曲变形、拉裂甚至整体断裂等失效形式。

3. 洪水

洪水是暴雨或急骤的融冰化雪和水库溃坝等引起的江河水量迅速增加及水位急剧上涨的灾害现象。

雨季或者汛期，洪水冲刷导致管道上方的覆土松动、河岸毁坏，管道裸露或悬空在河床中，受水流的强大冲击作用而发生变形、振动甚至断裂。

4. 地面塌陷

地面塌陷是人为和自然地质因素作用下，地表岩土坍塌，形成塌陷坑、洞、槽的地质现象，按成因分为地下水抽取塌陷、渗水塌陷、振动塌陷、荷载塌陷、采空塌陷等。

管道受塌陷土体作用可发生扭曲变形、压裂、拉断等。

5. 冻胀融沉

冻胀融沉是指在河谷低洼等富水地带，冬季冻结期易产生冻土冻胀，形成冰丘、冰锥等地表隆起，夏季融化期易产生地表凹陷。冻胀融沉易造成管道发生弯曲变形，甚至断裂。

第三章 管道应急管理知识

第一节 概　述

应急管理是应对于特重大事故灾害的危险问题提出的，是指政府及其他公共机构在突发事件的事前预防、事发应对、事中处置和善后恢复过程中，通过建立必要的应对机制，采取一系列必要措施，应用科学、技术、规划与管理等手段，保障公众生命、健康和财产安全；促进社会和谐健康发展的有关活动。危险是由意外事故、意外事故发生的可能性及蕴藏意外事故发生可能性的危险状态构成。

事故应急管理包括预防、准备、响应和恢复4个阶段。

应急管理工作内容概括起来叫做"一案三制"。"一案"是指应急预案，就是根据发生和可能发生的突发事件，事先研究制订的应对计划和方案。应急预案包括各级政府总体预案、专项预案和部门预案，以及基层单位的预案和大型活动的单项预案。"三制"是指应急工作的管理体制、运行机制和法制。

一要建立健全和完善应急预案体系。就是要建立"纵向到底，横向到边"的预案体系。所谓"纵"，就是按垂直管理的要求，从国家到省到市、县、乡镇各级政府和基层单位都要制订应急预案，不可断层；所谓"横"，就是所有种类的突发公共事件都要有部门管，都要制订专项预案和部门预案，不可或缺。相关预案之间要做到互相衔接，逐级细化。预案的层级越低，各项规定就要越明确、越具体，避免出现"上下一般粗"现象，防止照搬照套。

二要建立健全和完善应急管理体制。主要建立健全集中统一、坚强有力的组织指挥机构，发挥我们国家的政治优势和组织优势，形成强大的社会动员体系。建立健全以事发地党委和政府为主，有关部门和相关地区协调配合的领导责任制，建立健全应急处置的专业队伍、专家队伍。必须充分发挥人民解放军、武警和预备役民兵的重要作用。

三要建立健全和完善应急运行机制。主要是要建立健全监测预警机制、信息报告机制、应急决策和协调机制、分级负责和响应机制、公众的沟通与动员机制、资源的配置与征用机制、奖惩机制和城乡社区管理机制等。

四要建立健全和完善应急法制。主要是加强应急管理的法制化建设，把整个应急管理工作建设纳入法制和制度的轨道，按照有关的法律法规来建立健全预案，依法行政，依法实施应急处置工作，要把法治精神贯穿于应急管理工作的全过程。

第二节 应急预案

一、应急预案分级分类

突发事件分为自然灾害事件、事故灾难事件、公共卫生事件和社会安全事件4种类型。

自然灾害事件主要包括洪水灾害、破坏性地震灾害等。易造成公司员工伤害、财产损失等风险，有引发其他衍生、次生灾害的风险。

事故灾难事件主要包括站外管道突发事件、站内突发事件、新建管道突发事件、天然气销售突发事件、突发急性职业中毒事件、突发环境事件等。易造成管道着火、爆炸以及有毒气体泄漏的风险，存在人员中毒、烧伤、炸伤等风险。

公共卫生事件主要包括重大传染病疫情事件。易引起传染病、群体性不明原因疾病、食物中毒等风险。

社会安全事件主要包括新闻媒体应对事件、群体性突发事件、重大泄密事件、网络与信息安全事件、办公区大型活动突发事件、管道防恐等。易造成网络系统瘫痪、公司声誉损害等危险。

参照中国石油天然气集团公司(简称集团公司)突发应急事件分级，对突发应急事件分为4级，即集团公司级(Ⅰ级)、管道公司级(Ⅱ级)、分公司级(Ⅲ级)和站(队)级(Ⅳ级)。

1. Ⅰ级突发事件

凡符合下列情形之一的，为Ⅰ级突发事件：

(1) 造成或可能造成10人以上死亡(含失踪)，或50人以上重伤(含中毒)。

(2) 造成或可能造成5000万元以上直接经济损失。

(3) 造成或可能造成大气、土壤、水环境重大及以上污染。

(4) 引起国家领导人关注，或国务院、相关部委领导做出批示。

(5) 引起人民日报、新华社、中央电视台、中央人民广播电台等国内主流媒体，或法新社、路透社、美联社、合众社等境外重要媒体负面影响报道或评论。

2. Ⅱ级突发事件

凡符合下列情形之一的，为Ⅱ级突发事件：

(1) 造成或可能造成3人及以上10人以下死亡(含失踪)，或10及人以上50人以下重伤(含中毒)。

(2) 造成或可能造成1000万元(含1000万元)以上5000万元以下直接经济损失。

(3) 造成或可能造成大气、土壤、水环境较大污染。

(4) 引起省部级或集团公司领导关注，或省级政府部门领导做出批示。

(5) 引起省级主流媒体负面影响报道或评论。

3. Ⅲ级突发事件

凡符合下列情形之一的，为Ⅲ级突发事件：

(1) 造成或可能造成3人及以下死亡(含失踪)，或3人以上10人以下重伤(含中毒)。

(2) 造成或可能造成500万元以上1000万元以下直接经济损失。

(3) 造成或可能造成大气、土壤、水环境一般污染。

(4) 引起地(市)级领导关注，或地(市)级政府部门领导做出批示。

(5) 引起地(市)级主流媒体负面影响报道或评论。

4. Ⅳ级突发事件

低于Ⅲ级突发事件指标的为Ⅳ级突发事件。

二、管道公司应急预案体系

管道公司预案结构体系由管道公司级应急预案、输油气分公司级应急预案和站队级应急预案组成。管道公司级应急预案由管道公司突发事件总体应急预案和公司级专项应急预案组成；输油气分公司级应急预案由分公司突发事件综合应急预案和分公司级现场处置预案组成；站队级应急预案由站(队)突发事件综合应急预案和现场处置预案组成。

分公司级现场处置应急预案是分公司突发事件综合应急预案的支持性文件，主要针对某一类或某一特定的突发事件，对应急预警、响应以及救援行动等工作职责和程序作出的具体规定。站(队)综合应急预案是站(队)应对各类突发事件的纲领性文件，站(队)总体应急预案对现场处置预案的构成、编制提出要求及指导。现场处置预案是针对站(队)重大危险源、关键生产装置、要害部位及场所，以及大型公众聚集活动或重要生产经营活动等，可能发生的突发事件或次生事故，编制的处置、响应、救援等具体的工作方案，具体内容由各站(队)编制。

目前编制的《一河一案》《一地一案》都是分公司级现场处置预案。

三、管道公司《突发事件总体应急预案》的工作原则

(1)以人为本，减少危害。切实履行企业的主体责任，把保障员工和人民群众健康和生命财产安全作为首要任务，最大程度地减少突发事件及其造成的人员伤亡和危害。

(2)居安思危，预防为主。高度重视安全工作，常抓不懈。对重大安全隐患进行评估、治理，坚持预防与应急相结合，常态与非常态相结合，做好应对突发事件的各项准备工作。

(3)统一领导，分级负责。在国家和政府部门的统一领导下，在管道公司应急领导小组指导下，建立健全分类管理、分级负责、条块结合、属地管理为主的应急管理体制，落实行政领导责任制。

(4)依法规范，加强管理。依据有关的法律法规和管理制度，加强应急管理，使应急工作程序化、制度化、法制化。

(5)整合资源，联动处置。实行区域应急联防制度，整合内部应急资源和外部应急资源，加强应急队伍建设，形成统一指挥、反应灵敏、功能齐全、协调有序、运转高效的应急管理机制。

(6)依靠科技，提高素质。加强公共安全科学研究和技术开发，积极采用先进的监视、监测、预警、预防和应急处置技术及设施，避免次生、衍生事故发生。加强对员工、相关方和社区应急知识宣传和员工技能培训教育，提高自救、互救和应对突发事件的综合素质。

(7)归口管理，信息及时。及时坦诚面向公众、媒体和各利益相关方，提供突发事件信息，统一归口发布信息，依靠社会各方资源共同应急。

四、演练频次

(1)公司应结合集团公司要求，每年至少开展一次公司级专项应急预案演练，演练可以采用桌面、实战以及与地方政府协同等形式。公司应根据情况，组织对应急预案演练的观摩。公司级专项应急预案演练由相应的应急工作主要部门组织实施。

(2)各分公司结合各自情况，每半年至少开展一次输油气分公司级应急预案演练。

(3)各站队结合实际情况，每季度至少开展一次站队级应急预案演练。

第三节 应 急 响 应

一、管道公司应急响应启动条件

符合以下条件之一时，经管道公司应急领导小组决定，启动管道公司级应急响应（注：发生突发事件的等级只是初步判断等级，不等同于事故结果定级）：

（1）发生Ⅱ级突发事件。

（2）发生Ⅲ级突发事件，各单位请求公司给予支援或帮助。

（3）受国家、政府及集团公司应急联动要求。

二、信息报告

1. 向管道公司报告

（1）当发生突发事件，各单位接警后经过初步判断确定符合Ⅱ级和Ⅲ级突发事件条件时，应启动本单位应急预案，并在第一时间将突发事件的情况报管道公司值班室（综合调度室：0316-2170700），同时通报管道公司相关部门，通过后续报告及时反映事态进展，提供进一步的情况和资料。遇特殊情况，可以越级报告突发事件信息。

（2）信息报告和通信联络，应采用有效方式。发送小信封、传真和电子邮件时，应确认对方已收到。

（3）值班室应记录突发事件报告信息，保留事件报告单以及原始报告记录。

（4）现场应急指挥部应指定有关部门或人员，负责与值班室的联络，保证信息报告和指令传达的畅通。报告和记录的内容：事件类别；时间、地点；初步原因；概况和已经采取的措施等；现场人员状况，人员伤亡及撤离情况（人数、程度、国籍、所属单位）；事件过程描述；环境污染情况；对周边的影响情况；现场气象、主要自然天气情况；生产恢复期的初步判断；报告人的单位、姓名、职务以及联系电话。各单位赶赴现场必须携带移动计算机、移动网卡等办公设备，现场指定联系人，信息上报和接收统一通过联系人。

2. 向政府主管部门和集团公司报告

（1）在地方政府备案的应急预案，事发单位按照要求向县级人民政府主管管道保护工作的部门、安全生产监督管理部门和其他有关部门报告，并配合地方政府相关部门进行交通管制，隔离危险区域等工作。同时，管道公司根据事件情况向集团公司总值班室（应急协调办公室）报告。

（2）报告内容：突发事件发生的时间、地点；概况和处理情况（社会安全事件涉及人员情况）；人员伤亡及撤离情况；对现场周边人员造成影响的初步情况（社会安全事件造成的初步影响情况）；造成的环境污染情况；现场气象情况；事态恢复的初步判断；请求国家政府部门协调、支持的事项；报告人姓名和联系电话。

管道公司24小时应急值守电话：0316-2170700，值班传真：0316-2170053。信息报告与处置的形式和要求，以及事故信息的通报流程按照《管道公司重大（突发）事件信息报送管理规定》执行。

三、管道公司应急机构启动程序

1. 启动管道公司应急机构的步骤

(1) 管道公司发生Ⅱ级突发事件时, 应按照相应的应急预案, 采取有效的处置措施控制事态发展, 同时向相关应急工作主要部门报告。

(2) 相关应急工作主要部门根据突发事件的发展态势报告应急领导小组副组长(主管业务副总经理)和组长, 由组长决定启动公司应急响应。启动方式为: 应急领导小组组长以短信方式通知现场负责人及指挥中心小组成员。

(短信模板): ＿＿月＿＿日＿＿时＿＿分, 管道公司抢修指挥中心接到＿＿分公司信息报送: ＿＿分公司发生＿＿事件, 根据现场汇报情况, 经公司应急领导小组研究决定, 启动管道公司级应急预案, 启动的预案有:《管道公司总体应急预案》《＿＿专项应急预案》《＿＿＿＿专项应急预案》。

(3) 启动命令下达后, 相关应急工作主要部门筹备召集首次应急会议。

2. 首次应急会议

由应急领导小组组长主持召开(或受委托的副组长), 应急领导小组副组长、成员参加。

3. 后续应急会议

应急领导小组组长或副组长根据应急工作需要, 召开后续的应急会议, 研究解决应急处置有关问题; 相关应急主要部门根据事件进展情况, 及时召开各相关职能部门参加的协调会议, 落实应急领导小组决定的工作事项。

4. 对赴现场人员的要求

发生Ⅱ级突发事件时, 按突发事件分类的职责划分, 管道公司主要领导或主管领导赶赴现场, 负责协调指挥抢险救援工作; 发生Ⅲ级突发事件时, 应急领导小组根据事态, 研究确定是否派出人员赶赴现场; 有关职能部门赴现场人员, 负责落实指令和专项预案要求, 指导各单位应急处置工作, 并协调调配所需应急资源。

四、应急专家联系协调程序

1. 专家准备

(1) 管道公司及各单位应建立突发事件应急处置的专家库, 针对事故灾难类型, 选择相关专业的专家;

(2) 专家聘用由管道公司和各单位根据需要确定, 也可选用集团公司、地方政府部门以及相关企业的专家;

(3) 管道公司建立的应急专家库, 实行动态管理, 专家的补充、调整和专家库的维护由人事劳资部门负责;

(4) 管道公司及各单位应适时组织专家就应急工作进行交流和研讨。

2. 专家工作开展

(1) 应急预案启动后, 相关应急工作主要部门确定专家人选, 迅速调集专家到指定地点;

(2) 相关应急工作主要部门向专家介绍有关突发事件的信息, 及时听取专家建议;

(3) 管道公司及各单位负责做好专家的行程安排。

五、后勤保障管理

1. 基本要求

在管道公司应急预案启动后，各有关部门应按照应急职责分工，负责安排或提供应急资金、通信、交通、住宿、办公等应急保障措施，保证正常的工作秩序。

2. 资金保障要求

(1) 发生Ⅱ级突发事件，财务部门应提供应急工作需要的资金（包括赔偿费用、保险理赔等）。

(2) 加强对应急工作专项费用的监督管理。

3. 通信要求

(1) 保障管道公司应急领导小组与事发现场的电话、传真、网络、视频通信畅通；

(2) 保障管道公司应急部门对外电话、互联网络畅通；

(3) 特殊情况下，保障提供海事卫星等特殊通信工具；

(4) 管道公司应保障事件现场与集团公司及当地政府的应急通信畅通。

4. 交通食宿要求

(1) 后勤保障部门保证应急交通工具；

(2) 后勤保障部门提供应急人员食宿；

(3) 原则上，事件发生单位提供所有参与应急人员的食宿。

5. 办公秩序维护要求

(1) 保持管道公司办公场所的正常秩序，必要时，启用应急临时办公设施；

(2) 保持管道公司办公场所的应急通道畅通，应急设施完好；

(3) 对外来采访突发事件人员进行疏导和妥善安排。

六、主要负责人的应急程序

1. 应急领导小组组长的应急行动

宣布管道公司突发事件应急响应启动；主持首次应急会议；批准重大应急决策；确定派赴现场的人员及主要工作；决定向集团公司及政府部门报告；落实集团公司指示及政府部门要求；授权新闻发言人对外公告突发事件，审批对外公布的材料；指挥应急处置行动；宣布公司突发事件应急状态的解除。

2. 应急领导小组副组长的应急行动

协助组长工作；根据授权代理行使组长应急职责；组织业务范围内突发事件的专项应急指挥；组织召开后续应急会议，部署应急工作；调动应急资源；听取专家建议，完善应急救援方案；协调有关部门的应急响应行动；及时向组长报告突发事件发展态势。

3. 应急工作主要部门的应急行动

协助并完成应急领导小组交办的工作；组织应急状态下 24 小时值班；保持与现场应急指挥部通信联络畅通；保存突发事件处置过程记录；应急状态结束后组织编写总结报告。

七、应急状态解除

当Ⅱ级突发事件应急处置工作结束或相关危险因素排除后，现场应急指挥部确认应急状态可以解除时，向公司相关应急工作主要部门报告，由应急领导小组组长决定并发布应急状态解除命令，宣布应急状态解除。

八、突发事件信息发布、告知管理程序

1. 新闻媒体沟通、信息发布

（1）管道公司对外信息披露人由公司应急领导小组指派或授权现场指挥部指定，未经授权任何人不得擅自对外发布信息和接受媒体采访；

（2）当发生Ⅱ级突发事件时，相应的信息组应及时开展工作，制订信息发布的具体方案，确定参加发布会的主要媒体名单，应急领导小组审定新闻稿内容，公布信息发布的时间和场所；

（3）应在首次会议后 1h 内完成新闻稿的草拟和送审，对媒体发布的信息应经过应急领导小组组长审定；

（4）首次新闻发布内容应包括（但不限于）：突发事件的时间、地点、初步情况，以及对人员、环境、社会的影响，应急处置阶段性进展情况。

在新闻发布过程中，应实事求是、客观公正、内容翔实、及时准确。媒体沟通的形式主要包括接受记者采访、举行新闻发布会、向媒体提供新闻稿件等。

2. 内部员工信息告知的要求

（1）要对内部员工告知突发事件的情况，及时进行正面引导，齐心协力，共同应对突发事件。

（2）主要采用管道公司和各单位的内部网站、内部宣传材料等渠道或信息沟通会等方式。

（3）应配合做好对内部员工的宣传引导工作，注意收集员工对事件的反应、意见及建议。员工不得对外披露或内部传播与公司告知不相符的内容。

3. 业务合作伙伴信息告知要求

（1）在Ⅱ级突发事件发生时，相关部门应向管道公司有业务关系的单位、投资者提供有关信息，介绍突发事件的情况，处理好相关的法律和商务关系。根据对投资者、业务伙伴有关信息披露的承诺和市场行为的要求，提供管道公司对突发事件应急处理的情况。

（2）相关业务部门应按照应急职能分工，做好准备接受机构和个人投资者有关突发事件的查询和答复。

（3）相关业务部门向业务合作伙伴告知突发事件处理情况时，应与对外发布的新闻内容保持一致。

4. 受突发事件影响的相关方的告知要求

当发生突发事件，各单位应尽可能及时地向受到影响的相关方告知有关情况以及相应的应急措施和方法。管道公司及各单位启动应急响应后，受突发事件影响的单位应当配合政府有关部门做好相关方的告知工作。

九、恢复与重建

突发事件应急处置结束后，应开展恢复与重建工作。

（1）受灾单位应对受伤人员积极安排救治，抚恤死者家属；

（2）按事件调查组的要求，接受调查；

（3）经政府主管部门同意后，恢复生产经营工作；

（4）应急响应结束后，组织进行污染物的处理、环境的恢复、抢险过程和应急救援能力评估及预案的修订；

（5）符合条件的，尽快恢复生产和经营。

十、应急联动

管道公司建立区域应急联动机制。各单位在制订应急预案和应急程序时，应明确本单位与协作单位的职责、权限和处置程序。根据属地管理原则，各单位应按照有关法律、法规，参加和配合当地政府突发公共事件的应急处置和救援工作，必要时，签订应急联动和协作协议，报管道所在地县级人民政府主管管道保护工作的部门备案。

十一、分公司、站队应急响应

分公司级、站队级应急响应参照公司级应急响应启动程序展开。

第四节　应急物资管理

管道公司依据突发事件应急处置的需求，建立维抢修、消防等专业队伍，配备专业应急设备及工具，储备应急物资。同时，与相关地方企业建立应急依托关系。

各输油(气)站按照分公司的要求储备防汛抢险物资、设备。管道工程师需要对物资进行盘点，对设备进行维护保养。

第四章　工程施工管理知识

第一节　管线钢简介

一、管线钢分类

广义而言，管线钢是指用于制造油气输送管道以及其他流体输送管道用钢管的工程结构钢。这种材料是近几十年来在低合金高强度钢基础上发展起来的。为了满足油气输送要求，在成分设计和冶炼、加工成型工艺上采取了许多措施。管线钢已经成为低合金高强度钢和微合金钢领域最富活力、研究成果最为丰富的一个钢种。

管线钢较为普遍的分类方法是按照显微组织来分，包括4类：铁素体—珠光体（F—P）管线钢、针状铁素体（AF）管线钢、贝氏体—马氏体（B—M）管线钢和回火索氏体（S）管线钢，前3类采用控轧控冷技术，是当前油气输送管道用钢的主流品种，主要产品形式为板卷（钢带）和钢板，板卷（钢带）主要用来制造电阻焊管和螺旋埋弧焊管，宽厚钢板主要用来制造直缝埋弧焊管。多数情况下所说的管线钢是狭义的概念，即仅指用于生产焊接钢管的板卷（钢带）和钢板。第4类管线钢为淬火、回火状态管线钢，这类管线钢难以进行大规模生产，使用受限制。此外，管线钢按照使用环境可分为陆地地区、高寒地区、高硫地区、酸性环境、海底环境等用钢，按照合金化设计方法可分为Mn合金化管线钢和高Nb合金化管线钢。

无缝钢管是用实心管坯经穿孔后轧制的。20世纪70年代以前的无缝钢管一般采用钢锭或轧坯，特殊钢管则采用锻坯或离心浇铸坯，经扒皮或镗孔后使用。70年代后，无缝钢管基本采用连铸圆（方）坯直接穿孔技术。

二、管线钢性能

影响管线钢性能和使用寿命的主要因素是化学成分、显微组织、夹杂（纯净度）和表面质量等，这些因素在很大程度上取决于钢的冶炼和钢坯的质量。

现代管线钢属于低碳或超低碳的微合金化钢，是高技术含量和高附加值的产品，管线钢生产几乎应用了冶金领域近20多年来的一切工艺技术新成就。目前，管线工程的发展趋势是大管径、高压富气输送、高寒和腐蚀的服役环境、海底管线的厚壁化。因此，现代管线钢应当具有高强度、高韧性、良好的焊接性能和抗HIC（氢致裂纹）能力（含H_2S环境）。常用标准中对管线钢的质量主要从化学成分、金相组织、力学性能等方面进行要求。

1. 化学成分

对于管线用钢，其化学成分的选择主要应考虑以下几点：

（1）保证一定的抗拉强度（σ_b）、屈服强度（σ_s）及屈强比（σ_s/σ_b）；

（2）保证钢材具有一定的韧性指标；

（3）具有良好的焊接性能；

（4）满足一定的耐腐蚀要求；

（5）使材料内部组织均匀，控制分层和带状组织，最大限度地减少非金属夹杂物，有利于成型、焊接和热处理等制管工艺的进行。

2. 显微组织

从某种意义上讲，管线钢的发展过程实质上是管线钢显微组织的演变过程。如前所述，根据显微组织的不同，常用管线钢可分为：铁素体—珠光体管线钢、针状铁素体管线钢、贝氏体—马氏体管线钢和回火索氏体管线钢。铁素体—珠光体是第一代微合金管线钢的主要组织形态，X70 及其以下级别的管线钢具有这种组织形态。针状铁素体管线钢是第二代微合金管线钢，强度级别可覆盖 X60—X100。近年来发展的超高强度管线钢 X100 和 X120 的显微组织主要为贝氏体—马氏体。

3. 焊接性

长输管道工程是一项大规模的焊接成型和长距离的焊接安装工程，因而管道工业的发展与管线钢的焊接性密切相关。

一般认为，高强度低合金钢的可焊性是比较好的，并且随着含碳量降低其可焊性得到改善。这是因为普遍存在着这样一种观点：随着含碳量降低，在焊接热影响区氢诱发裂纹的倾向减小。

管线钢的焊接研究主要包括制管成型焊接和现场环焊缝焊接两个领域。

焊接性主要包括两个方面要求：一是工艺焊接性，即在焊接过程中是否容易产生裂纹等缺陷；二是使用焊接性，即焊接接头能否达到所需要求的性能，如强度、韧性、疲劳性能和耐腐蚀性能等。

管线钢焊接过程中危害最大的是冷裂纹和热裂纹。

（1）冷裂纹。

冷裂纹是管线钢管焊接过程中可能出现的一种严重缺陷。冷裂纹一般是在冷却过程中，在马氏体开始转变温度 M_s 点附近或更低温度区间逐渐产生的，多发生在 100℃ 以下。冷裂纹可以在焊后立即出现，也经常会经过一段时间才出现，因而冷裂纹往往具有延迟裂纹的特征。

钢的淬硬倾向、焊接接头中含氢量及分布和焊接接头的应力状态是管线钢焊接时产生冷裂纹的 3 大主要因素，所以，焊接冷裂纹实质上是焊接诱导的氢脆。管线钢制管成型焊接通常采用双面埋弧焊的低氢焊接方法；同时，焊接热输入较大，焊后冷却速度比现场环焊时低，热影响区不易出现高硬度组织，所以冷裂纹不常出现。管线钢的现场环焊大多都采用薄皮纤维素焊条电弧焊，容易导致大量氢的渗入，同时焊接热输入低、冷却速度较快，容易产生高硬度、低韧性的低温转变产物，因而增加了冷裂纹的敏感性。因此，预防管线钢焊接冷裂纹的基本原则是消除氢的来源，改善焊后组织和降低作用在焊接接头上的应力。

（2）热裂纹。

热裂纹是指在焊接冷却的高温阶段所产生的裂纹，有代表性的是焊缝金属的凝固裂纹和热影响区中的液化裂纹。热影响区的液化裂纹常见于硫、磷含量较高的钢材，因而在管线钢中很少发生。管线钢中主要发生的是结晶裂纹，其预防措施除控制化学成分外，还可通过适当增加焊接线能量和预热温度，以减少焊缝金属的应变率。同时，向熔池中加入变质剂，进一步细化焊缝金属的晶粒，对减少热裂纹的倾向也十分有利[14]。

三、管线钢常见缺陷

管线钢的缺陷主要是边部缺陷、分层、起皮、夹杂物和偏析等。

1. 边部缺陷

管线钢边部缺陷主要为两类：一类是呈舌状或鱼鳞片状缺陷，可张开也可闭合，但根部与带钢本体相连，生产中习惯称为"边裂"缺陷；另一类呈线状，称为"细线"缺陷。两种缺陷一般分布在距钢板边缘5~35mm区域，钢板上、下表面均可产生，上表面较为严重。"边裂"缺陷形态不规则，在钢板面上随机出现；而"细线"缺陷形态规则，呈通卷断续分布。

2. 分层

分层是钢板中常见的缺陷，是钢板中明显的分离层，属于危害性缺陷。分层缺陷的成因是板坯(钢锭)中的缩孔、夹渣等在轧制过程中未压合而形成的。分层对管线的安全可靠性有一定的影响，应严加控制，对钢板的分层缺陷应进行100%面积的超声波探伤检查。

一般规定，超过80mm²的分层应切除，一张钢板分层总面积大于6000mm²应报废。不论输气或输油管线，钢板边缘500mm内不允许存在分层缺陷。

3. 起皮

管线钢焊缝两侧和管体存在起皮缺陷主要是由于钢中存在夹杂物，起皮过程是由于铸坯中的夹杂物空洞或夹杂物本身破裂生成了裂纹，基体与夹杂物的界面脱开所致。

4. 夹杂物

夹杂物可分为非金属夹杂物和金属夹杂物两类。非金属夹杂物是由钢在冶炼、浇铸过程中的理化反应和炉渣，耐火材料侵蚀剥落进入钢中形成的。非金属夹杂物破坏金属的连续性，对钢板的力学性能有极大的影响。而金属夹杂物与非金属夹杂物不同，它本身仍是金属，有金属光泽，只是与钢的成分、组织不同而已。一般金属夹杂物是由于出钢槽、钢包中有残钢，钢瘤落入模中，其他合金偶然进入钢中等冶炼操作不当造成的。它多出现在钢板的尾部，为面积型缺陷，沿轧制方向拉长，纵向断口上呈现条状组织。

5. 偏析

偏析是在钢锭中某一区域偏重凝固析出某些物质所造成的化学成分不均匀的现象。其产生原因是钢锭(坯)在由外到里冷却时，由于各元素的熔点不一，熔点高的物质首先在钢液中凝固出来，熔点低的物质则随温度的下降而逐渐凝固造成的。

6. 疏松

疏松是钢锭中除集中的缩孔外，还存在着分散孔隙。其产生的原因是：当钢水在模内凝固时，钢水中的夹杂物和气体逐步逸出，到达钢锭上部时，有部分气体来不及逸出，存在于钢锭头部成为疏松。

四、标准的变化发展

管线钢作为制造钢管的原材料，在国际上没有专门的管线钢材料标准，原则上管线钢性能要保证制成的钢管符合标准的要求。国内常用钢管标准包括API Spec 5L, ISO 3183, GB/T 9711和DNV F101等。

ISO 3183 和 GB/T 9711 采用了与 API Spec 5L 同样的钢级表示法，只是把"X"改为了"L"，屈服强度转化为国际单位制，单位为 MPa，并把末尾数圆整到"0"和"5"，例如最低屈服强度为 60000lbf/in^2 的管线钢，换算成国际单位制时为 414MPa，API Spec 5L 表示为 X60，ISO 3183 表示为 L415。见表 4-1-1[15]。

表 4-1-1　ISO 3183 与 API Spec 5L 规定的钢级对照表

标准	钢 级													
ISO 3183，GB/T 9711	L175	L210	L245	L290	L320	L360	L390	L415	L450	L485	L555	L625	L690	L830
ANDL：API Spec 5L	A25	A	B	X42	X46	X52	X56	X60	X65	X70	X80	X90	X100	X120

第二节　钢管简介

目前，原油和天然气管网已经具有相当规模。随着管道输送压力的不断提高，油气输送钢管也相应迅速向高钢级方向发展。在发达国家，20 世纪 60 年代一般采用 X52 钢级，70 年代普遍采用 X60—X65 钢级，近年来以 X70 为主；而国内城市管网以 X52—X65 为主。

一、输送钢管

输送钢管按有无焊缝分为无缝钢管和焊接钢管两大类。实际主要使用的有无缝钢管、直缝高频电阻焊管(HFW)、直缝埋弧焊管(SAWL)、螺旋缝埋弧焊管(SAWH)4 种，其中直缝高频电阻焊管、直缝埋弧焊管和螺旋缝埋弧焊管属于焊接钢管。管线钢管的类型规格见表 4-2-1。

表 4-2-1　管线钢管的类型规格

类型	钢种	钢级	常用规格范围		
			最大外径（mm）	最大壁厚（mm）	最大长度（m）
无缝钢管	碳钢及低合金	A，B，X42—X80	400	40	12.5
	耐蚀合金	LC30-1812 LC52-1200 LC65-2205 LC65-2506 LC30-2242			
	复合钢包括耐蚀合金层	LC30-1812 LC52-1200 LC65-2205 LC65-2506 LC30-2242			
	基层	X42—X80			
高频感应、电阻焊管	碳钢及低合金	A，B，X42—X80	600	19	18
	耐蚀钢	LC30-1812 LC65-2205(焊后全管热处理) LC65-2506(焊后全管热处理)			

续表

类型	钢种	钢级	常用规格范围		
			最大外径（mm）	最大壁厚（mm）	最大长度（m）
直缝埋弧焊管	碳钢及低合金钢	A，B，X42—X80	1067	31.8	6
	耐蚀合金	LC30-1812			
		LC52-1200			
		LC65-2205			
		LC65-2506			
		LC30-2242			
	复合钢包括耐蚀合金层	LC30-1812			
		LC52-1200			
		LC65-2205			
		LC65-2506			
		LC30-2242			
	基层	X42—X80			
螺旋缝埋弧焊管	碳钢及低合金钢	A，B，X42—X80	3000	25	18

1. 无缝钢管

1）制管工艺

无缝钢管制造工艺是采用热加工的方法（热轧、挤压、热减径、热扩径、热处理）制造不带焊缝的管状产品的一种工艺，必要时热加工管状产品可冷精整加工或热处理为重新要求的形状、尺寸和性能。

无缝钢管的成型，首先由实心坯穿成毛管坯的穿孔和随后的纵轧（自动轧管机组、连轧管机组、张力减径机组等）或斜轧（三辊轧管机组及狄塞尔轧管机组）。

穿孔的主要作用是将实心坯料穿轧成空心毛管。毛管的内外表面质量及壁厚均匀度对钢管的质量有很重要的影响。尽管斜轧穿孔机近年来出现不少新型结构，对壁厚偏心有改善，但仍是无缝钢管几何尺寸偏差较大的重要原因。毛管坯的表面和随后的轧制热变形过程特点又易造成许多表面轧制缺陷。

2）性能要求和使用情况

为了满足使用需要，一般订货时对无缝钢管的尺寸精度（外径、内径、壁厚）、弯曲度、化学成分、力学性能、表面质量及工艺性能（压扁、扩口）等均有严格的规定。对于专用管材，还要根据其使用条件规定某些特殊要求，如具有耐高温和低温、耐磨、耐腐蚀性能，以及高强度、高韧性、高精度、高纯度等要求。对于某些管材还要求进行水压试验、无损探伤、冷弯、环拉、卷边等工艺性能检验。对不同用途的无缝钢管，其规格和质量要求具体可参考相应的技术标准。

无缝钢管可生产直径理论上可以达到660mm，但是实际使用规格一般为406mm。直径406mm以上的无缝钢管常采用热扩径轧制方式。无缝钢管壁厚偏差大、表面质量差，一般在对尺寸精度要求较高的场合较少采用。

无缝钢管由于生产工艺的特点，容易产生重皮、氧化皮、异金属压入等缺陷，造成钢管不符合标准要求。其中折叠是无缝钢管常见缺陷。因此尽管钢管没有焊缝，可靠性较高（静水压试验表明大约每 800km 钢管的水压试验大约会有 1 个失效），但对无缝钢管的生产也应进行严格质量控制。

在大口径的长输管线中，无缝钢管较少采用。但在站场、集输站、海底管线等数量较小而要求可靠性较高的场合，无缝钢管用途较广。

近年来，随着技术的进步，一些国内生产企业新上的生产线已具备能生产 $\phi720mm$ 的无缝钢管产品的能力，但尚未实际应用，大口径输送钢管仍以焊接钢管为主。

2. 焊接钢管

1) 焊管生产工艺

(1) 直缝电阻焊管生产工艺。

直缝电阻焊管 (ERW) 生产线大致可分为焊管作业线和精整作业线两大部分。焊管作业线主要完成钢板准备、钢管的成型、焊接、定径等过程；精整作业线主要是对钢管半成品进行必要的机加工、修补和检测。

(2) 螺旋埋弧焊管工艺。

螺旋埋弧焊管生产线也分为焊管作业线和精整作业线两大部分。作业线主要完成钢管的成型和焊接过程；精整作业线主要是对钢管半成品进行必要的机加工、修补和检测。

(3) 直缝埋弧焊管工艺。

直缝埋弧焊管生产线同样分为焊管作业线和精整作业线两大部分。焊管作业线主要完成钢板准备、钢板的预处理、管筒的成型（包括管筒的冲洗和干燥）、预焊、精焊和扩管等过程；精整作业线主要是对钢管半成品进行必要的机加工、修补和检测。

2) 焊接技术

(1) 直缝埋弧焊管。

① 钢板坡口加工。为了便于焊接，需要在板边缘加工焊接坡口。加工方法有铣削和刨削两种方式。根据板厚不同，坡口可以加工成 I 型、带钝边的单 V 或双 V 坡口。特别厚的管子，可把外缝铣削成 U 形坡口，其目的是减少焊接材料的消耗量，提高生产率，同时根部较宽，避免产生焊接缺陷。

② 定位焊。即通常所说的预焊，一般用二氧化碳气体保护焊进行，其目的是使管子定型，并且起到焊缝封底作用，这点对后面的埋弧焊特别有用，可以防止烧穿。管子定位焊后应进行目视检验，以保证焊缝连续且不产生影响后续埋弧焊接的缺陷。

③ 管子内、外焊接。即精焊。管子定位焊后，对钢管进行内、外焊接，这是焊管制造过程的一个重要环节。精焊采用埋弧焊方法完成，为提高生产率，内、外焊接常采用多丝埋弧焊，对于厚壁钢管，焊丝数量最多可达 5 丝。对厚壁管采用多层焊，以减少热输入量，改善焊缝的物理性能。为避免焊缝偏离，焊接机头上装有特殊的焊缝自动对中装置。

④ 无损检验。为了尽快识别焊接缺陷，一般可在焊接操作完成后立即进行超声波探伤和 X 射线探伤，发现缺陷应及时返修。

在扩径和水压试验后，必须对全部钢管再次进行超声波探伤、X 射线探伤检验以及外观检查。

(2) 螺旋埋弧焊管。

螺旋埋弧焊管有两种生产方式：一种是连续成型焊接生产方式，通常称为"在线焊接"或"一步法"，其成型和焊接同步完成，是我国传统的螺旋焊管生产形式；另一种生产方法，即"预精焊工艺"，通常称为"离线焊接"或"两步法"生产方式，成型机组与焊接装置分离。

螺旋埋弧焊管离线焊接方法是20世纪70年代由德国Krupp Hoesch Grounp开发出来的，国外已将这种生产方法成功用于螺旋埋弧焊管的生产。用这种方法制造管子分为两个阶段：第一阶段，板卷在成型机和定位焊机上被高速成型，并同时采用二氧化碳气体保护焊进行定位焊（即预焊）。预焊仅作为一个工艺措施，在第二阶段的埋弧焊时被完全熔化。第二阶段，预焊后的钢管在多达5个独立的焊接机组上并行进行最终埋弧焊接（即精焊），在每个焊接机组上，均采用多丝（一般2~3丝，最多5丝）埋弧焊同时对钢管内、外进行焊接，从而避免焊接速度和质量受到成型过程的影响，可以提升生产效率和焊缝质量。主要生产过程及设备如下：

① 螺旋管成型和定位。焊机组完成管子的成型和预焊。

② 焊接间隙调节系统。为了获得恒定外径尺寸的管子，由钢带夹紧而引起的任何角度偏差必须纠正，这将由调节装置来完成。

③ 管子的切割装置。成型及定位焊后切割成一定长度的单根管送入下道工序进行精焊。

④ 引、熄弧板及精焊。埋弧焊机组在进行最终的埋弧焊（即精焊）之前，应在管子两端焊接引、熄弧板，其目的是延长焊缝，使起弧和收弧这一焊接过程不稳定段处于管子正式焊缝外，从而保证管子焊缝质量。当管子被装载到埋弧焊机组上的传送带后，所有后续工作自动进行。管子移动通过一个悬臂梁，其长度满足最大长度管子焊接要求，内侧埋弧焊接机头安装在上面，当到达最终位置，焊接机头移动到焊接位置开始焊接过程，首先进行内侧焊接，然后旋转半圈进行外缝焊接。

埋弧焊机组的内外机头上装有电视监控自动跟踪系统，焊接过程可在理想的位置进行，所有的焊接参数都由计算机记录、评价，并可以重复使用。为了取得高质量的焊缝，钢管的传送起着很大的作用。螺旋管是通过一个垂直的传送带和一个驱动台来传送，传送滚轮均匀、准确地传送管子而没有任何振动，从而对焊接过程无任何影响。

（3）电阻焊管。

高频电阻焊接钢管是应用比较广泛的焊管，它是通过将钢带成型，并将对接边缘以不带填充金属焊接在一起的方式制造的产品。纵向焊缝通以高频电流，采用感应加热或接触加热方式使边缘金属熔化，通过挤压力结合而成。

接触式加热和感应式加热各有特点。高频接触焊的电极与管坯表面接触，因此，管坯在前进中的跳动及表面的不平整极易使电极与管坯表面产生电火花，造成管坯表面的烧损或疤痕。同时，电极磨损后的粉末极易带入焊缝，造成焊缝质量不合格。接触焊的优点是热效率高，电耗小。20世纪建造的ERW610焊管机组基本上均采用高频接触方法。20世纪末，高频感应技术取得了突破性的进展，大功率的高频感应加热装置开发成功。在21世纪初建造的ERW610焊管机组中，大多数选择了高频感应加热方式进行焊接。感应加热避免了接触加热形式对焊缝质量的影响，但耗能较高[14]。

二、输油管道和输气管道用钢管性能区别

1. 原油输送管
原油输送管道用钢管主要选用无缝钢管、螺旋缝双面埋弧焊钢管、高频电焊钢管和直缝

双面埋弧焊钢管 4 类。

原油输送管应具备强度、刚性、韧性、延伸性、焊接性等基本要求，才能保证管道安全运行。原油管道用钢管的韧性要求取决于介质的特性。输送原油的管道断裂后，原油减压波远大于裂纹在钢管中的传播速度，裂纹不会扩展，因此，原油管道钢管韧性要求只需考虑不启裂，无须考虑止裂，工程上原油管道用钢管的韧性要求是管材韧脆转变温度必须低于使用温度。

我国管道输送的原油由于凝固温度高，输送温度也高，且采用密闭输送，因此对原油管道用钢管的低温韧性要求不高，只要满足不启裂的要求就可以了。原油进管前要进行脱水除气处理，因此对钢管内壁腐蚀性不大。在钢管管型的选择时应本着生产的可能性、管道钢管的可靠性、施工焊接的适应性和最大节省投资的原则。根据管径(ϕ)的大小，选择的一般性原则是：当 $\phi \leqslant 273mm$ 时，可选用无缝钢管；当 $\phi \leqslant 610mm$ 时，可以选用高频电焊钢管；当 $\phi \geqslant 273mm$ 时，可选用螺旋缝双面埋弧焊钢管；穿跨越等特殊地段且壁厚>20mm 时，宜选用直缝双面埋弧焊钢管。除无缝钢管外，焊管用管线钢应尽量采用低碳微合金控轧钢，对标准中规定的尺寸偏差应当进行适当的修正，以保证施工焊接的适应性。

2. 成品油输送管

成品油输送管的基本要求与原油输送管类似，但不加热输送。在我国由于资源配置的缘故，成品油管道管径一般比较小，大多数在 610mm 以下。由于历史原因，以往成品油管道用钢管钢级比较低，用钢也比较复杂，但目前已按管线管的规范进行要求。由于管径小，可以选用符合 APIS pec 5L PS L2 或 GB/T 9711 的无缝钢管、直缝电阻焊管、螺旋埋弧焊管及直缝埋弧焊钢管。根据我国的用管经验，$\phi 508mm$ 以下的成品油用管一般采用直缝电阻焊管。

3. 天然气输送管

输气管线用钢除必须满足强度要求(拉伸性能)和可焊性外，应重点进行断裂控制和腐蚀控制。

1) 断裂控制

输气管道断裂的止裂判据有两种：

(1) 速度判据。

$v_m \geqslant v_d$，裂纹扩展；$v_m < v_d$，止裂。

其中：v_d 为气体减压波速；v_m 为裂纹扩展速度。

(2) 能量判据。

$G \geqslant G_d$，裂纹扩展；$G < G_d$，止裂。

其中：G_d 为材料的断裂阻力；G 为裂纹扩展驱动力。

由以上速度判据可以知道，当裂纹扩展速度低于管内介质的减压波速度时，裂纹即会停止扩展；而当裂纹扩展速度高于管内介质的减压波速度时，即不会发生止裂。天然气的减压波速度为 380~440m/s，而脆断裂纹扩展速度为 450~900m/s。可见脆性断裂无法得到止裂，而延性裂纹扩展可以得到止裂。天然气管线与油管线断裂行为不同的主要原因就是介质减压波速度的差异。

2) 腐蚀控制

输气管线钢管的内腐蚀主要是输送介质中 H_2S 和 CO_2 含量高。H_2S 的腐蚀破坏通常可以分为两种类型：一类为电化学反应过程中阳极铁溶解导致的全面腐蚀和(或)局部腐蚀，表现为金属构件(管材)的壁厚减薄和(或)点蚀穿孔等局部腐蚀破坏；另一类为电化学反应过程中阴极析出的氢原子，由于 H_2S 的存在阻止其结合成氢分子逸出而进入钢中，导致开裂。CO_2 腐蚀的基本特征是局部腐蚀，其腐蚀形态往往表现为台地状腐蚀、坑点腐蚀及癣状腐蚀。我国油气资源中不少油气井同时含有 H_2S 和 CO_2，CO_2 的存在对 H_2S 腐蚀过程的影响，一般认为是起促进作用；但 CO_2 相对含量的增加将导致腐蚀机制转化为 CO_2 为腐蚀主导因素。无论 CO_2 含量高还是低，H_2S 导致钢铁材料氢损伤是始终存在的。而且 CO_2 分压越高，介质的 pH 值就越低，从而增大氢损伤的敏感性。

为了防止氢损伤的发生，对进入管线内的含硫天然气一般都要经过脱硫和脱水处理。如果净化处理不善，会导致硫化物应力开裂(SSC)、应力腐蚀开裂(SCC)、氢应力开裂(HISC)、氢致开裂(HIC)等。

3) 天然气输送管的选择

标准中列出的材料、钢管可以满足标准、规范规定下的所有要求，特别强调的是，标准尤其是通用标准中只列出了符合最常用的设计和运行条件下的要求，对于输送天然气管线用钢管必须考虑系统规模、设计压力、构成形式、设计温度、介质情况和环境条件等的影响来选择材料和钢管。

选用输气管线用管应符合下列一般原则：

(1) 一般管线工况(压力较低、气质较好、管径较小)通过设计计算，性能符合 API Spec 5L 或 GB/T 9711 标准中 PSL2 质量水平要求的钢管可以直接选用。

(2) 高压力(≥8MPa)、高钢级(X65 以上)输气管线用钢管除应满足上述标准要求外，对韧性要求应进行计算、复核。

在材料选择或制定规格时，断裂控制要求被视为主要的因素之一。泄漏是由机械损坏、腐蚀、材料中的缺陷或者其他原因造成的，通过明确规定使用足够止裂性能的材料可以对断裂形成与扩展进行控制。

设计应力也影响缺口韧性要求和断裂控制要求，在决定韧性要求时必须考虑应力水平，具有较高应力水平的钢管要求材料具有足够高的韧性以控制断裂；相反，具有较低应力水平的钢管对韧性要求可以降低。

防止脆性断裂，应考虑 3 个前提：张应力的存在；缺陷或应力集中；管线运行温度。一般在钢管生产时，要求进行落锤撕裂试验(规定最小剪切面积的要求，如 $S_A \geq 85\%$ 等)，以保证管道材料破裂时呈韧性状态。

管道直径达到 800mm 或更大，输送高压力高于 7MPa 时，对韧性要求更为严格，当缺陷大于临界尺寸时，断裂就可能发生。当管道断裂速率相当于或大于气体的减压波速率时，断裂就会扩展。为防止延性断裂长程扩展，应按 GB/T 9711、API Spec 5L 或 ISO 3183 的有关规定确定钢管的韧性指标。

(3) 输送的天然气中如含有一定量的 H_2S，CO_2 和 Cl^- 时，应根据有关标准规定进行计算、复核、确定管线钢的选材和试验验收要求。

当 H_2S 分压 $p_{H_2S} > 0.0003MPa$，应按 GB/T 9711、ISO 3183 或 API Spec 5L 选择钢级中的抗硫钢管。

当 CO_2 分压 $p_{CO_2} > 0.0021MPa$，应根据 p_{CO_2} 大小及 Cl^- 含量选择 Cr13 马氏体不锈钢管、Cr22 双相不锈钢管或 Cr25 双相不锈钢管。

油田内部集输管线，同时含有较多的 H_2S、CO_2 和 Cl^- 时，必须使用 FeNi 基或 Ni 基耐腐蚀合金管，这类合金主要有 028，825，G3.050 和 276 等牌号。为了降低成本，往往采用以这类合金为内衬的双金属复合管。

（4）当采用严格的尺寸公差时，能减少现场安装和施工困难，提高组装质量；但同时应考虑成本的影响，制定技术标准时同时应考虑制造的可能性、安装的可能性和质量以及对成本的影响[14]。

第三节　管道施工焊接简介

一、焊接方法分类

当今管道工业要求管道有较高的输送压力和较大的管线直径并保证其安全运行。为适应管线钢的高强化、高韧化、管径的大型化和管壁的厚壁化，出现了多种焊接方法和焊接技术。

管道焊接施工从焊接方法上分主要有焊条电弧焊、熔化极气保护电弧焊（含自保护药芯焊丝电弧焊）和埋弧焊等。在制订焊接工艺时，经常将两种或两种以上方法进行组合。

按照焊接时的行进方向，管道焊接施工还可以分为下向焊和上向焊两种。

焊接施工也可以从自动化程度上划分，有手工焊、半自动焊和自动焊[14]。

二、焊接方法选择原则

1. 熔化极气体保护自动焊优先原则

对于直径大于 710mm、壁厚较大的长输管线，为获得施工的高效率和高质量，往往首先考虑熔化极气体保护自动焊。

2. 药芯焊丝半自动焊优先原则

与焊条电弧焊相结合，药芯焊丝半自动焊用于大直径、大厚壁钢管的填充焊与盖面焊，是一种好的焊接工艺。主要是把断续的焊接过程变为连续的生产方式，而且焊接电流密度比焊条电弧焊大，焊丝熔化快，生产效率可为焊条电弧焊的 3～5 倍，因此生产效率高。

目前，自保护药芯焊丝半自动焊接因其抗风能力强、焊缝含氢量低、效率高等优点而广泛应用于野外管道焊接，是我国管线建设的首选方法。

3. 埋弧自动焊优先原则

管子的埋弧自动焊是在为管道专设的管子焊接站进行的。如果在管子焊接站将两根管子焊好（双联管焊接），可将主干线上的焊缝施工数量减少 40%～50%，极大地缩短了铺设作业的周期。

埋弧自动焊用于安装焊接的高效率、高质量是显而易见的。尤其对于直径较大（406mm以上）、壁厚超过 9.5mm 的管线，在铺设距离很长时，出于经济上的原因，通常首先考虑采用埋弧自动焊的方法。

但是具有一票否决权的是运输双联管的道路是否可行，路况是否允许，有无运输长于25m双联管的条件，否则埋弧自动焊的使用将无意义。

因此对于直径为406mm以上、大厚壁的长输管线，在运输以及路况均无问题时，以埋弧自动焊进行双联管或三联管的方法是项目承包商的最佳选择。

4. 焊条电弧焊优先原则

对于管线直径不太大（如610mm以下），而且管线长度不很长（如100km以下）的管线的安装焊接，焊条电弧焊应作为首选考虑。在这种情况下，焊条电弧焊是最经济的焊接方法。与自动焊相比，它需要的设备劳动力少，维修费用低，施工队伍技术比较成熟[14]。

三、管道现场焊接工艺

随着管线钢性能的提高，焊接材料、焊接技术在不断地进步，管道现场焊接工艺也随之变化。针对不同的钢级、不同的直径和壁厚、不同的项目、不同的输送压力及介质，甚至施工单位的队伍及设备状况，将会采用不同的焊接工艺。

1. 主干线焊接工艺

1）全纤维素型焊条电弧焊工艺

根据管道开裂方式不同，考虑其止裂性能，输油管道和低压力、低级别输气管道可以选用纤维素型焊条电弧焊工艺，它是世界范围内管道施工中使用广泛的工艺。

纤维素型焊条易于操作，具有高的焊接速度，约为碱性焊条的2倍；有较大的熔透能力和优异的填充间隙性能，对管子的对口间隙要求不很严格；焊缝背面成型好，气孔敏感性小，容易获得高质量的焊缝，并适用于不同的地域条件和施工现场。但在采用此种工艺时，由于扩散氢含量较高，为防止冷裂纹的产生，应注意焊接工艺过程的控制。

采用的主要焊条有E6010，E7010，E8010和E9010等，采用直流电源，电源特性为下降外特性，一般采用为管道专用的逆变焊机或晶闸管焊机。电流极性为根焊直流正接，保证有足够大的电弧吹力，其他热焊、填充盖面采用直流反接。

2）纤维素型焊条根焊+低氢型焊条电弧焊工艺

对于高压力、中高级别输气管道，根据管道开裂方式不同，考虑其止裂性能，选用纤维素型焊条+低氢型焊条电弧焊工艺，保证其良好的止裂性。

纤维素型焊条下向焊接的显著特点是根焊适应性强、根焊速度快、工人容易掌握、射线探伤合格率高，普遍用于混合焊接工艺。低氢下向焊接的显著特点是焊缝质量好，适合于焊接较为重要的部件，如连头等，但工人掌握的难度较大。

采用的主要纤维素型焊条有E6010，E7010，E8010和E9010等，低氢型焊条有E7018和E8018。采用直流电源，电源特性为下降外特性，一般为管道专用的逆变焊机或晶闸管焊机。电流极性为根焊直流正接，保证有足够大的电弧吹力，热焊也采用纤维素型焊条，采用直流正接，增大焊缝厚度，防止被低氢焊条烧穿。填充盖面采用低氢型焊条，采用直流反接，有利于提高热效率和降低有害气体的侵入。

3）自保护药芯焊丝半自动焊工艺

（1）纤维素型焊条根焊+自保护药芯焊丝半自动焊填盖工艺。

对于强度级别高、输送介质压力高的管道，由于采用低氢焊条的效率较低，焊接合格率难以保证，对焊工技术水平要求高等缺点，跟不上管线建设的速度，因此采用低氢型的自保护药芯焊丝,可提高韧性,采用半自动工艺更有利于提高生产效率,得到了广泛的应用。这种工艺在发展中国家得到快速发展,也是我国大口径、大壁厚长输管线采用的主要焊接工艺。

根焊采用纤维素型焊条;填充盖面采用自保护药芯焊丝,药芯焊丝与焊条相比具有十分明显的优势,但药芯焊丝价格较高,主要是把断续的焊接过程变为连续的生产方式,从而减少了接头的数目,提高了生产效率,节约了能源。再者,电弧热效率高,加上焊接电流密度比焊条电弧大,焊丝熔化快,生产效率可为焊条电弧焊的3~5倍;又由于熔深大,焊接坡口可以比焊条电弧焊小,钝边高度可以增大,因此具有生产效率高、周期短、节能综合成本低、调整熔敷金属成分方便的特点。

根焊采用的主要纤维素型焊条有 E6010 和 E7010 等,自保护药芯焊丝主要有 E71T8-K6 和 E71T8-Ni1 等型号,采用直流电源,根据电源特性为下降外特性,一般采用为管道专用的逆变焊机或晶闸管焊机。电流极性为根焊直流正接,保证有足够大的电弧吹力,填充盖面的自保护药芯焊丝采用平外特性直流电源加相匹配的送丝机。

(2) STT 根焊+自保护药芯焊丝半自动焊填盖工艺。

STT 焊机是通过表面张力控制熔滴短路过渡的,焊接过程稳定,电弧柔和,显著地降低了飞溅,减轻了焊工的工作强度,焊缝背面成形良好,焊后不用清渣,其根焊质量和根焊速度都优于纤维素型焊条,是优良的根焊焊接方法。但该方法设备投资大,焊接要求严格,焊工不易掌握。

STT 根焊时使用纯 CO_2 气作保护,同时采用专门的 STT 焊机及 JM-58(符合 AWS A5.18 ER70S-G)焊丝;填充焊和盖面焊采用自保护药芯焊丝,采用平外特性直流电源加相匹配的送丝机。

4) 自动焊工艺

随着管道建设用钢管强度等级的提高,管径和壁厚的增大,管道运行压力的增高,这些都对管道环焊接头的性能提出了更高的要求。利用高质量的焊接材料,借助于机械和电气的方法使整个焊接过程实现自动化,管道自动焊工艺具有焊接效率高、劳动强度小、焊接过程受人为因素影响小、对于焊工的技术水平要求低、焊接质量高而稳定等优势,在大口径、厚壁管道建设中具有很大潜力。

(1) 纤维素型焊条根焊+自动焊外焊机填盖工艺。

根焊采用纤维素型焊条。

根焊采用的主要纤维素型焊条有 E6010 和 E7010 等,采用直流电源,下降外特性,电流极性为根焊直流正接。自动焊采用 JM-68(符合 AWS A5.28 ER80S-G)焊丝,焊接设备采用国产 APW-Ⅱ外焊机、PAW2000 外焊机、加拿大 RMS 公司生产的 MOW-1 外焊机、NORESAST 外焊机等。

(2) STT 根焊+自动焊外焊机填盖工艺。

根焊采用 STT;填充盖面采用自动焊。

自动焊采用 JM-68 AWS A5.28 ER80S-G 焊丝,焊接设备采用国产 APW-Ⅱ外焊机、PAW2000 外焊机、加拿大 RMS 公司生产的 MOW-1 外焊机、NORESAST 外焊机等。

(3) 自动焊外焊机根焊+自动焊外焊机填盖工艺。

在根焊采用半自动的焊接方法的基础上,进一步提高焊接质量和焊接速度,根焊也采用自动焊机。根焊设备是意大利 PWT 全自动控制焊接系统 CWS.02NRT 型自动外焊机根焊设备，填盖有 APW-Ⅱ外焊机、PAW2000 外焊机、MOW-1 外焊机、NORESAST 外焊机等。根焊采用 JM-58(符合 AWS A5.18 ER70S-G)焊丝，填盖采用 JM-68(符合 AWS A5.28 ER80S-G)焊丝。

(4)自动焊内焊机根焊+自动焊外焊机填盖工艺。

为进一步提高焊接速度和焊接质量，根焊采用内焊机在内部焊接，外部清根后用外焊机进行填盖的工艺，利用双面坡口解决单面焊上面成形的根焊缺陷问题，进一步提高了焊接质量。根焊采用 JM-58(符合 AWS A5.18 ER70S-G)焊丝，填盖采用 JM-68(符合 AWS A5.28 ER80S-G)焊丝。

2. 连头焊接工艺

管线建设中，经常出现两长段无法移动管口连接问题，即为连头碰死口。这些部位通常由于管线不能移动造成应力的存在，拘束度较大，容易产生裂纹，因此，对于连头碰死口问题必须重视，加强焊接工艺的控制。目前主要采用的焊接工艺有两种：

(1)纤维素型焊条根焊+低氢型焊条电弧焊工艺。在连头焊接工艺中，纤维素型焊条电弧焊采用上向焊，低氢型(E8010)焊条电弧焊采用下向焊，具体要求及设备选择与主干线相同。

(2)纤维素型焊条根焊+自保护药芯焊丝半自动焊填盖工艺。在此焊接工艺中，纤维素型焊条电弧焊采用上向焊，自保护药芯焊丝半自动焊采用下向焊，具体要求及设备选择与主干线相同。

3. 返修焊接工艺

(1)纤维素型焊条根焊+低氢型焊条电弧焊工艺。

在返修焊接工艺中，对于穿透型返修，纤维素型焊条电弧焊采用上向焊，低氢型焊条电弧焊也采用上向焊，纤维素型焊条型号与主线路相同，具体要求及设备选择与主干线相同，填盖的低氢型焊条常用的为 E5015 和 E7018 或 E8018(AWS A5.5：1996)。

(2)纤维素型焊条根焊+自保护药芯焊丝半自动焊填盖工艺。

在此焊接工艺中，纤维素型焊条电弧焊采用上向焊，自保护药芯焊丝半自动焊采用下向焊，具体要求及设备选择与主干线相同。

四、焊缝介绍

1. 焊缝类型

焊缝指焊件经焊接后所形成的结合部分。主要分为平焊缝、角焊缝、船形焊缝、单面焊缝、单面焊双面成形焊缝。按焊缝本身截面形式不同，焊缝分为对接焊缝和角焊缝。

1)对接焊缝

按焊缝金属充满母材的程度分为焊透的对接焊缝和未焊透的对接焊缝。未焊透的对接焊缝受力很小，而且有严重的应力集中。焊透的对接焊缝简称对接焊缝。

为了便于施工，保证施工质量，保证对接焊缝充满母材缝隙，根据钢板厚度采取不同的坡口形式。当间隙过大(3~6mm)时，可在 V 形缝及单边 V 形缝、I 形缝下面设一块垫板(引弧板)，防止熔化的金属流淌，并使根部焊透。为保证焊接质量，防止焊缝两端凹槽，减少应力集中对动荷载的影响，焊缝成型后，除非不影响其使用，两端可留在焊件上，否则焊接完成后应切去。

2）角焊缝

连接板件板边不必精加工，板件无缝隙，焊缝金属直接填充在两焊件形成的直角或斜角的区域内。

直角焊缝中直角边的尺寸称为焊脚尺寸，其中较小边的尺寸用 h_f 表示。

为保证焊缝质量，宜选择合适的焊角尺寸。如果焊脚尺寸过小，则焊不牢，特别是焊件过厚，易产生裂纹；如果焊脚尺寸过大，特别是焊件过薄时，易烧伤穿透，另外当贴边焊时，易产生咬边现象。

2. 焊缝等级介绍

（1）一级焊缝要求对每条焊缝长度的 100% 进行超声波探伤。

（2）二级焊缝要求对每条焊缝长度的 20% 进行抽检，且不小于 200mm 进行超声波探伤。

（3）一级和二级焊缝均为全焊透的焊缝，并不允许存在如表面气孔、夹渣、弧坑裂纹、电弧擦伤等缺陷。

（4）一级和二级焊缝的抗拉压、抗弯、抗剪强度均与母材相同。

五、焊接质量影响因素及其控制

影响管道焊接质量的因素很多，如材料匹配、焊接工艺等，选择焊接工艺时，应根据各种焊接方法特点、施工环境、技术限制等综合考虑。

1. 焊接方法对焊缝和热影响区性能的影响

1）合金元素烧损和焊缝中的杂质元素及气体含量

气体保护焊合金元素烧损较大，焊缝中气体含量及杂质元素高，故气焊接头性能较差。

手工电弧焊和埋弧自动焊由于分别采用气—渣联合保护和渣保护，合金元素烧损较少，焊缝中气体含量及杂质元素较少，故焊缝金属性能较好。

手工钨极氩弧焊合金元素基本没烧损，焊缝中气体含量和杂质极少，可以获得最好的焊缝。

2）焊缝的金相组织

气体保护焊加热速度慢，易产生过热和过烧的组织，致使焊缝性能恶化。

埋弧自动焊电弧功率比手工电弧焊大得多，故焊缝的结晶组织也较手工电弧焊粗大，因此在同样条件下与手工电弧焊相比，焊缝金属的冲击韧性较低。

手工钨极氩弧焊热量集中，焊时冷却速度快，焊缝结晶组织较细，性能也较好。

3）热影响区宽度

气体保护焊、埋弧自动焊热影响区较宽，手工电弧焊次之，而手工钨极氩弧焊最窄。

2. 焊接线能量及焊接工艺参数的影响

焊接线能量及焊接工艺参数直接关系到焊接热循环，影响焊接接头的组织和性能。

1）焊接线能量

对焊接熔池形状、结晶特征和性能的影响。焊接速度不仅影响焊接线能量，而且直接影响焊接熔池形状，焊接速度提高使椭圆形熔池变成雨滴状熔池，雨滴状熔池易形成窄焊缝，使杂质和元素在焊缝中心线偏析，易产生中心线裂纹。焊接速度快，熔池结晶速度加快，焊缝一次性结晶组织显著细化，可以改善焊缝金属的塑性、韧性。但是为了防止产生雨滴状熔池导致焊缝中心线裂纹，焊接速度不宜太快，为了改善焊缝金属性能速度又不宜太慢，焊接速度必须恰到好处。

对焊缝形状及性能的影响。采用大电流、中等焊接速度可获得较宽焊缝形状，柱状晶易从底部向上生长，使最后凝固时的杂质推向焊缝表面，改善焊缝中心线处的力学性能。

采用小电流、快焊速获得的焊缝形状很窄，柱状晶从两侧熔池向中心生长，最后形成严重的中心线偏析，杂质集中，性能下降，焊接应力足够大时易出现裂纹。

对焊缝组织的影响。采用小的线能量可获得细的胞状晶组织，中等线能量可得到胞状树枝晶组织。为了提高焊缝塑性、韧性，提高金属的抗裂性，要求焊缝具有细小的结晶组织，焊缝中的偏析程度应小而分散。因此，在满足工艺和操作要求的条件下，尽可能减小焊接线能量。采用较小的电流和较快焊接速度代替大电弧和慢焊接速度，获得细小的胞状组织，提高焊缝力学性能和抗裂性，防止出现中心线裂纹，或者采用多层多道焊。

对过热区晶粒长大和性能的影响。焊接线能量越大，高温停留时间越长，过热区域越宽，过热现象越严重，晶粒越粗大，塑性和韧性严重下降，甚至会造成冷脆。为此应尽量减小线能量，减小过热区宽度，降低晶粒尺寸。焊接线能量对焊接时加热速度和冷却速度有较大影响。对于易淬火钢，在一般冷却速度下很容易产生很硬的马氏体组织。因此，常采用对接头焊前预热、控制层间温度和焊后缓冷等工艺措施，以降低冷却速度。即所谓控制线能量，一是控制线能量上限不要使焊接热量过高；二是要控制线能量的下限，不要使焊接线能量过低，若过低会冷却得快，热影响区及熔合线下会出现硬化组织的裂纹。

2）焊接工艺参数

焊接工艺参数包括焊接电流、电弧电压、焊接速度、热输入等。焊条电弧焊的焊接工艺参数主要包括焊条直径、焊接电流、电弧电压、焊接速度、焊缝层数、热输入和预热温度、后热与焊后热处理等。

（1）焊条直径。

焊条直径根据焊件厚度、焊接位置、接头形式和焊接层数等进行选择。

厚度较大的焊件，搭接和T形接头的焊缝应选用直径较大的焊条。对于小坡口焊件，为了保证底层的熔透，宜采用较细直径的焊条，如打底焊时一般选用φ2.5mm或φ3.2mm焊条。不同的焊接位置，选用的焊条直径也不同，通常平焊时选用较粗的φ4.0mm～φ5.0mm的焊条，立焊和仰焊时选用φ3.2mm～φ4.0mm的焊条；横焊时选用φ3.2mm～φ5.0mm的焊条。对于特殊钢材，需要小工艺参数焊接时可选用小直径焊条。

（2）焊接电流。

焊接电流是焊条电弧焊的主要工艺参数，焊工在操作过程中需要调节的只有焊接电流，而焊接速度和电弧电压都是由焊工控制的。焊接电流的选择直接影响着焊接质量和劳动生产率。

焊接电流越大，熔深越大，焊条熔化快，焊接效率也高，但是焊接电流太大时，飞溅和烟雾大，焊条尾部易发红，部分涂层易失效或崩落，而且容易产生咬边、焊瘤、烧穿等缺陷，增大焊件变形，还会使接头热影响区晶粒粗大，焊接接头的韧性降低；焊接电流太小，则引弧困难，焊条容易粘连在工件上，电弧不稳定，易产生未焊透、未熔合、气孔和夹渣等缺陷，且生产率低。

因此，选择焊接电流时，应根据焊条类型、焊条直径、焊件厚度、接头形式、焊缝位置及焊接层数来综合考虑。首先应保证焊接质量，其次应尽量采用较大的电流，以提高生产效率。板厚较的，T形接头和搭接头，在施焊环境温度低时，由于导热较快，所以焊接电流要大一些。

① 考虑焊条直径。焊条直径越大，熔化焊条所需的热量越大，必须增大焊接电流，每种焊条都有一个最合适电流范围。

② 考虑焊接位置。在平焊位置焊接时，可选择偏大些的焊接电流，非平焊位置焊接时，为了易于控制焊缝成型，焊接电流比平焊位置小10%~20%。

③ 考虑焊接层次通常焊接打底焊道时，为保证背面焊道的质量，使用的焊接电流较小；焊接填充焊道时，为提高效率，保证熔合好，使用较大的电流；焊接盖面焊道时，防止咬边和保证焊道成型美观，使用的电流稍小些。

焊接电流一般可根据焊条直径进行初步选择，焊接电流初步选定后，要经过试焊，检查焊缝成型和缺陷，才可确定。对于有力学性能要求的(如锅炉、压力容器等)重要结构，要经过焊接工艺评定合格以后，才能最后确定焊接电流等工艺参数。

(3) 电弧电压。

当焊接电流调好以后，焊机的外特性曲线就决定了。实际上电弧电压主要是由电弧长度来决定的。电弧长，电弧电压高，反之则低。焊接过程中，电弧不宜过长，否则会出现电弧燃烧不稳定、飞溅大、熔深浅及产生咬边、气孔等缺陷；若电弧太短，容易粘焊条。

一般情况下，电弧长度等于焊条直径的0.5~1倍为好，相应的电弧电压为16~25V。碱性焊条的电弧长度不超过焊条的直径，为焊条直径的一半较好，尽可能地选择短弧焊；酸性焊条的电弧长度应等于焊条直径。

(4) 焊接速度。

焊条电弧焊的焊接速度是指焊接过程中焊条沿焊接方向移动的速度，即单位时间内完成的焊缝长度。焊接速度过快会造成焊缝变窄，严重凸凹不平，容易产生咬边及焊缝波形变尖；焊接速度过慢会使焊缝变宽，余高增加，功效降低。焊接速度还直接决定着热输入量的大小，一般根据钢材的淬硬倾向来选择。

(5) 焊缝层数。

厚板的焊接，一般要开坡口并采用多层焊或多层多道焊。多层焊和多层多道焊接头的显微组织较细，热影响区较窄。前一条焊道对后一条焊道起预热作用，而后一条焊道对前一条焊道起热处理作用。因此，接头的延性和韧性都比较好。特别是对于易淬火钢，后焊道对前焊道的回火作用，可改善接头组织和性能。

对于低合金高强钢等钢种，焊缝层数对接头性能有明显影响。焊缝层数少，每层焊缝厚度太大时，由于晶粒粗化，将导致焊接接头的延性和韧性下降。

(6) 预热温度。

预热是焊接开始前对被焊工件的全部或局部进行适当加热的工艺措施。预热可以减小接头焊后冷却速度，避免产生淬硬组织，减小焊接应力及变形是防止产生裂纹的有效措施。对于刚性不大的低碳钢和强度级别较低的低合金高强钢的一般结构，一般不必预热。

但对刚性大的或焊接性差的容易产生裂纹的结构，焊前需要预热。

预热温度根据母材的化学成分、焊件的性能和厚度、焊接接头的拘束程度和施焊环境温度以及有关产品的技术标准等条件综合考虑，重要的结构要经过裂纹试验确定不产生裂纹的最低预热温度。预热温度选得越高，防止裂纹产生的效果越好；但超过必须的预热温度，会使熔合区附近的金属晶粒粗化，降低焊接接头质量，劳动条件也将会更加恶化。整体预热通常用各种炉子加热。局部预热一般采用气体火焰加热、中频感应加热或红外线加热。预热温度常用表面温度计或色温笔测量。

（7）后热与焊后热处理。

焊后立即对焊件的全部（或局部）进行加热或保温，使其缓冷的工艺措施称为后热。后热的目的是避免形成硬脆组织，以及使扩散氢逸出焊缝表面，从而防止产生裂纹。焊后为改善焊接接头的显微组织和性能或消除焊接残余应力而进行的热处理称为焊后热处理。焊后热处理的主要作用是消除焊件的焊接残余应力，降低焊接区的硬度，促使扩散氢逸出，稳定组织及改善力学性能、高温性能等。因此，选择热处理温度时要根据钢材的性能、显微组织、接头的工作温度、结构形式、热处理目的来综合考虑，并通过显微金相和硬度试验来确定。

对于易产生脆断和延迟裂纹的重要结构、尺寸稳定性要求高的结构以及有应力腐蚀的结构，应考虑进行消除应力退火。对于锅炉、压力容器，则有专门的规程规定，厚度超过一定限度后要进行消除应力退火。消除应力退火必要时要经过试验确定。铬钼珠光体耐热钢焊后常常需要高温回火，以改善接头组织，消除焊接残余应力。

六、典型焊接缺陷

焊接结构在焊制过程中因焊接工艺与设备条件的偏差，残余应力状态和冶金因素变化的影响以及结构材料与尺寸的差异等，往往会在焊缝中产生不同程度与数量的气孔、未熔合、夹渣、未焊透和裂纹等缺陷。缺陷产生的几率与焊接的方法、熔池大小、工件形状和施工场地等有关。

在制管焊接和现场施工焊接中，常见焊接缺陷有气孔、夹渣、未熔合、裂纹和未焊透等，按其形状不同可分为平面型缺陷和体积型缺陷，其中裂纹、未熔合和未焊透属于平面型缺陷，对焊缝质量危害很大，气孔和夹渣属于体积型缺陷。

1. 焊接裂纹

裂纹按其产生的温度和时间的不同可分为冷裂纹、热裂纹和再热裂纹；按其产生的部位不同可分为纵裂纹、横裂纹、焊根裂纹、弧坑裂纹、熔合线裂纹及热影响区裂纹等（图4-3-1）。裂纹是焊接结构中最危险的一种缺陷，不但会使产品报废，甚至可能引起严重的事故。

1）热裂纹

焊接过程中，焊缝和热影响区金属冷却到固相线附近的高温区间所产生的焊接裂纹称为热裂纹。它是一种不允许存在的危险焊接缺陷。根据热裂纹产生的机理、温度区间和形态，热裂纹又可分成结晶裂纹、高温裂纹和高温低塑性裂纹。

产生的原因：主要是熔池金属中的低熔点共晶物和杂质在结晶过程中，形成严重的晶内和晶间偏析，同时在焊接应力作用下，沿着晶界被拉开，形成热裂纹。热裂纹一般多发生在奥氏体不锈钢、镍合金和铝合金中。低碳钢焊接时一般不易产生热裂纹，但随着钢的含碳量增高，热裂倾向也增大。

防止措施：严格地控制钢材及焊接材料的硫、磷等有害杂质的含量，降低热裂纹的敏感性；调节焊缝金属的化学成分，改善焊缝组织，细化晶粒，提高塑性，减少或分散偏析程度；采用碱性焊接材料，降低焊缝中杂质的含量，改善偏析程度；选择合适的焊接工艺参数，适当地提高焊缝成型系数，采用多层多道排焊法；断弧时采用与母材相同的引出板，或逐渐灭弧，并填满弧坑，避免在弧坑处产生热裂纹。

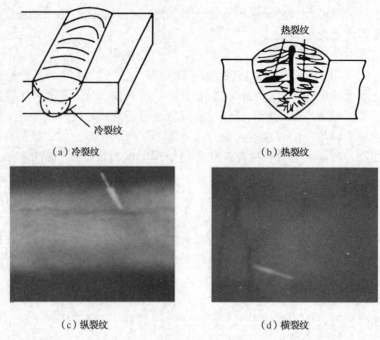

（a）冷裂纹　　　　　　　　　　（b）热裂纹

（c）纵裂纹　　　　　　　　　　（d）横裂纹

图 4-3-1　裂纹

2）冷裂纹

焊接接头冷却到较低温度下（对于钢来说在 M_s 温度以下）产生的裂纹称为冷裂纹。冷裂纹可在焊后立即出现，也有可能经过一段时间（几小时、几天甚至更长时间）才出现，这种裂纹又称延迟裂纹，它是冷裂纹中比较普遍的一种形态，具有更大的危险性。

产生原因：马氏体转变而形成的淬硬组织、拘束度大而形成的焊接残余应力和残留在焊缝中的氢是产生冷裂纹的三大要素。

防止措施：选用低氢型焊接材料，使用前严格按照说明书的规定进行烘焙；焊前清除焊件上的油污、水分，减少焊缝中氢的含量；选择合理的焊接工艺参数和热输入，减少焊缝的淬硬倾向；焊后立即进行消氢处理，使氢从焊接接头中逸出；对于淬硬倾向高的钢材，焊前预热、焊后及时进行热处理，改善接头的组织和性能；采用降低焊接应力的各种工艺措施。

3）再热裂纹

焊后焊件在一定温度范围内再次加热（消除应力热处理或其他加热过程）而产生的裂纹叫做再热裂纹。

产生原因：再热裂纹一般发生在含钒、铬、钼、硼等合金元素的低合金高强度钢、珠光体耐热钢及不锈钢中，经受一次焊接热循环后，再加热到敏感区域（550~650℃）而产生的。裂纹大多数起源于焊接热影响区的粗晶区。再热裂纹大多数产生于厚件和应力集中处，多层焊时有时也会产生再热裂纹。

防止措施：在满足设计要求的前提下，选择低强度的焊接材料，应力在焊缝中松弛，避免热影响区产生裂纹；尽量减少焊接残余应力和应力集中；控制焊接热输入，合理地选择预热和热处理温度，尽可能地避开敏感区。

2. 未熔合

未熔合是由于电弧未能直接在母材上燃烧，焊丝熔化的铁水只是堆积在上一层焊道或坡口表面上而形成的，是一种几乎没有厚度的面状缺陷(图4-3-2)，其直接危害是减少截面，增大应力，对承受疲劳、经受冲击、应力腐蚀或低温下工作都非常不利。未熔合有多种形式，主要形式有层间未熔合和单侧点状未熔合，并出现在平、立焊位置，长度不一。

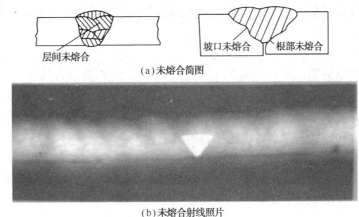

(a)未熔合简图

(b)未熔合射线照片

图4-3-2　末熔合

未熔合和未焊透等缺陷的端部和缺口是应力集中的地方，在交变载荷作用下很可能生成裂纹。

产生原因：主要是焊接速度快而焊接电流小，焊接热输入太低；焊条偏心，焊条与焊件夹角不当，电弧指向偏斜；坡口侧壁有锈垢及污物，层间清渣不彻底等。

防止措施：正确地选择焊接工艺参数，认真操作，加强层间清理，提高焊工操作技术水平等。

3. 气孔

焊接时，熔池中的气体在凝固时未能逸出而残留下来所形成的空穴称为气孔(图4-3-3)。气孔是一种常见的焊接缺陷，分为焊缝内部气孔和外部气孔。气孔有圆形、椭圆形、虫形、针状形和密集形等多种。气孔的存在不但会影响焊缝的致密性，而且将减小焊缝的有效面积，降低焊缝的力学性能。

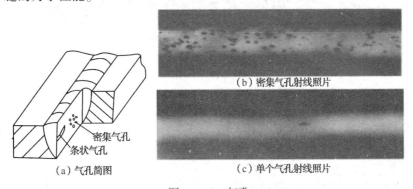

(b)密集气孔射线照片

(a)气孔简图

(c)单个气孔射线照片

图4-3-3　气孔

产生原因：焊件表面和坡口处有油污、锈、水分等污物存在；焊条电弧焊时焊条药皮受潮，使用前没有烘干；电弧过长或偏吹，熔池保护效果不好，空气侵入熔池；焊接电流过大，焊条发红、药皮提前脱落，失去保护作用；操作方法不当，如收弧动作太快，易产生缩孔，接头引弧动作不正确，易产生密集气孔等。

防止措施：焊前将坡口两侧 20~30mm 范围内的油污、锈、水分清除干净；严格地按焊条说明书规定的温度和时间烘焙；正确地选择焊接工艺参数，正确操作；尽量采用短弧焊接，野外施工要有防风措施；不允许使用失效的焊条，如焊芯锈蚀、药皮开裂、剥落、偏心度过大等。

4. 咬边

咬边属焊缝成型缺陷之一，是由母材金属损耗引起的、沿焊缝焊趾产生的沟槽或凹缝（图 4-3-4），是电弧冲刷或熔化了近缝区母材金属后，又未能填充的结果。咬边严重影响焊接接头质量及外观成型，使得该焊缝处的截面减小，容易形成尖角，造成应力集中，从而形成应力腐蚀裂纹和应力集中裂纹。因此，对咬边有严格的限制。

产生原因：主要是电流过大、电弧过长、焊条角度不正确、运条方法不当等。

防止措施：焊条电弧焊焊接时要选择合适的焊接电流和焊接速度，电弧不能拉得太长，焊条角度要适当，运条方法要正确。

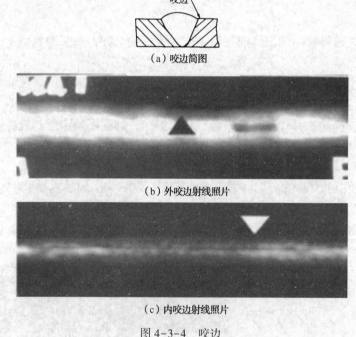

（a）咬边简图

（b）外咬边射线照片

（c）内咬边射线照片

图 4-3-4　咬边

5. 未焊透

未焊透是指焊接时接头根部未完全焊透的现象（图 4-3-5）。可能产生在单面焊或双面焊的根部、坡口表面、多层焊焊道之间或重新引弧处。它相当于一条裂纹，当构件受到外力作用时能扩展成更大的裂纹，使构件破坏。

产生原因：焊接电流小、焊接速度大、坡口角度和间隙过小、操作不当，钝边过大，装备不良，焊接工艺参数选用不当，焊接接头表面有油污、漆、铁锈等。

预防措施：正确选用和加工坡口尺寸，合理装配，保证间隙，选择合适的焊接电流和焊接速度，提高焊工的操作技术水平等。

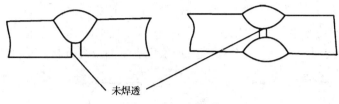

图 4-3-5　未焊透

6. 焊缝尺寸不符合要求

焊缝尺寸不符合要求主要指焊缝余高及余高差、焊缝宽度及宽度差、错边量、焊后变形量等不符合标准规定的尺寸，焊缝高低不平，宽窄不齐，变形较大等。焊缝宽度不一致，除了造成焊缝成型不美观外，还影响焊缝与母材的结合强度；焊缝余高过大，造成应力集中，而焊缝低于母材，则得不到足够的接头强度；错边和变形过大，则会使传力扭曲及产生应力集中，造成强度下降。

产生原因：坡口角度不当或钝边及装配间隙不均匀；焊接工艺参数选择不合理；焊工的操作技能水平较低等。

防止措施：选择适当的坡口角度和装配间隙；提高装配质量；选择合适的焊接工艺参数；提高焊工的操作技术水平等。

7. 弧坑未填满

焊缝收尾处产生的下陷部分叫做弧坑未填满，也叫凹坑，如图 4-3-6 所示。弧坑不仅使该处焊缝的强度严重削弱，而且由于杂质的集中，会产生弧坑裂纹。弧坑未填满产生的原因有熄弧停留时间过短，薄板焊接时电流过大。

防治措施：焊条电弧焊收弧时，焊条应在熔池处稍作停留或环形运条，待熔池金属填满后再引向一侧熄弧；钨极氩弧焊时，要有足够的停留时间，填满焊缝后衰减熄弧。

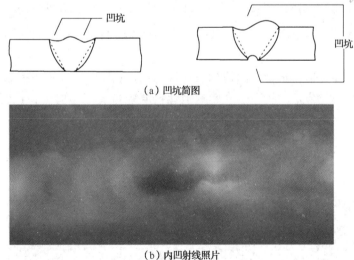

(a) 凹坑简图

(b) 内凹射线照片

图 4-3-6　凹坑

8. 夹渣

夹渣是残留在焊缝中的熔渣(图 4-3-7)。夹渣可分为点状夹渣和条状夹渣两种。夹渣削弱了焊缝的有效断面，从而降低了焊缝的力学性能。夹渣还会引起应力集中，容易使焊接结构在承载时遭受破坏。造成夹渣产生的原因很多，主要有焊件表面焊接前清理不良(如油、锈等)、焊层间清理不彻底(如残留熔渣)、焊接电流太小或熔化金属凝固太快及焊速太快使熔渣没有充足的时间上浮、操作不当、焊条药皮受潮及焊接材料选择不合适等。

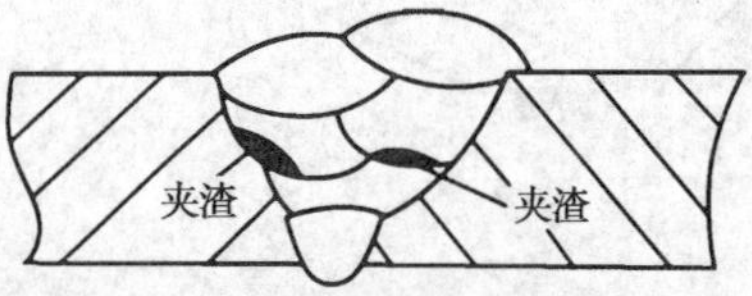

(a) 夹渣简图

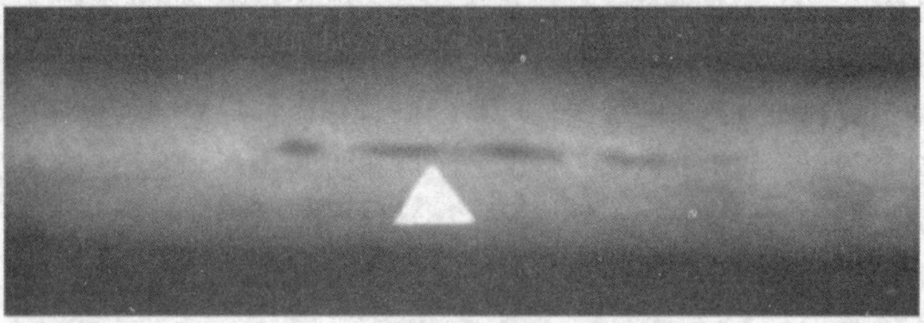

(b) 夹渣射线照片

图 4-3-7 夹渣

防止措施：选择脱渣性能好的焊条；认真地清楚层间熔渣；合理地选择焊接工艺参数；调整焊条角度和运条方法。

9. 噘嘴

在螺旋埋弧焊管的生产过程中，钢带经过成型器两个边咬合后，成型缝往往表现为一边(递送边)或两边向外翘起，这种现象称为"噘嘴"。成型缝"噘嘴"导致焊缝向外鼓出及焊缝周围一定范围内的母材向管体内凹陷，影响了钢管的圆度。"噘嘴"主要对钢管的外观质量会造成以下影响：造成钢管圆度局部超差；外焊缝高度超差；内焊缝修磨困难，容易伤及母材；平头钝边局部不合；内焊道焊趾过渡差，影响钢管防腐质量；影响现场施工对接。

10. 错边

错边，也叫搭焊，指的是管坯两边缘在焊接时错位(图 4-3-8)。错边的主要危害是使钢管的有效壁厚减小。另外，错边也会影响钢管超声波和 X 光检验。在钢管的使用过程中，错边还会成为钢管化学腐蚀的起点部位[14]。

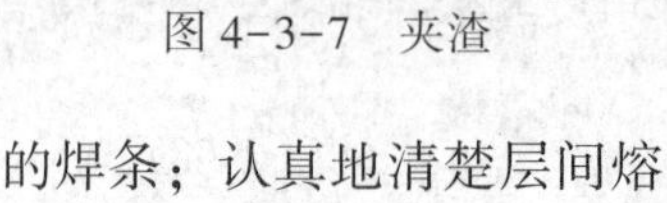

错边

(a) 错边简图

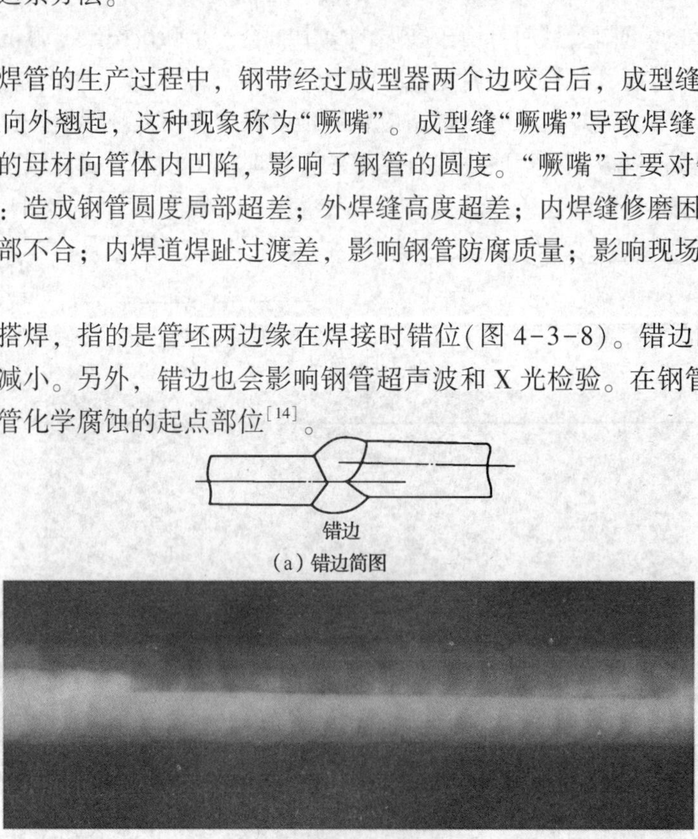

(b) 错边射线照片

图 4-3-8 错边

第四节 缺陷修复简介

一、缺陷类型

（1）腐蚀缺陷：由于管材与所处环境发生反映而造成管道壁厚的金属损失。

（2）制造缺陷：管道在制管、敷设或运行过程中产生的除腐蚀外的其他金属损失。

（3）凹陷：因外力撞击或挤压造成管道表面曲率明显变化的局部弹塑性变形。

（4）裂纹：一种断裂型不连续，其主要特征为锋利的尖端和张开位移处长宽比大。

二、缺陷修复

1. 常用修复技术

管体缺陷常用修复技术包括：打磨、堆焊、补板、A 型套筒、B 型套筒、环氧钢套筒、复合材料、机械夹具以及换管。油气管道管体不同缺陷类型宜选用的修复技术见表 4-4-1。

2. 缺陷修复

1）金属损失

（1）缺陷深度>80% t。

油气管道管体泄漏或管体缺陷深度>80% t，可采用机械夹具临时修复，采用 B 型套筒、环氧钢套筒与柔性夹具组合或换管进行永久修复。

换管修复前，应保证管道已经降压到 0.8 倍的运行压力以下，缺陷管段已排空气体（若是油介质，应排干），切除管道时，切除位置离缺陷或泄漏处顶端至少有 100mm 的距离，切除的管道长度应超过 3D。

对于缺陷程度较高、缺陷轴向长度较长的缺陷，在开挖修复过程中应注意管道悬空距离，具体允许悬空长度参见《埋地管道线路外防腐层及保温层技术手册》执行。

（2）腐蚀深度<0.8t。

可采用堆焊、补板、A 型套筒、B 型套筒、环氧钢套筒、复合材料或换管修复中的任意一种技术，进行永久修复。堆焊修复时，油气管道剩余壁厚应≥3.2mm。

（3）点蚀深度≥0.8t。

可采用补板、B 型套筒、环氧钢套筒与柔性夹具组合或换管进行永久修复。补板和 B 型套筒修复时，管道压力应降低到修复工艺要求的压力评估计算值，且不超过 0.8 倍的运行压力。

（4）焊缝损伤或腐蚀。

油气管道管体的焊缝存在损伤或腐蚀时，宜采用 B 型套筒或复合材料永久修复。采用 B 型套筒修复时，应确保缺陷长度小于其扩展临界值。采用复合材料修复时，以缺陷部位为中心进行缠绕，确保纤维与管道轴向垂直；修复时应尽量减少修复层的接头数量。

（5）内部缺陷或腐蚀。

当油气管道管体内部存在缺陷或腐蚀时，应采用 B 型套筒永久修复。若内部缺陷或腐蚀不会继续发展超出其临界值，可采用 A 型套筒、环氧钢套筒进行永久修复。

采用 A 型套筒和 B 型套筒修复时，应确保套筒和缺陷部位紧密配合；B 型套筒的侧焊缝和末端角焊缝应全焊透，相邻套筒的末端角焊缝距离不应小于 1/2D。

表4-4-1 油气管道管体不同缺陷类型与修复技术对应表

缺陷类型		修复技术	打磨	堆焊	补板	A型套筒	B型套筒	环氧钢套筒	复合材料	机械夹具	换管修复
金属损失		缺陷深度>0.8t	否⑫	否⑫	永久修复	否⑫	永久修复	永久修复	否⑫	临时修复	永久修复
		腐蚀深度<0.8t	否⑫	永久修复	永久修复	永久修复	永久修复	永久修复①	永久修复⑤	永久修复	永久修复
		点蚀深度≥0.8t	否⑫	否⑫	否⑫	否⑫	永久修复②	永久修复①	否⑫	永久修复⑫	永久修复①
		焊缝损伤或腐蚀	否⑫	否⑫	否⑫	否⑫	永久修复⑥	永久修复③	否⑫	否⑫	否⑫
		内部缺陷和腐蚀	永久修复④	永久修复⑤	永久修复⑤	永久修复③	永久修复②	永久修复⑤	永久修复⑤	否	否⑫
		凿槽或其他金属损失	否⑫	永久修复⑤	否⑫	永久修复⑤	永久修复②	永久修复⑤	永久修复⑤	否⑫	永久修复
裂纹		0.4t≤裂纹深度<0.8t	否⑫	永久修复⑤	否⑫	永久修复⑤	永久修复②	永久修复⑤	永久修复⑤	永久修复⑤	永久修复
		裂纹深度<0.4t	永久修复④	否⑫	永久修复⑫	永久修复⑤	永久修复	永久修复	否⑫	否⑫	否⑫
		氢致裂纹	永久修复⑨	否⑫	否⑫	永久修复⑥⑦⑧	永久修复	永久修复⑥⑦⑧	永久修复⑥⑦⑧	否⑫	永久修复
变形		管体凹坑深度<6%D	否⑫	否⑫	否⑫	否⑫	临时修复	临时修复	否⑫	否⑫	永久修复
		管体凹坑深度≥6%D	否⑫	否⑫	否⑫	否⑫	永久修复①	永久修复①	否⑫	否⑫	永久修复
		环焊缝有应力集中的凹坑	否⑫	否⑫	否⑫	否⑫	永久修复	永久修复⑤	否⑫	否⑫	否⑫
		皱褶、弯曲缺陷	否⑫	否⑫	否⑫	否⑫	永久修复②	永久修复⑤	否⑫	否⑫	永久修复
焊缝缺陷		体积型缺陷	永久修复④	否⑫	否⑫	永久修复⑤	永久修复②	永久修复⑫	永久修复⑤	否⑫	永久修复
		线缺陷	否⑫	否⑫	否⑫	永久修复⑤	永久修复②	否⑫	永久修复⑤	否⑫	永久修复
		电阻焊焊缝缺陷	否⑫	否⑫	否⑫	否⑫	永久修复	永久修复	否⑫	否⑫	永久修复
		电弧烧伤、夹渣	永久修复④	否⑫	否⑫	永久修复⑫	永久修复	否⑫	永久修复⑫	否⑫	否⑫
		环焊缝缺陷	永久修复④	否⑫	否⑫	否⑫	永久修复	否⑫	否⑫	否⑫	否⑫

注:t—管壁厚度,mm;D—管体直径,mm。
① 结合柔性堵漏夹具进行修复。
② 缺陷长度应小于其扩展临界值。
③ 内部缺陷或腐蚀发展不会继续超出临界值。
④ 如果缺陷金属的去除量满足要求,打磨深度最大为0.125t。
⑤ 如果打磨清理缺陷部位,检测合格后,可修复深度小于0.8t的缺陷。
⑥ 修复前,宜打磨清理缺陷部位,进行疲劳评估。
⑦ 宜填充凹坑,且进行疲劳评估。
⑧ 最大凹坑尺寸应满足规范要求。
⑨ 打磨深度尺寸应满足规范要求。
⑩ 套筒设计应与管道缺陷形状、尺寸相符。
⑪ 宜焊接缺陷,且焊接缺陷后后都应检测缺陷。
⑫ 该修复技术在常规条件下不推荐,但非禁止项,在特定的情况下可以适用,需预先进行适用性评估。

（6）凿槽或其他金属损失。

油气管道的管体存在凿槽或其他金属损失时，如果缺陷金属的去除量满足要求，可采用打磨修复，打磨的最大深度为 12.5% 的管体壁厚。如果打磨清理缺陷部位后，检测合格，可采用 B 型套筒永久修复；否则，采用换管修复。

如果管体缺陷深度 <80% t，打磨清理缺陷部位，检测合格后，可采用堆焊、补板、A 型套筒、环氧钢套筒和复合材料中的任意一种技术，进行永久修复。堆焊修复时，油气管道剩余壁厚应 ≥3.2mm。

2）裂纹

（1）0.4t≤裂纹深度 <0.8t。

油气管道的管体裂纹深度 ≥40% t 且 <80% t，应采用换管修复。若缺陷金属的去除量满足要求，可采用 A 型套筒、环氧钢套筒或复合材料修复中的任意一种技术，进行永久修复。如果裂纹长度小于裂纹扩展临界值（该扩展值要经过断裂力学计算获得），可采用 B 型套筒永久修复。

（2）裂纹深度 <0.4t。

油气管道的管体裂纹深度 <40% t，如果缺陷金属的去除量满足要求，可采用打磨、堆焊、A 型套筒、环氧钢套筒或复合材料修复中的任意一种技术，进行永久修复。如果裂纹长度小于裂纹扩展临界值（该扩展值要经过断裂力学计算获得），可采用 B 型套筒永久修复。

（3）氢致裂纹。

当油气管道的管体存在氢致裂纹缺陷时，可采用补板、A 型套筒、环氧钢套筒或 B 型套筒进行永久修复。

（4）裂纹深度 >80% t，应采用换管修复。

3）变形

（1）管体凹坑深度 <6% D。

当油气管道管体存在凹坑时，首先需进行深度检测。当管体凹坑深度 <4% D 时不需要进行修复。

当管体凹坑深度为 4% D~6% D 时，且不含有应力集中的平滑凹坑，则不需修复，但应重点监视缺陷的变化情况，在条件允许时安排修复。

当管体凹坑深度 <6% D，并伴有金属损失、开裂或应力集中时，应采用 B 型套筒或换管进行永久修复。若打磨尺寸满足规范要求，采用打磨消除裂纹，检测合格后经树脂填充固化后，可采用 A 型套筒、环氧钢套筒或复合材料进行永久修复。

（2）管体凹坑深度 ≥6% D。

当管体凹坑深度 ≥6% D，应采用换管永久修复；若无法换管时，可采用 B 型套筒或环氧钢套筒进行临时修复。

（3）环焊缝附近有应力集中的凹坑。

当管道的环焊缝附近有应力集中的凹坑时，应采用 B 型套筒永久修复。若打磨尺寸能满足规范要求，可采用打磨修复。

（4）皱弯、弯曲缺陷。

当油气管道的管体存在皱弯、弯曲缺陷时，可采用 B 型套筒或环氧钢套筒进行永久修复，修复套筒形状、尺寸应与管道相符。

4）焊缝缺陷

（1）体积型缺陷。

当油气管道的焊缝缺陷为体积型缺陷时，应采用 B 型套筒或换管进行永久修复。若缺陷金属的去除量满足要求，可采用打磨修复。若焊缝缺陷深度<80% t，打磨去除缺陷金属后，检测合格，可采用 A 型套筒、环氧钢套筒或复合材料进行永久修复。

（2）线缺陷。

当油气管道的焊缝缺陷为线缺陷时，可采用换管修复。若缺陷金属的去除量满足要求，可采用打磨修复。如果焊缝缺陷深度<80% t，打磨去除缺陷金属，检测合格后，可采用 A 型套筒、环氧钢套筒或复合材料进行永久修复。如果缺陷长度小于其扩展临界值，可采用 B 型套筒永久修复。

（3）电阻焊焊缝缺陷。

当油气管道的电阻焊焊缝处或附近有缺陷时，如果缺陷长度小于其扩展临界值，可采用 B 型套筒永久修复。

（4）电弧烧伤、夹渣。

当油气管道的管体存在电弧烧伤、夹渣时，可采用 A 型套筒、B 型套筒、环氧钢套筒或换管进行永久修复；如果缺陷金属的去除量满足要求，可采用打磨修复。

如果管体缺陷深度<80% t，打磨清理缺陷部位，检测合格后，可采用堆焊或复合材料进行永久修复。

（5）环焊缝缺陷。

油气管道的环焊缝如有表面浅裂纹缺陷时，可采用打磨修复，打磨深度最大为 12.5% 的管体壁厚；当焊缝内有气孔、夹渣、未焊透等缺陷时，应采用 B 型套筒进行永久性修复。

3. 修复作业

1）修复作业流程图

油气管道管体缺陷修复时，应遵守管道维修的 HSE 管理规定。管体缺陷修复作业流程如图 4-4-1 所示。

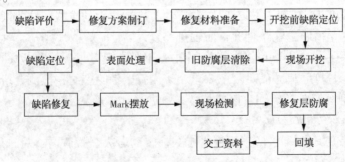

图 4-4-1　管体缺陷修复作业流程

2）缺陷评价

通过检测发现管体存在缺陷时，首先判断缺陷类型；然后对缺陷进行评价，确定是否需要修复；若需要修复，给出修复时间。

3）修复方案制订

参考油气管体不同缺陷类型与修复技术的对应表，结合缺陷管道的实际状况，确定相应的修复方法；根据缺陷信息，制订修复方案。

4）修复材料准备

根据制订的修复方案和厂家提供的修复产品说明书，准备修复材料。

5）开挖前缺陷定位

（1）根据开挖单寻找参考桩，其中开挖单中应至少包括：参考环焊缝编号、缺陷与参考环焊缝距离、缺陷时钟位置、缺陷所在管段及相邻管段相关信息。

（2）采用米尺、测距仪、GPS等设备对缺陷点参考环焊缝地面位置进行定位。

（3）参考环焊缝地面点位确定后，人工开挖查找待修复管段上下游两道环焊缝，通过与给出参考环焊缝时钟比对，确定修复管段的准确性。

（4）参考环焊缝位置核准后，根据开挖工单数据采用米尺测量方式确定缺陷点部位。

6）现场开挖

（1）待修复缺陷管道轴向方向开挖超出缺陷至少500mm，采用复合材料修复管体缺陷时，按修复技术要求开挖。管道两侧至少开挖650mm，管道下方至少开挖500mm。遇管体出现连续缺陷，宜长距离修复，作业坑的开挖长度应根据管道直径、壁厚、材质、输送介质等进行计算确定。作业时应尽量减少接头数量，支撑墩长度宜与作业坑长度相当。

（2）对壁厚减薄≥50%的缺陷，无论缺陷尺寸、面积大小均应采用局部开挖方式，开挖长度超出两侧各挖出1~2m满足管体修复所需作业空间即可。

（3）对于连续长距离缺陷的修复，应采用分段开挖方式，管道悬空长度不超过6m，修复完成后再开挖未修复管段。采用其他方式开挖时，确保悬空管道中部下沉距离低于5mm。管道开挖示意图如图4-4-2所示。

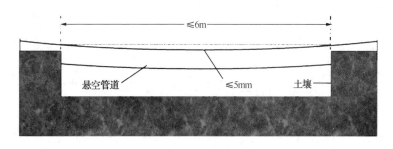

图4-4-2　管道开挖侧向示意图

7）旧防腐层清除

在挖掘之后和修复之前，应将输送管道完全暴露并清理防腐层至裸金属，以使所有的缺陷特征都显现出来。旧防腐层清除方法可采用溶剂清除、动力工具清除、手工工具清除、水力清除等或几种方法联合。清除后的表面应无明显的旧涂层残留，清除过程中不应损伤管体金属。

8）表面处理

表面处理等级按具体修复技术要求执行。

9）缺陷点定位

采用直尺、超声波测厚仪等仪器核查缺陷信息并记录，遇测量结果和检测结果偏差较大时，应根据确认后的缺陷信息调整修复方案。

10）缺陷修复

（1）一般要求。

针对已确定的修复技术和修复方案，进行缺陷修复，并填写管体缺陷与修复记录表（表4-4-2）。

表4-4-2　管体缺陷与修复记录表

管道参数描述			
管线名称		检查站	
管径（mm）		管道最小屈服强度（MPa）	
名义壁厚（mm）		实际壁厚（mm）	
最大操作压力（MPa）		发现缺陷时的压力（MPa）	
运行压力（MPa）		修复时的压力（MPa）	
防腐层类型		防腐层工作条件	
管体缺陷描述			
缺陷类型	缺陷尺寸	缺陷类型	缺陷尺寸
均匀腐蚀缺陷		点蚀缺陷	
凹坑		制造缺陷	
环焊缝缺陷		螺旋焊缝缺陷	
泄漏		盗孔缺陷	
其他缺陷			
管体缺陷修复			
修复方法	备　注		
打磨修复	修复轴向长度 L =＿＿mm；修复环向长度 c =＿＿mm；打磨修复深度 t_r =＿＿mm		
堆焊修复			
补板修复	补板材料：＿＿＿＿＿；补板边长：＿＿mm；补板厚度：＿＿mm		
管帽修复	管帽材料：＿＿＿＿＿；管帽直径：＿＿mm；管帽壁厚：＿＿mm		
A 型套筒修复	套筒材料：＿＿＿＿＿；套筒长度：＿＿mm；套筒厚度：＿＿mm		
B 型套筒修复	套筒材料：＿＿＿＿＿；套筒长度：＿＿mm；套筒厚度：＿＿mm		
碳纤维复合材料修复	修复层厚度：＿＿＿；修复层轴向长度：＿＿mm		
玻璃纤维复合材料修复	修复层厚度：＿＿＿；修复层轴向长度：＿＿mm		
凯夫拉纤维复合材料修复	修复层厚度：＿＿＿；修复层轴向长度：＿＿mm		
机械夹具修复			
换管修复			

记录人：　　　　　　　　　　　　　　　　　　　　　　　年　　月　　日

（2）A 型套筒安装。

A 型套筒的安装步骤如下：

A 型套筒安装前，套筒覆盖的管体表面应清理至近白级，若使用填充材料，填充材料应用于所有缺口、深坑和空隙，套筒应紧密地贴近管体。

套筒安装时，使用链条套在套筒下半部上，每间隔 0.91m 套筒长度应至少安装一个链条，链条有一定的松弛度。

在套筒下半部与链条之间垫上木块，木块放置在套筒下半部的中心位置，通过液压千斤顶拉紧链条，使套筒与管道尽可能地紧密配合。

套筒侧缝焊接可采用搭接角焊双面胶条方法完成，胶条的强度和厚度至少与套筒的相同，胶条采用角焊焊接在套筒上，焊角长度等于套筒厚度，焊接应符合焊接程序规范。

（3）B 型套筒焊接。

B 型套筒焊接步骤如下：

首先进行单 V 形带垫板对接侧缝焊接，焊接时应保证有足够的壁厚，以防止管道焊穿；焊接中保持通风，直至焊接完成。

套筒末端与管道的填角焊接应遵照相应的焊接工艺规程，角焊缝的焊接工艺应当严格地与材料和焊接情况相匹配，确保侧边对接焊缝和无裂缝末端角焊缝的全穿透。

（4）纤维复合材料修复。

① 修复前，应进行性能测试；

② 修复时，应确保纤维复合材料缠绕时与管道表面紧密接触，无任何空隙、死角；

③ 根据确定的修复层总轴向长度，以缺陷部位为中心进行缠绕，确保纤维与管道轴向垂直。

11）MARK 点摆放

为了避免对已经用非焊接修复技术修复过的位置重复评价，施工完成后需要对该位置进行标记。标记采用与管体材质相同的钢材制作。为防止对修复层造成损伤，标识应加工成圆形等无尖锐角状。标记粘贴介质与复合材料固化树脂一致，树脂应涂抹适当的厚度以使钢片与管壁之间无空隙。钢片尺寸为直径 $d=30mm$，厚度 $H \geqslant 3mm$。在修复起点和终点位置都应作上标记。每一处标记包含 2~3 个并排的小圆钢片，沿管道环向分布，间隔 $d/2$。上游位置的标记紧贴修复起点粘贴，终点标记紧贴修复终点粘贴，所有标记应安装在管道正上方。

12）现场检测

修复以后，应进行相应的检测。包括但不限于以下内容：

（1）当打磨是唯一的维修方法时，应通过磁粉探伤或染色探伤检验应力集中是否被去除。

（2）用 10%硫酸溶液检查通过打磨修复的弧形灼伤区域来确保所有的冶金缺陷特征已经被去除。

（3）目视检查所有焊件的工作质量，确保没有明显的缺陷。

（4）所有套筒在焊接前应进行套筒探伤检查以及焊缝外观检查。

（5）套筒角焊缝处的管体应事先进行超声测试壁厚、裂纹和可能的叠片结构，确保角焊缝处有足够的壁厚以防止焊穿。侧焊缝处如果不采用支撑金属带，也应采用超声波测试管体情况。焊接过程中，焊缝根部区域应进行外观检查，确保正确的焊透和熔化。侧/角焊缝焊完后应采用磁粉探伤、染色探伤或超声波技术对焊接进行检测。焊缝的无损检测应在焊接完后 24 小时内完成。

（6）修复后防腐层质量应符合《埋地管道线路外防腐层及保温层技术手册》的规定。对于缠带类防腐层与修复层附着力不低于 8N/cm。每 20 处修复点至少抽查 1 个点，若 1 处不合格，应另选取 2 处再抽查，如仍有不合格，该修复段防腐层全部返修。

（7）对于复合材料修复层固化后，修复层实际粘结面积不应少于设计面积，位置偏差不应大于 10mm。用小锤轻轻敲击修复层表面了解空鼓情况，缺陷位置附近 100mm 内不允许存在空鼓。如整体空鼓率超过 5%，修复层应除去后重新施工，每一处修复点都需要检查。

13）修复层防腐

（1）修复层防腐处理前，应清除所有暴露表面上的铁锈、锈皮、焊渣、焊接飞溅、焊剂、焦层和其他外来金属。

（2）油和油脂可用非油溶剂去除，锐边、毛刺、预焊、电弧灼伤和渣粒可在喷砂处理之前打磨去除。

（3）如果喷砂处理的表面要保持一段时间，就应对其进行特定的涂覆处理；然后，参照涂料数据表进行涂覆，相邻的涂层要逐渐连接，不能有尖锐或突变的边缘。

14）回填

地质较硬地段应将细土、砂、硬土块分开堆放，以利回填。对于弹性敷设的管段，如果管体有较大变形，回填前在应力释放侧全段用干土垒实加固，防止管道进一步变形。防腐和回填具体规定遵照《埋地管道线路外防腐层及保温层技术手册》执行。

15）交工资料

（1）工程信息文件、缺陷信息文件；

（2）缺陷修复记录，包括照片、录像及文字资料，记录缺陷部位、类型、尺寸及修复方法；

（3）质量检查及隐蔽工程验收记录；

（4）修复材料原始产品合格证，施工中的检验报告等；

（5）开工申请报告；

（6）工程变更申请单及批复（如果有）；

（7）实际完成工程与下达计划或合同内容的偏差及其说明（如果有）；

（8）施工总结；

（9）合同中约定的其他资料。

16）施工单位应提供的符合率资料

施工单位应向建设单位提供开挖修复时验证管道外检测、内检测数据的符合率资料，包括但不限于下列资料：

（1）修复层外观描述（破损、龟裂等）；

（2）厚度测试记录；

（3）防腐层与修复层粘结测试记录、剥离情况（如果有）；

（4）管体表面缺陷描述（缺陷类型、尺寸、数量、周向/环向位置）；

（5）修复层与管体粘结测试记录、剥离情况（如果有）；

（6）防腐层与修复层粘结测试记录、剥离情况（如果有）；

（7）其他。

第五节　埋地钢质管道腐蚀防护工程

一、环境调查

从腐蚀防护的角度，埋地钢质管道沿线的环境调查应包括土壤腐蚀性和杂散电流干扰两个方面。在进行腐蚀防护设计之前应首先进行环境调查，而在发现腐蚀防护系统失效前宜进行腐蚀环境调查。

1. 土壤腐蚀性

1）报告检查

土质勘查报告是埋地钢质管道腐蚀防护系统设计的主要依据之一，土质勘查报告中与腐蚀有关的内容应包括：土壤的含水率、pH 值、氧化还原电位、土壤的含盐量、Cl⁻含量、硫化物含量、硫酸盐还原菌和硫酸根离子含量等参数在不同季节的具体数值，并据此对土壤腐蚀性做出评价，指导腐蚀防护系统的设计。

2）土壤电阻率测定

土壤电阻率是划分土壤腐蚀性的判据见表 4-5-1。

表 4-5-1　土壤腐蚀性评价

土壤腐蚀性	强	中	弱
土壤电阻率（Ω·m）	<20	20~50	>50

2. 杂散电流干扰

调查时应确定是否有直流或交流干扰源。直流干扰源有直流电气铁路、电车装置、直流电网、直流电话电缆网络、直流电解装置、电焊机及腐蚀保护装置等；交流干扰源有高压交流电力线路、设施和交流电气化铁路、设施等。杂散电流也可能由其他构筑物的阴极保护系统产生。

二、防腐层保护

1. 适用性审查

（1）防腐层应按照 SY 0007—1999 的规定，根据埋地钢质管道所处的腐蚀环境、地质状况、施工及运行条件等进行选择。

（2）防腐层种类和性能指标应满足设计要求，且绝缘电阻一般应 $\geq 10^4 \Omega \cdot m^2$。

（3）对防腐保温管道、水下管道、沼泽地区管道、用顶管法和定向穿越法敷设的管道、穿过沙漠的管道等在防腐层种类和结构的设计、选择时应有特殊考虑。

（4）在芦苇地带和细菌腐蚀较强的地区，不应使用石油沥青和不耐细菌腐蚀的材料作为防腐层。

2. 材料检验

（1）制造商资质检查。用于制作防腐层、补口补伤的材料和预制钢管防腐层的生产厂都应具有政府或行业组织认可的生产资质。

（2）质量证明文件检查。防腐层和补口补伤用材料应有出厂合格证、产品说明书及性能检测报告。防腐层应有性能测试报告和出厂合格证，其中性能测试报告内容应满足相应产品技术条件或标准的规定。

（3）钢管防腐层检验。

① 外观检查：防腐层表面应无漏涂、气泡、破损、裂纹、剥离和污染。

② 厚度检测：防腐层厚度应不小于设计规定的最小厚度。

3. 过程检验

（1）钢管防腐层复验。在管道安装过程中，检验人员对钢管防腐层质量有质疑并能提供客观证据时，施工单位应暂停使用该批预制管，并请有资质的单位对防腐层性能按照相应产品技术条件或标准的要求进行复验，复验不合格的不能使用。

（2）补口补伤检验。

① 外观检查：每补完一个口或一个伤，操作者应自检，外观如有麻面、皱纹、鼓泡等缺陷，应及时处理。

② 厚度检查：每 20 个口或伤至少抽查 1 个口或伤，每个口或伤上、下、左、右测 4 点，厚度不应低于管体防腐层厚度。采用聚乙烯热收缩套（带）进行补口的除外。

③ 漏点检测：对补伤、补口区进行漏点检测，且不应有漏点。

④ 粘结力检测：按照相应防腐层标准规定的方法和抽查比例进行检测。不合格的不应投用。

（3）下沟前检测：管道下沟前应对防腐层进行 100%的漏点检测，发现漏点应修补。

4. 验收检验

（1）漏点检测：管道回填后，应由有资质的专业人员对管道防腐层进行漏点检测，并标识漏点区域。

（2）资料验收：管道施工单位应向业主提交完整的防腐层、施工文件及各种检验记录、报告等。

三、阴极保护

1. 一般要求

（1）阴极保护的设计应符合 SY 0007—1999 的规定。

（2）埋地钢制管道在阴极保护状态下，用铜/饱和硫酸铜参比电极测得的管地电位至少达到-0.85V 或更负；当土壤中含有硫酸盐还原菌且硫酸根离子含量大于 0.5%时，测得的管地电位至少达到-0.95V 或更负；当土壤电阻率大于 $500\Omega \cdot m$ 时，测得的管地电位至少达到-0.75V。并且，测量时应考虑电解质中 IR 降的影像，以便对测量结果做出正确评价。

（3）最大保护电位应以不损坏防腐层的粘结力为前提。常用管道防腐层的最大保护电位见表 4-5-2。

表 4-5-2　常用防腐层的最大保护电位

防腐层类别	最大允许电位（V）	防腐层类别	最大允许电位（V）
石油沥青	-1.5	聚乙烯	-2.5
环氧粉末	-2.0	环氧煤沥青	-1.5
煤焦油瓷漆	-3.0		

2. 设计审查

（1）设计单位资质检查：埋地钢质管道阴极保护系统的设计单位应具有政府或行业组织认可的设计资质。

（2）设计文件审查：阴极保护系统应根据管道环境调查结果、业主要求和管道防腐层状况进行设计。设计文件应至少包括：设计说明书、安装说明书等。设计说明书中引用的土壤环境数据应与环境调查结果一致。牺牲阳极和辅助阳极的应用选择原则见表 4-5-3 和表 4-5-4。

表 4-5-3　牺牲阳极的应用选择

可选牺牲阳极种类	土壤电阻率（Ω·m）	可选牺牲阳极种类	土壤电阻率（Ω·m）
带状镁阳极	>100	镁（−1.5V）	<40
镁（−1.7V）	60～100	镁（−1.5V）、锌	<15
镁	40～60	锌	<5

注：（1）在土壤潮湿情况下，锌阳极使用范围可扩大到 30Ω·m。

（2）表中电位均相对 $Cu/CuSO_4$ 电极。

表 4-5-4　辅助阳极的应用选择

辅助阳极种类	应用环境
含铬高硅铸铁阳极	盐渍土、海滨土、酸性或硫酸根离子含量较高的土壤
柔性阳极	高电阻土壤和防腐层质量较差、处于复杂管网或地下构筑物的管道
钢铁阳极	一般土壤、高电阻率土壤
高硅铸铁、钢铁、石墨、金属氧化物阳极	一般土壤

3. 材料检验

（1）阴极保护产品。

应控制的阴极保护产品包括：电源设备、辅助阳极、牺牲阳极、参比电极、测试桩、绝缘法兰、接地极、电缆、填包料等。

（2）制造商资质检查：阴极保护产品的供货方应具有政府或行业组织认可的生产资质。

（3）质量证明文件检查：阴极保护产品都应有产品合格证和说明书，对于牺牲阳极、辅助阳极和电源设备还应有性能测试报告。

（4）抽样复验：阴极保护产品的抽样复验应执行相应产品标准的规定。一般情况下，牺牲阳极应对化学成分、接触电阻和电化学性能等进行复验。高硅铸铁辅助阳极应对化学成分及电连接性能等进行抽样复验。填包料应对化学成分进行复验。

4. 过程检验

1）牺牲阳极的安装

牺牲阳极表面应保持洁净、无油污等。其组装和埋设应符合设计要求，埋深应在冰冻线以下且不小于 1m、间距为 2～3m。其与被保护管道之间的连接应牢固。

2）参比电极的安装

参比电极的埋设位置应满足设计要求。用于控制强制电流保护系统电源的参比电极应尽量靠近管道，且选址合理、连接牢固。参比电极的电缆不能紧靠电源电缆，当使用屏蔽电缆时，屏蔽线（层）应一端接地。安装完毕后应经检验人员认可。

3）测试桩的安装

测试桩的埋设位置和其中的连线应符合设计要求，测试桩引线应避免焊在管道弯头部位，测试桩应安装牢固、标识醒目。

4）电源设备的安装

电源设备的安装应按设计和产品说明的要求进行，其中正、负极连线必须正确、牢固，安装在防爆区内的电源设备应满足防爆要求，仪器外壳应接地可靠。阳极汇流点应远离参比电极接地点。安装完毕后应由检验人员认可。

5）辅助阳极的安装

辅助阳极的埋设位置、深度、距被保护管道的垂直距离、回填料、电缆接头的制作、阳极床接地电阻等都应符合设计要求，阳极床接地电阻的检测应由检验人员认可。

6）电缆的敷设

电缆的敷设应符合设计要求，电缆护套应无破损，绝缘性能应良好。

7）绝缘法兰（接头）及接地极的安装

绝缘法兰（接头）的安装应满足设计要求，其不应设置在有可燃气体的封闭场所、热补偿器附近、长期浸泡在水中的位置和气体系统内可能凝聚湿气的地方等。在组装焊接前，应检测绝缘法兰（接头）的绝缘电阻，且应$\geq 2M\Omega$。

绝缘法兰（接头）应有可靠的接地极，以便及时排除雷电和故障电流。接地极的安装应满足设计要求，当接地极为锌阳极时，安装前应检验锌阳极和填包料成分。

8）检查片的安装

检查片的尺寸、数量、重量及表面处理、埋设位置等应符合设计要求，材质应与埋地管道的材质相同，埋设深度应与管道底部相同，且与管道外壁的距离应为$0.3\sim0.8m$。

5. 验收检验

1）投产测试

阴极保护工程在完工之后、正式投用之前，应进行投产测试。强制电流投产测试内容：仪器输出电流、电压、阴极通电点电位、管内电流、阳极地床接地电阻、保护电位等；牺牲阳极投产测试：阳极开路电位、阳极闭路（工作）电位、保护电位、试片自然电位、阳极输出电流、阳极接地电阻等。

2）交工验收

交工资料包括保护系统施工图、隐蔽工程记录（电缆敷设、汇流点、阳极装置、检查片等），阴极保护产品的出厂合格证、性能测试报告和复验报告，投产测试报告、原设计文件及设计变更文件、施工记录等。

管道施工单位应向业主提交完整的交工资料。

第六节　管道穿越公路和铁路施工

一、一般规定

（1）管线穿越公路和铁路时，应尽量垂直，其夹角应接近90°，在任何情况下不得小于30°，穿越位置应避开岩石带和低洼积水处。

（2）穿越管道的管顶距离铁路轨枕下面不得小于1.6m，距离公路路面不得小于1.2m，在路边低洼处管线埋深不得小于0.9m。

（3）带套管穿越时，套管应伸出路基坡脚外2m。

二、顶管法施工

（1）顶管作业坑应选在地面高程较低的一侧，作业坑应有足够的长度和宽度，其深度根据管线穿越深度确定，作业坑底铺设枕木和导轨，导轨作为套管前进的轨道。承受顶管反力的作业坑背面应采取加强措施。

（2）在地下水位高的地段，开挖作业坑应采取有效的降水措施，保证顶管作业正常进行。

（3）顶管作业时，第一节管顶进方向的准确性是关键，应认真加以控制、仔细检查和测量，轴线偏差不超过顶进长度的1.5%。

（4）顶管作业开始后，应连续进行，不宜中途停止。

三、钻孔法施工

（1）在钻孔作业方便的一侧开挖作业坑，在另一侧挖接收坑。作业坑应有足够的长度和宽度，其深度应根据管线穿越深度确定。

（2）在地下水位高的地段，应采取有效的降水措施，保证钻孔作业正常进行。

（3）安装钻机时，钻头和管子必须同心。在钻孔时，对松软土壤，钻头应比主机低1%钻杆长度、对岩石土壤，钻头应比主机低5%钻杆长度。

（4）为保护好管子的外防腐层，在管子前方应焊上保护钢圈。

（5）穿越管道与干线管道应保持同心，穿越管子的允许偏差：上下方向为钻进管子长度的0.5%，左右方向为钻进管子长度的1%。

（6）带套管穿越时，内管穿越后应按设计要求将套管两端封堵，并与干线管道连接。

四、开挖法施工

（1）管道穿越等外公路、乡间土路以及其他不适宜钻孔法和顶管法施工的公路，可采用开挖法施工。

（2）采用开挖法穿越公路时，交通被中断，应根据安全规则，设置路障、栅栏、警卫标志，必要时开通或修筑绕行便道，并设专人指挥交通维护安全。

（3）用机械或人工开挖管沟，沟底应平直，管沟的几何尺寸应符合SYJ 4001—1990第三章的规定。

（4）穿越公路管沟回填土应充分夯实，使其密实度与未开挖的土壤一致，并应按开挖前的结构和质量恢复路面。

五、工程验收

（1）每道工序完成后，建设单位代表或建设单位委托的施工监理应及时检查，认定质量合格后在施工记录上签字。

（2）工程竣工，应由建设单位牵头，会同施工单位和设计单位一起对工程进行全面检查和验收，其内容包括材料的型号、规格、性能指标、管线防腐和焊接质量，管线的穿越位置和埋深，稳管、回填、地貌恢复及护坡工程等。

（3）工程竣工后3个月内，施工单位应向建设单位移交竣工资料，案卷质量应符合石油工业科技档案有关规定，单项或单位工程应提供竣工资料有：

① 竣工图。线路平面走向图及纵断面图。

② 技术资料。工程验交证书或中间交工证书、工程质量评定表、开工和竣工报告、材料质量证明书或检验报告、无损检验统计表、试压和通球记录、隐蔽工程记录、管沟开挖成果表、施工组织设计或施工方案、焊接工艺评定、技术交底和图纸会审记录。

③ 主要管理资料。施工单位资质证复印件、焊工证复印件、工程合同及协议、施工总结、工程预算等。

第二部分　管道技术管理及相关知识

第五章　管道防腐管理

第一节　管道阴极保护管理

一、阴极保护站的日常维护

当阴极保护站使管道全线都达到阴极保护电位以后，就应长期连续工作，为使管线得到有效保护，必须保证阴极保护装置的正常运转，为此，对设备的经常管理和维护是非常重要的。日常维护管理工作应对恒电位仪系统、牺牲阳极系统、阴极保护附属设施等进行定期检查。

1. 一般维护内容

1）恒电位仪系统维护

恒电位仪系统的检查与维护一般包括：

（1）恒电位仪自检是否正常，系统电连接是否正常。

（2）长效参比电极的准确性和稳定性。

（3）辅助阳极地床连接是否完好，阳极接地电阻是否正常。

2）牺牲阳极系统维护

如果管道存在牺牲阳极阴极保护系统，那么也需要了解牺牲阳极系统的完好性和有效性，检查内容一般包括阳极开/闭路电位、组合阳极输出电流、组合阳极联合接地电阻、阳极埋设点土壤电阻率。

3）阴极保护附属设施维护

包括但不限于对下列阴极保护附属设施的调查和测试：绝缘接头（法兰）等电绝缘组件的绝缘性能；排流设施运行状况（排流器接地电阻、排流电流和干扰段排流效果）；各测试桩完好性（测试桩是否丢失、损毁、桩线是否断开等）。

2. 恒电位仪的维护

（1）阴极保护恒电位仪一般都配置两台，互为备用，因此应按管理要求定时切换使用。改用备用的仪器时，应即时进行一次观测和维修。仪器维修过程中不得带电插或拔各插接件、印刷电路板等。

（2）观察全部零件是否正常，元件有无腐蚀、脱焊、虚焊、损坏以及各连接点是否可靠，电路有无故障，各紧固件是否松动，熔断器是否完好，如有熔断，应调查清原因再更换。

（3）清洁内部，除去外来物。

（4）发现仪器故障应及时检修，并投入备用仪器，保证供电，每年要计算开机率。

$$开机率=\frac{全年开机时间(h)-全年停机时间(h)}{全年时间(h)}\times100\%$$

（5）恒电位仪系统检查。记录恒电位仪的控制电位、保护电位、输出电流和输出电压，使用数字万用表在测试端进行测试，判断各仪表是否正常，判断恒电位仪通电点附近是否存在直流杂散电流干扰。

在现场采用万用表对恒电位仪接线板上的输出阳极、输出阴极、零位接阴、参比电极线进行检测，并根据以下方法初步判断仪器是否正常：

① 将万用表置于直流电压挡，正负极分别接参比电极与零位接阴，万用表应显示稳定的管道保护电位。

② 将万用表置于电阻最小挡，正负极分别接输出阴极和零位接阴，万用表显示电阻值应较小。

③ 用万用表置于电阻最大挡，正负极分别连接输出阳极和输出阴极，万用表应显示为不接通，但电阻值不应为无穷大。

（6）恒电位仪输出各项数值综合维修管道工进行记录，并填报至 PIS 系统中，管道工程师负责登录 PIS 系统，检查管道工填报数据与现场数据是否一致，填报是否完全、准确。

3. 阳极地床的维护

（1）阳极架空线：每月检查一次线路是否完好，如电杆有无倾斜，瓷瓶、导线是否松动，阳极导线与地床的连接是否牢固，地床埋设标志是否完好等，发现问题应及时整改。

（2）根据恒电位仪的输出电压、电流计算阳极地床的接地电阻。当接地电阻增大至影响恒电位仪不能提供管道所需保护电流时，应该更换阳极地床或进行维修，以减小接地电阻。

（3）经常检查阳极地床、电缆的埋设，检查表面土壤是否被开挖。

（4）阳极地床的反电动势在 2.0V 左右，如果阳极采用镀锌铁皮进行了预填饱，投产初期，地床电位与管道电位接近，可以实际测量管道、地床的开路电位，计算反电动势。阳极地床的接地电阻为恒电位仪输出电压减去阳极地床反电动势，除以恒电位仪输出电流。

（5）日常测量时，如果发现地床接地电阻明显增大，很可能意味着阳极地床出现故障，可使用寻管仪检测阳极电缆，如果阳极电缆没有问题，那么很可能是部分辅助阳极的阳极电缆断路或损坏。电缆连接点有时也会发生虚接，引起接地电阻增大且不稳定。

（6）如果有部分阳极失效，可以通过测量单支阳极电压场的方式来确认。测量时利用两支参比电极，一支放在远地点，一支放在阳极地床上方。放在阳极地床上方的参比电极每移动 0.5m 或 1.0m 读取一个数据。绘制阳极床电压曲线，工作阳极正上方应该是电压峰。如果没有发现电压峰，说明该阳极出现故障，应当修复或更换。开始该工作之前，应该知道最初的阳极数量和间距。

（7）如果每支阳极都有电缆线引到接线箱，可以测量每支阳极的输出电流，用来判断阳极电缆是否断路。

4. 长效参比电极维护

（1）每月应定期检查长效参比电极的有效性，并采用经校准的便携式参比电极对其进行校准，当差值超过±20mV时，应进行处理或更换。

（2）干旱地区长效参比电极应考虑设补液孔或其他补液措施。

（3）多年冻土区的恒电位仪控制用参比电极应埋在季节性冻土层以下，宜选用防冻型长效 $Cu/CuSO_4$ 参比电极，可使用长效高纯锌参比电极。

5. 测试桩的维护

（1）检查接线柱与大地绝缘情况，电阻值应大于100kΩ，用万用表测量，若小于此值应检查接线柱与外套钢管有无接地，若有，则需要更换或维修。

（2）测试桩应每年定期刷漆和编号，防止测试桩的破坏丢失，对沿线城乡居民及儿童做好爱护国家财产的宣传教育工作。

（3）测试桩的作用是保证与管道的电气连接，因此，连接电缆不能断开。

（4）如果电位测量时发现电位很正，多半是电缆与管道断开，应当尽快修复。

6. 绝缘接头的维护

（1）定期检测绝缘接头两侧管地电位，若与原始记录有差异时，应对其性能好坏做鉴别，如有漏电情况应采取相应措施。可以通过测量绝缘接头两侧的电位来判断绝缘接头的绝缘性能。非阴极保护侧的电位要比保护侧电位正许多。电位差一般为200~500mV，如果电位差小于100mV，应采用其他措施判断接头是否短路。

（2）绝缘接头的作用是阻断电流路径，使其限定在管段。应当对绝缘接头进行检测，保证其具有良好的绝缘性，检测时，要拆掉锌接地电池。

（3）绝缘接头埋地后，不能直接测量绝缘接头电阻，这时，所测量的电阻值主要决定于绝缘接头两侧管道的长度、防腐层状况、土壤电阻率。

（4）可以用土壤电阻率测量仪测量绝缘接头的绝缘电阻。

7. 跨接线维护

跨接线要保证连通，要经常检查其连通性，必要时检查电流大小。

8. 套管穿越的维护

（1）在主管线连头前，测量的主、套管绝缘电阻应大于2MΩ。

（2）主管线连头后，可以通过测量套管、主管电位的方式检测套管是否与主管短路。两者的电位应当有一定偏差，一般在200~500mV。

（3）连头后，可以用土壤电阻率测量仪测量主、套管之间的绝缘电阻，测量仪的电流输出接线柱连接外侧的连接线，电位接线柱连接内侧连接线。

（4）用临时电源、变阻器、电压表、电流表，使电流通过套管和主管道，测量电压降，计算它们之间的电阻，该方法类似于测量阳极电缆的接地电阻(也可以利用接地电阻测量仪进行测试)。

（5）为套管单独施加阴极保护可以减小由于套管短路而对整条管道阴极保护的影响，但无助于套管内部主管道阴极保护的改善。

9. 其他

（1）检查各电气设备电路连接的牢固性，安装的正确性，个别元件是否有机械故障。检查连接阴极保护站的电源导线，以及接至阳极地床、通电点的导线是否完好，接头是否牢固。

（2）检查配电盘上熔断器的保险丝是否按规定接好，当交流回路中的熔断器保险丝被烧毁时，应查明原因后及时恢复供电。

（3）观察电气仪表，在专用的表格上记录输出电压、电流、通电点电位数值，与之前的记录（或值班记录）对照是否有变化，若不相同，应查找原因，采取相应措施，使管道全线达到阴极保护。

（4）应定期检查工作接地和避雷器接地，并保证其接地电阻不大于 10Ω ，在雷雨季节要注意防雷。

（5）搞好站内设备的清洁卫生，注意保持室内干燥，通电良好，防止仪器过热。

二、阴极保护投运前对被保护管道的检查及验收

1. 阴极保护投运前对被保护管道的检查

（1）没有绝缘就没有保护，为了确保阴极保护的正常运行，在施加阴极保护电流前，必须确保管道的各项绝缘措施正确无误。应检查管道的绝缘接头的绝缘性能是否正常，管道沿线布置的设施（如阀门、闸井）均应与土壤有良好的绝缘；管道与固定墩、跨越塔架、穿越套管处也应有正确有效的绝缘处理措施。管道在地下不应与其他金属构筑物有"短接"等故障。

（2）管道表面防腐层无漏敷点，所有施工时期引起的缺陷与损伤，均应在施工验收时使用 PCM 检漏仪或音频检漏仪进行检测，修补后回填。

（3）管道导电性检查；对被保护管道应具有连续的导电性能。

2. 阴极保护投运前对阴极保护施工质量的验收

（1）对阴极保护间内所有电气设备的安装是否符合《电气设备安装规程》的要求，各种接地设施是否完成，并符合图纸设计要求。

（2）对阴极保护的站外设施的选材、施工是否与设计一致。对通电点、测试桩、阳极地床、阳极引线的施工与连接应严格符合规定要求。尤其是阳极引线接阳极地床、管道汇流点接负极，要认真核对，严禁电极接反。

（3）图纸、设计资料齐全完备[1]。

三、阴极保护投投运

（1）组织人员测定全线管道自然电位（该工作要在临时阴极保护拆除 24h 后进行）、阳极地床的自然电位、土壤电阻率、各站阳极地床接地电阻。同时对管道环境有一个比较详尽的了解，这些资料均需分别记录整理，存档备用。

（2）阴极保护站投入运行：按照直流电源（整流器、恒电位仪、蓄电池等）操作程序给管道送电，使管道电位保持在 $-1.25V$ （CSE）左右（土壤电阻率高时，可以将电位设置的更正一些），待管道阴极保护极化一段时间（24h 以上）开始测试直流电源输出电流、电压、通电点电位、管道沿线通电电位等，若个别管段保护电位过低，则需再适当调节通电点电位至全线阴极保护电位达到保护电位为止。

（3）保护电位的控制：各站通电点电位的控制数值，应能保证相邻两站间的管段保护电位（消除 IR 降）达到 $-0.85V$ （CSE）。

（4）当管道全线达到最小阴极保护电位指标后，投运操作完毕。各阴极保护站进入正常连续工作阶段。应在 30 天之内，进行全线近间距的电位测量，以确保管道各点达到阴极保

护规范要求，以后，每 5 年进行近间距电位测量，之间要多次进行测试桩管道通电电位、套管、绝缘接头的电位测量。

四、电位测量

1. 测量基本要求

（1）所有测量连接点应保证电接触良好。测量导线应采用铜芯绝缘软线；在有电磁干扰的地区（如高压输电线路附近），应采用屏蔽导线。

（2）测量仪器应按使用说明书的有关规定操作。

（3）测量采用地表参比法时在环境温度在 0℃ 以上可采用饱和 $Cu/CuSO_4$ 参比电极，气温低于 0℃ 时宜采用抗冻型饱和 $Cu/CuSO_4$ 参比电极或锌参比电极（纯度不小于 99.995%）。锌参比电极相对饱和 $Cu/CuSO_4$ 参比电极的电位值是 $-1118 \sim -1083mV$。

（4）高寒冻土区阴极保护电位的测量宜在电位测试桩附近埋设长效参比电极测量。

自然电位测量与通电保护电位测量方式相同，不同为在阴极保护系统停机 24h 进行。保护电位测量在综合维修管道工中有详细说明，本书不再描述。

2. 断电电位（瞬时断电电位）

1）适用性

本方法不适用于保护电流不能同步中断（多组牺牲阳极、牺牲阳极与管道直接连接、存在不能被中断的外部强制电流设备）或受直流杂散电流干扰的管道。本方法测得的断电电位（U_{off}）是消除了由保护电流所引起的 IR 降后的管道保护电位。

2）测量步骤

（1）在测量之前，应确认阴极保护正常运行，管道已充分极化。

（2）测量时，对测量区间有影响的阴极保护电源应安装电流同步中断器，并设置合理的通/断周期，同步误差小于 0.1s。合理的通/断周期和断电时间设置原则是：断电时间尽可能的短，但又应有足够长的时间在消除冲击电压影响后采集数据。断电期不宜大于 3s。

（3）将硫酸铜电极放置在管道上方地表的潮湿土壤上，应保证硫酸铜电极底部与土壤接触良好。

（4）将电压表调制事宜的量程上，读取数据，读数应在通/断电 0.5s 之后进行。

（5）记录下通电电位（U_{on}）和断电电位（U_{off}），以及相对于硫酸铜电极的极性。所测得的断电电位（U_{off}）即为硫酸铜电极安放处的管道保护电位。

（6）如果对冲击电压的影响存在怀疑时，应使用脉冲示波器或高速记录仪对所测结果进行核实。

3. 密间隔电位（CIPS）

1）适用性

本方法适用于对管道阴极保护系统的有效性进行全面评价。本方法可测得管道沿线的通电电位（U_{on}）和断电电位（U_{off}）。

本方法不适用于保护电流不能同步中断（多组牺牲阳极、牺牲阳极与管道直接连接、存在不能被中断的外部强制电流设备）的管道，以及破损点未与电解质（土壤、水）接触的管段。另外，下列情况会使本方法应用困难或测量结果的准确性受到影响：

（1）管道处防腐层导电性很差，如铺砌路面、冻土、钢筋混凝土、含有大量岩石回填物。

（2）剥离防腐层或绝缘物造成电屏蔽的位置。

2）测量步骤

（1）测量简图，如图 5-1-1 所示。

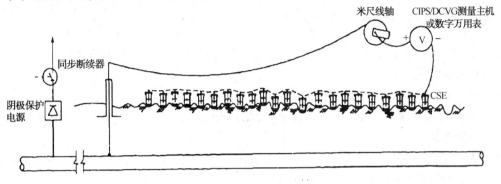

图 5-1-1　CIPS 测量简图

（2）在测量之前，应确认阴极保护正常运行，管道已充分极化。

（3）按要求安装电流同步器和设置合理的通/断周期，根据具体所用阴极保护电源设备和测量仪器的不同，典型的通/断周期设置宜为：通电 800ms，断电 200ms 或通电 4s，断电 1s 或通电 12s，断电 3s。

（4）将长测量导线一端与 CIPS/DCVG 测量主机连接，另一端与测试桩连接，将一支硫酸铜电极与 CIPS/DCVG 测量主机连接。

（5）打开 CIPS/DCVG 测量主机，设置为 CIPS 测量模式，设置与同步中断器保持同步运行的相同的通/断循环时间和断电时间，并设置合理的断电电位测量延迟时间，典型的延迟时间设置宜为 50~100ms。

（6）当采用数字万用表时，按照前面介绍的测量步骤进行测量。

（7）测量时，利用探管仪对管道定位，保证硫酸铜电极放置在管道的正上方。

（8）从测试桩开始，沿管道管顶地表以密间隔（一般是 1~3m）逐次移动硫酸铜电极，每移动一次就记录一组通电电位（U_{on}）和一组断电电位（U_{off}），直到达到前方一个测试桩。按此完成全线的测量。

（9）同时应使用米尺、GPS 坐标测量或其他方法，确定硫酸铜电极安放的位置，应记录沿线的永久标志、参照物等信息，并应对通电电位（U_{on}）和断电电位（U_{off}）异常位置处作好标志与记录。

（10）某段密间隔测量完成后，若当天不再测量，应通知阴极保护站恢复为连续供电状态。

3）数据处理

（1）将现场测量数据输入计算机中，进行数据处理分析。

（2）对每处的通电电位（U_{on}）和断电电位（U_{off}），分别取其算术平均值，代表该测量点的通电电位（U_{on}）和断电电位（U_{off}）。

（3）以距离为横坐标、电位为纵坐标分别绘出测量段的通电电位和断电电位分布曲线图，在直流干扰和平衡电流影响可忽略不计的地方，断电电位曲线代表阴极保护电位分布曲线。

五、杂散电流干扰测试

1. 埋地钢质管道交流干扰测量方法

1）一般规定

（1）对已建管道交流杂散电流腐蚀现场测量的主要参数是：管道交流干扰电压、保护电位和土壤电阻率。如果安装了检查片，所测参数还应包括检查片交流电流密度。

（2）测量仪表

① 测量仪表应具有防电磁干扰性能。

② 测量仪表及测量导线应符合 GB/T 21246 的相关规定。

（3）参比电极

① 参比电极可采用钢棒电极、硫酸铜电极。采用钢棒电极时，其钢棒直径不宜小于16m，插入土壤深度宜为100m。

② 参比电极设置处，地下不应有冰层、混凝土层、金属及其他影响测量的物体。

③ 土壤干燥时，应浇水湿润地面。

（4）测量工作的安全守则应符合 GB/T 21246 的相关规定。

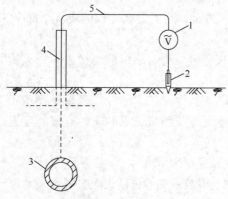

图 5-1-2　管道交流干扰电压测量接线图
1—数字万用表；2—参比电极；
3—埋地管道；4—测试桩；5—测试导线

2）管道交流干扰电压测量

（1）管道交流干扰电压测量时，对短期测量可使用交流电压表，对长期测量应使用存储式交流电压测试仪。

（2）测量步骤。

① 将交流电压表与管道及参比电极相连接，接线方式，如图 5-1-2 所示。

② 将电压表调至适宜的量程上，记录测量值和测量时间。

（3）数据处理。

① 测量点干扰电压的最大值、最小值，从已记录的各次测量值中直接选择。平均值按照下式计算：

$$U_p = \frac{\sum_{i=1}^{n} U_i}{n} \qquad (5-1-1)$$

式中　U_p——规定测量时间段内测量点交流干扰电压平均值，V；

$\sum_{i=1}^{n} U_i$——规定测量时间段内测量点交流干扰电压有效值的总和，V；

n——规定测量时间段内读数的总次数。

② 绘制出测量点的电压—时间曲线图。

③ 绘制出干扰管段的平均干扰电压—距离曲线，即干扰电压分布曲线图。

3）交流电流密度测量

（1）检查片安装。

① 对于管线详细测试，可使用裸露面积为 100m² 的便携式棒状探头。将便携式棒状探

头插入靠近管道的土壤内，并通过测量电缆与管道电连通，保持与管道相同的阴极保护和交流干扰状态。

② 对用于监测及评估管道运行期间交流腐蚀影响的测量，应使用腐蚀检查片组，其中应至少有一个检查片通过测量电缆与管道电连通，保持与管道相同的阴极保护和交流干扰状态。检查片与管道的净距约 0.5m，检查片除裸露面积为 $100m^2$ 的金属表面外，其余部位应做好防腐绝缘。

（2）测量步骤。

① 将交流电流表串入回路与管道及挂片相连接，连接方式，如图 5-1-3 所示。

② 将交流电流表调至适宜的量程上，记录测量值和测量时间。

（3）数据处理。

将直接测量获得的交流电流值（I_{AC}）除以检查片裸露面积即为交流电流密度值（J_{AC}）。

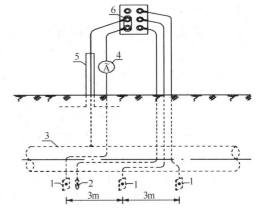

图 5-1-3 交流电流密度测量接线图
1—腐蚀检查片；2—长效硫酸铜参比电极；
3—埋地钢质管道；4—交流电流表；
5—测试桩；6—铜质连接片

2．埋地钢质管道直流干扰测量方法

1）一般规定

（1）主要测量仪器。

① 主要测量仪器及基本规格应满足表 5-1-1 要求，并应符合 GB/T 21246 的有关规定。

表 5-1-1 主要测量仪器基本要求

名称	基本规格要求	主要用途
存储式电压记录仪器	量程：直流±40V，交流 300V；准确度：0.5%；输入阻抗：≥10MΩ	电位、电位差、土壤电位梯度测量
数字式电压表	量程：直流±40V，交流 300V；准确度：0.5%；输入阻抗：≥10MΩ	电位、电位差、土壤电位梯度测量
模拟式电压表	量程：直流±40V，交流 300V；准确度：2.5%；输入阻抗：≥100kΩ；零点在表盘中间	电位、电位差、土壤电位梯度测量
电流表	量程：10A；准确度：2.5%；输入阻抗：小于被测电流回路总电阻的 5%	干扰电流、排流电流测量
直流电位差计	量程：1000mV；准确度：0.5%	干扰电流测量
接地电阻测试仪	量程：100Ω；准确度：±5%	土壤电阻率、接地电阻测量
防腐层检漏仪	检漏精度：≤1mm²；水平定位精度：≤5cm	防腐层缺陷点检测
标准电阻	阻值：0.1Ω，准确度 0.02%	排流电流测量

② 仪器应具有防电磁干扰性能。

③ 当测试管道、铁轨的纵向电压降及电位梯度时，仪器的分辨离不应大于 1mV。

④ 为满足干扰测试的特殊要求，宜选用存储式记录仪器。

⑤ 可满足长时间连续测量的需求。

（2）参比电极的使用应符合下列要求：

① 可使用铜—饱和硫酸铜电极（代号 CSE）作为参比电极，铜—饱和硫酸铜电极应符合 GB/T 21246 的有关规定。

② 测量管地电位时，参比电极应置于被测埋地金属体的正上方，每次测试参比电极位置应保持一致。

③ 参比电极设置处，地下不应有冰层、混凝土层、金属体及其他影响测试结果的物体。

④ 土壤干燥时应浇水湿润地面，地表土壤冻结时可浇热水化冻土壤。

⑤ 电位梯度测试前，应选择参比电极，用于同一方向的两只参比电极之间的电极电位偏差不大于 1mV。

⑥ 长时间连续测量前，应检查电极的密封性。

（3）为进行干扰的识别和评价，需要测试管道无干扰状态下的自然电位。应在干扰源处于非工作状态并保证管道充分去极化的条件下直接测试；当不具备这一条件时，也可采用极化探头和现场埋设试片等特殊方法测试。

（4）所有测试连接点必须保证电接触良好。

（5）在电磁干扰严重的环境中，应采取防干扰措施。

（6）干扰防护系统关闭状态下的管地电位和管间电位差等测试作业时，应待阴极保护和排流保护等防护设施关闭 24h 后进行。

（7）干扰防护系统运行状态下的管地电位和管间电位差等测试作业时，应待阴极保护和排流保护等防护设施稳定运行 24h 后进行。

2）管道侧的测试

（1）管地电位测试。

管地电位测试接线应符合图 5-1-4 的规定。

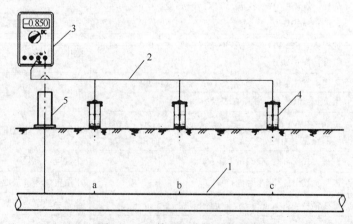

图 5-1-4　管地电位测试接线图

1—管道（被测体）；2—测试导线（多股铜芯塑料软线）；

3—电压表；4—参比电极；5—测试桩

数据处理步骤按以下要求进行：

① 对于每个测试值按下式计算管地电位相对于自然电位的偏移值（简称电位偏移值）：

$$\Delta U = U - U_0 \tag{5-1-2}$$

式中　ΔU——电位偏移值，V；

U——管地电位测量值，V；

U_0——管道自然电位，V。

② 从所有的电位偏移值中选择最大值和最小值；

③ 管道电位正、负向偏移值的平均值按下式计算：

$$\overline{U}(\pm) = \frac{\sum_{i=1}^{n} \Delta U_i(\pm)}{n} \tag{5-1-3}$$

式中　$\overline{U}(\pm)$——规定的测试时间段内管地电位正、负向偏移值的平均值，V；

$\sum_{i=1}^{n} \Delta U_i(\pm)$——分别计算的管地电位正、负向偏移值的总和，V；

n——规定的测试时间段内全部读数的总次数。

④ 建立直角坐标系，纵轴表示电位、横轴表示时间，将某一测试点在规定测试时间段内的各次电位测试值计入坐标中，绘制成该测试点的电位—时间曲线；将电位测试值换成电位偏移值则绘制成电位偏移值—时间曲线。

⑤ 建立直角坐标系，纵轴表示电位、横轴表示距离，将各测试点的正、负电位偏移值的平均值和最大值、最小值计入坐标中，绘制成某一干扰管段的电位偏移值—距离曲线，即电位偏移值分布曲线。

（2）地电位梯度与杂散电流方向的测试应符合以下要求：

① 地电位梯度及杂散电流方向测试接线应符合图5-1-5规定，图中，ac与bd的距离相等，且垂直对称布设，其中ac或bd应与管道平行，电极间距一般不宜小于20m。当受到环境限制时可适当缩短，应使电压表有明显的指示。

② 应同时读取电压表A和B的数值（U_A和U_B）。

③ 应按照电压测试值的正负将读数分成$[U_{A(+)}, U_{B(+)}]$、$[U_{A(+)}, U_{B(-)}]$、$[U_{A(-)}, U_{B(+)}]$与$[U_{A(-)}, U_{B(-)}]$4种读数组合，再分别计算4种读数组合中的$U_{A(+)}$，$U_{A(-)}$，$U_{B(+)}$与$U_{B(-)}$的平均值。以计算某种读数组合中$U_{A(+)}$的平均值为例，其公式为：

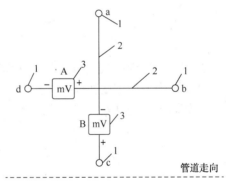

图5-1-5　地电位梯度及杂散电流方向侧视图
1—a，b，c和d四支铜—饱和硫酸铜参比电极；
2—测试导线（多股铜芯塑料软线）；
3—A和B两块电压表

$$\overline{U}_{A(+)} = \frac{\sum_{i=1}^{n} \Delta U_{Ai(+)}}{n} \tag{5-1-4}$$

式中　$\overline{U}_{A(+)}$——某种读数组合中$U_{A(+)}$的平均值，V；

$\sum_{i=1}^{n} \Delta U_{Ai(+)}$——某种读数组合中$U_{A(+)}$的测试值的总和，V；

n——规定的测试时间段内全部读数的总次数。

123

④ 建立直角坐标系，使其纵、横两轴分别与图5-1-25的 ac 和 bd 相对应。将计算出的4种读数组合的平均值分别记入坐标中，然后利用矢量合成法，分别求出矢量和。

⑤ 地电位梯度及杂散电流方向测试测得的数值或经数据处理后的测试值，分别除以各自对应的参比电极间距(以 m 为单位)，即为电位梯度。

⑥ 沿着某一干扰段选取几个地点，重复进行电位梯度及杂散电流方向测试及数据处理，通过几个测试点的电位梯度的大小和方向，判断杂散电流源的方位。

⑦ 单独测试地电位梯度时，参比电极的间距可减小，但应保证两只参比电极之间的电极电位偏差不会影响测试结果的准确性。

（3）管轨电压的测试应符合以下要求：

① 管轨电压的测试接线应符合图5-1-6规定。

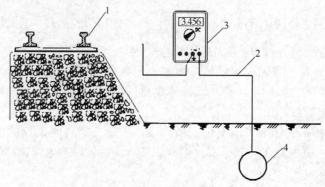

图5-1-6　管轨电压的测试接线图
1—铁轨；2—测试导线(多股铜芯塑料软线)；3—电压表；4—管道

② 管轨电压的测试数据处理，应符合下列规定：

③ 应从所有的测试数据中选择最大值和最小值；

④ 管轨电压的平均值应按下式计算：

$$\overline{U}_{PR} = \frac{\sum\limits_{i=1}^{n} \Delta U_{PRi}}{n} \tag{5-1-5}$$

式中　$\overline{U}_{PR}$——规定的测试时间段内管轨电压的平均值，V；

$\sum\limits_{i=1}^{n} \Delta U_{PRi}$——管轨电压测试值的总和，V；

n——规定的测试时间段内全部读数的总次数。

⑤ 建立直角坐标系，纵轴表示电压，横轴表示时间，将某一测试点在规定测试时间段内的各次管轨电压测试值记入坐标中，绘制成该测试点的管轨电压—时间曲线。

（4）管道电流的测试。

① 在被干扰管道上选取 A 和 B 两段长度相同的电流测量管段，且 A 和 B 两管段之间的距离不宜小于每个测量管段长度的20倍，并应按 GB/T 21246《埋地钢质管道阴极保护参数测量方法》的规定同时测量 A 和 B 两处管段的管道电流。

② 流入或流出 A 和 B 间管段的电流用下式计算：

$$I = I_A - I_B \tag{5-1-6}$$

式中 I——流入或流出 A 和 B 间管段的电流，A；

I_A——A 处管道电流，A；

I_B——B 处管道电流，A。

3）干扰源的测试

（1）铁轨对地电位测试应符合下列规定：

① 铁轨对地电位（简称轨地电位）的测试接线应符合图 5-1-7 规定。

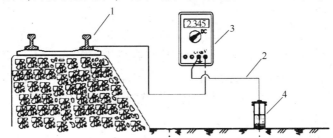

图 5-1-7 轨地电位测试接线图

1—铁轨（被测体）；2—测试导线（多股铜芯塑料软线）；3—电压表；4—参比电极

② 铁轨对地电位测试数据处理应符合上部分管轨电压的测试规定。

（2）铁轨电流及其漏泄电流的测试应符合下列规定：

① 铁轨电流及其漏泄电流的测试接线应符合图 5-1-8 规定。图中 a 和 b 两点间 L 应以使电压表有明显指示为限。

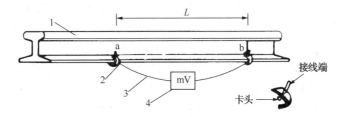

图 5-1-8 铁轨电流测试接线图

1—铁轨；2—接线金属夹具两只；3—测试导线（多股铜芯塑料软线）；4—电压表

② 应按上部分管轨电压的测试规定计算 a 和 b 两点间电压平均值，铁轨中的电流按照下式计算：

$$I = \frac{U}{rL} \tag{5-1-7}$$

式中 I——铁轨电流，A；

U——a 和 b 两点间电压平均值，V；

r——单位长度铁轨纵向电阻，Ω/m；

L——a 和 b 两点间距离，m。

③ 在铁轨上选取 A 和 B 两处，且 A 和 B 之间的距离不宜小于上部分交流电流密度测量中长度的 20 倍，在 A 和 B 两处同时进行铁轨杂散电流的测试，A 和 B 间铁轨漏泄电流用下式计算：

$$I = I_A - I_B \tag{5-1-8}$$

式中　I——A 和 B 间铁轨漏泄电流，A；

　　　I_A——A 处铁轨电流，A；

　　　I_B——B 处铁轨电流，A[16]。

六、管道阴极保护系统异常情况分析与应对

1. 阴极保护系统常见故障

1) 管道漏电故障

在阴极保护站投入运行，或牺牲阳极保护投产一段时间后，出现在规定的通电电位下，输出电流增大，管道保护距离却缩短的现象，或者在牺牲阳极系统中，牺牲阳极组的输出电流量增大，其值已超过管道的保护电流需要，但保护电位仍达不到规定指标的现象。发生上述情况的原因，主要是被保护金属管道与未被保护的金属结构"短路"，这种现象称为阴极保护管道漏电，或者叫做"接地故障"。

接地故障使得被保护管道的阴极保护电流流入非保护金属体，在两管道的短接处形成"漏电点"，这就会造成阴极保护电流的增大，阴极保护电源的过负荷和阴极保护引起的干扰。

2) 阴级保护回路断路

阳极地床断路、阴极开路、零位接阴断路都会导致阴极保护不能投保。判断阳极地床连接电缆断路时，可采用测量输出电流的方式，将恒电位仪开启，在恒电位仪阳极输出端串上一电流表，如果电流为零，则说明有断路现象。测量阳极电缆的自然电位，如果电位值在 0.10V 左右，则可能是阳极电缆断路。在阳极电缆与地床阳极接线处应设置接线用水泥井或标志。

3) 原因分析

(1) 施工不当，交叉管道间距不合规范，即当两条管道一条为阴极保护管道，另一条为未保护的管道交叉时，施工要求应保持管道间的垂直净间距不小于 0.6m，并在交叉点前后一定长度内将管道做特别绝缘，如果施工时不严格按照上述规定去做，那么在管道埋设一段时间后，在土壤应力的作用下，管道相互可能搭在一起，会造成防腐层破损，金属与金属的相连，形成漏电点。

(2) 绝缘接头失效或漏电，绝缘接头质量欠佳，在使用一段时间后绝缘零件受损或变质，使法兰不再绝缘，从而使得两法兰盘侧不再具有绝缘性能，阴极保护电流也就不再有限制，或者是输送介质中有一些电解质杂质使绝缘接头导通，不再具有绝缘性能。从上述原因看，漏电点只可能发生在保护管道与非保护管道的交叉点，或保护管道的绝缘接头处，因此查找漏电点就带有上述局限性。但如果地下管网复杂，被保护管道与多条管线有交叉穿越，则使得漏电点的查找困难，常常要根据现场实际情况，反复测量、多方位检查并综合判断才能找到真正的漏电故障点。

(3) 金属套管穿越处短路：当采用金属套管作套管穿越公路、河流时，经常会发生套管与主管短路。该短路不仅会浪费大量阴极保护电流，还会造成套管内部主管道得不到阴极保护，即电流屏蔽。在日常管理中，要经常检查套管与主管道的绝缘情况，可采用测量套管、主管电位的方式进行判断。有些套管加了阴极保护，测量时，要拆除套管阴极保护电缆，套管加阴极保护后，能够对套管施加保护，但如果套管与主管短路，也无助于套管内部主管阴

极保护的改善，但可以改善套管两侧主管道的保护。

（4）管道与接地网短路：不论是在阀室还是在泵站，出于电气设备防雷接地的需要，设备上通常都装有防雷接地，防雷接地线与镀锌扁铁接地极相连。正确的设计应当是采用牺牲阳极，如锌阳极做接地极，或在接地线与接地极之间加装防雷隔离器，以保证正常状态下，管道和接地极是断路的。但实际工程上，往往会出现接线错误或防雷隔离器短路的情况，这不仅耗费大量阴极保护电流，还会造成一段管道欠保护。

（5）管道与接地网短路：判断接地极与管道是否短路，可采用测量电位的方式，利用参比电极分别测量管道和接地极的电位，短路的接地极电位和管道电位是一样的。或测量接地极及管道之间的电位差。如果两者之间电位差为零，则可以判断，接地网与管道短路。

2. 恒电位仪常见故障

恒电位仪常见故障及处理方法见表5-1-2。

表5-1-2 恒电位仪常见故障及处理方法

序号	故障现象	故障原因	处理方法
1	恒电位仪无电，电源指示灯不亮	主电源断路器跳闸；电源熔断器熔断；指示灯损坏	检查设备是否有短路，然后合闸；更换熔断器或指示灯
2	恒电位仪输出电压、电流达到最大；C1电位指示下降	绝缘法兰短路；或与其他地下金属结构物短路；参比电极损坏	修复短路的绝缘法兰，断开地下金属构筑物；检查参比电极测量线或更换参比电极
3	恒电位仪噪声增大	机箱摆放不平；主继电器接触不良；主变压器、滤波电抗器螺栓松动	机箱垫平；更换主继电器；拧紧松动螺栓
4	恒电位仪故障灯亮	测试转换跳动；阳极或阴极汇流电缆开路；参比电极电缆开路或参比电极失效	按复位按钮；检查阳极或阴极汇流电缆；检查参比电极电缆或更换参比电极
5	控制电位正常，保护电位高或满幅，输出电压、电流为零	外部故障，可能是参比电极电缆或零位接阴电缆断路，也可能是参比电极损坏，失效或流空	分次进行检查排除
6	控制电位正常，保护电位低，接近自然电位，输出电流为零，输出电压高或满幅	外部故障，最可能是阴极电缆或阳极电缆断接，较少可能是端子锈蚀、虚接或通电点脱落，更少可能有阳极锈断（对运行多年管道可能相对增大）	应确定恒电位仪输出保险器良好
7	控制电位正常，保护电位偏离控制，误差大，输出电压电流正常（随控制调节同步变化）	比较放大器电路平衡失调；外部故障	检查调整，调整不能恢复则有元器件不良，检查排除后进行电路调整；由参比电极特性不良所致，进行更换
8	控制电位正常或不正常（不正常多表现与调节不同步），保护电位低，接近自然电位，输出电压、电流为零	恒电位仪内部故障	须对电路元件、部件，与电路有关的端子、插件、掉线等进行检查和排除

第二节 管道防腐层管理

为使金属表面与周围环境隔离，以达到抑制腐蚀的目的，覆盖在金属表面的防腐层必须完整有效。按照中国石油管道公司E版体系文件《管道线路防腐层管理规定》要求，每年应对管道防腐层进行地面检漏，对重点管段进行加密检测，为此，各分公司在春季（或秋季）对管道防腐层开展检查工作。

一、管道防腐层检测计划编制

为顺利完成管道防腐检测工作，管道工程师应在开始工作前，编制检测工作计划，以便指导管道工完成检测工作的全过程，并记录所需数据。

1. 检查计划内容

管道防腐层检测计划应包括但不限于以下内容：

（1）检测时间安排。

（2）检测人员安排。

（3）检测管道范围，需明确必须进行检测的重点管段，包括管道补口处、热煨弯头、冷弯弯管、管道固定礅处、管道跨越处、管道穿越处、隧道内的管道、输送介质温度超过40℃的管段等。管道检测的长度根据各分公司安排，需符合中国石油管道公司E版体系文件要求长度。

（4）检测实施方法、使用仪器。

（5）检测数据记录表格见表5-2-1。

表5-2-1 检测数据记录表

管道外防腐层地面检漏记录							
序号	管道位置	信号电流（mV）	管道埋深（m）	地貌	测试时间	信号源位置	土壤电阻率	备注

（6）开挖检测点位置确定、记录开挖检测数据见表5-2-2。

表5-2-2 探坑开挖记录

开挖日期	开挖位置	管道埋深	土质	地表电位（V）	沟底电位（V）	防腐层类型	外观描述	粘结力	厚度	电火花检漏	粘结或剥离情况	管体表面缺陷描述

2. 检测数据管理

（1）检测期间采用手写方式记录检测数据，记录填写要及时、真实、内容完整、字迹清晰，不得随意涂改。未发生的栏目在空档内打"／"。

（2）为便于后续处理，检测记录应按时间排序管理。

（3）现场检测工作完成后，应将记录输入计算机制作电子表格保存。

（4）检测工作完成后，管道工程师应将电子数据及纸质数据一并存档。

3. 撰写检测报告

各站管道工程师负责分析本站防腐检测数据，根据检测结果及日常管理记录，编制防腐层检测报告，报告中应包括但不限于以下内容：阴极保护系统设施运行状况分析、阴极保护有效性分析、防腐层状况分析、防腐层质量差管段情况说明、检测数据、管道防腐维修建议。

二、管道定位、埋深检测

1. 准确测量的要求条件

（1）用 PCM+ 检测仪的 ELF 挡探测的定位电流低于 15mA 时，PCM+ 读数将不准确；

（2）用 PCM+ 检测仪的 LF 挡探测的定位电流低于 2mA 时，PCM+ 读数将不准确。

2. PCM+ 发射机连接

（1）接地棒接地电阻越小越好（因为发射机限制输出电压，当接地电阻比较大时，电流输出很可能达不到设定。

（2）不管使用什么样的接地，接地电阻必须小于 20Ω，以保证发射机的正常电流输出。

（3）接地点要与被测管线相距至少 25m。

（4）白色线连接到管道线上；绿色线连接到阳极线上（注意：把管道连接线和阳极连接线从整流器接线柱上断开。如果不从整流器断开，PCM 信号将很不稳定，也可能损坏发射机）。

（5）将 PCM+ 发射机连接到绝缘接头处时。白色线接到要测量管道的那边，绿色线接到另一边作为地线（注意：确定管道的走向是相反方向的。如果连接的管道是同方向的，测试结果将会受到影响）。

3. 基本探测程序

（1）按开关键，启动接收机。

（2）按频率键，选择与发射机对应的频率。

（3）按定位模式键，选择定位模式。初步查找选用谷值模式，精确定位选用峰值模式。

（4）扫描，查找管线信号。

（5）原地转动接收机确定管线走向。

（6）横切管线，来回移动接收机精确定位管线。

（7）在管线正上方，接收机显示较准确的管线深度值。

（8）长按键电流测量键（定位模式键）至少 4s，进入电流测量模式，开始测量 4 Hz 电流强度。4s 后松开电流测量键，条形图显示电流测量进度，随后显示出 4 Hz 电流值、电流方向和 SAVE（存储功能）及已用的存储号。

（9）电流测量完成后，若不按存储键或者取消键，接收机进入实时测量 4Hz 电流模式，实时显示当前测点的 4Hz 电流强度。按存储键或者取消键方可退出。

（10）若对 4Hz 电流的测量精度满意，准备将测量值存储在接收机内存中，请按存储键（向上增益键）。随后显示屏显示 LOG（存储）、当前存储号和电流值、电流方向，存储完毕后，再次按存储键确认，返回定位模式。

（11）若对4Hz测绘电流的测量精度不满意，不准备存储测量数据，按取消键（向下增益键），返回定位模式。

4. 精确定位目标管线

精确定位包括管线的位置和走向两个方面。精确定位是深度测量以至管线电流测量的重要基础。深度测量及电流测量的数据均受管道定位精度的影响。

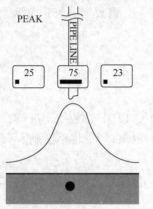

图 5-2-1　接收机峰值定位模式

5. 峰值定位模式

用向上或向下增益键调节信号增益，将接收机的条形图信号置于中间位置。整个测量过程需调整增益，使条形图信号保持在可观察范围以内。如图 5-2-1 所示。

检测时：

（1）接收机的锋面保持垂直并贴近地面。

（2）横切管线来回移动接收机，寻找信号的较大响应点。

（3）在信号峰值点以接收机为轴原地转动接收机。

（4）出现较小信号响应时，接收机锋面与管线走向平行，由此确定管线走向。再转动90°，出现信号峰值。

（5）接收机锋面垂直于管线，来回移动接收机，精确定位峰值点—管线中心点。

（6）作出实地标志。

6. 谷值定位模式

在峰值点，将接收机定位模式设置为谷值定位模式。根据左右箭头指示，在管道正上方找到信号的最小响应点，如图 5-2-2 所示。

如果谷值点与峰值点重合，说明已精确定位管道；如不重合，说明定位有误差。两种方法定出的位置都偏离在管道的真实位置一侧，管道准确位置应该接近峰值点。

存在平行管线或闸阀时，对峰值点和谷值点会产生影响。当峰值点与谷值点的位置偏差在 15cm 以内，说明测量结果是可以接受的。否则，说明该点磁场发生畸变，应选择另外的地点测量管线电流。

在搜索管线的分支或转折时，应采用圆周搜索法扫描整个区域。将接收机增益键开至50%左右，在该区进行加密测量。此时请注意接收机测量方向，并切记不要将接收机锋面与管道平行。

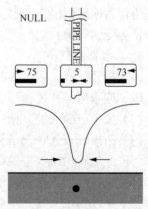

图 5-2-2　接收机谷值定位模式

7. 深度测量与管线电流测量

进行深度测量和管线电流测量时，接收机应位于管线正上方，并与管线走向垂直。可在除 Power 频率外的所有频率进行深度测量。电流测量频率包括：ELF，LF，CPS，8K。

测深时请务必注意，接收机必须放在管道垂直90°上方。这点非常重要。在斜坡上测量时，应矫正磁力仪的角度。

注意：4Hz 管线电流的测量精度取决于深度测量的精度。在管线的 T 形分支、接头、转折或变深点处，管线磁场会产生畸变，应避免在这些点附近进行电流测量。

8. 管线电流测量

当发射机电流施加到埋地的良导体管线时，在管线周围会产生与该电流成正比的交变磁场。当用接收机在地面上测得该磁场后，经过处理，就可精确测定管线电。

PCM+的核心部分是发射机提供一近似直流信号的4Hz电流信号作为探测的信号源。这个超低频的近似直流信号的交流信号在管道上的电流衰减特征与施加在管道上的阴极保护系统电流特征实质上是一致的。

PCM+接收机带有一个高精度高性能的磁力仪（传感器），它能够以非接触方式测出很低频率的交变磁场。先进的信号处理技术，使接收机能做到只要按键即可测得该近于直流的电流及其方向。数据存储功能可保存这一随距离而衰减的电流其数值及其对应关系，并可下载到PC机或PDA中。电流检测，如图5-2-3所示。

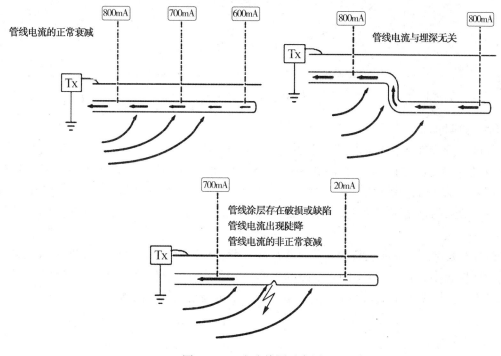

图 5-2-3 电流检测示意图

图5-2-3的所有箭头都是指流向发射机的电流方向。箭头的长度则反映电流的相对强度。

PCM+发射机输出电流施加到管线上，管线电流的强度随远离发射机的距离而衰减，其衰减程度取决于管道涂层状况、土壤电阻率和管道电阻。

PCM+接收机对不同深度的电流读数进行补偿处理，不同深度点的管线电流始终保持恒定且不受管道埋深变化的影响。

当管线出现故障时，管线电流会突然陡降。故障原因可能是涂层破损或与其他金属发生搭接等。

在故障点处，管线电流的损失大小与该故障所需要的CP阴保电流成正比。

注意：随着管线和防腐层老化的不同情况，管线电流会有正常的线性下降。

9. 采用 dBmA 数据测量管线电流

PCM+接收机可以 mA 或 dBmA 两种单位测量管线电流。PCM+使用甚低频(4Hz)信号,对其他管线的电感和电容耦合几乎减小至 0,信号的正常衰减也几乎为 0。因此信号的衰减几乎全部是电阻损失产生的,如涂层缺陷或是与其他管线搭接。

PCM+能够以电流值(Amps)或单位距离的电流梯度(电流下降)值(dBmA)的形式显示测量的电流。数据记录进接收机内置的数据记录器时,同时以 mA 和 dBmA 记录。

以单位距离的电流梯度(电流下降)值 dBmA 的形式显示测量的电流的优点是数据曲线易于分析,如图 5-2-4 所示。

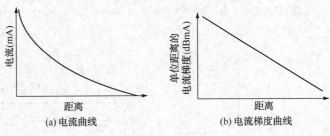

图·5-2-4　电流梯度

举例说明:

假设一段管道上有 3 个同样大小的故障,1 个在起点,1 个在中间,1 个在终点。用电流(mA)值作为曲线的纵轴时,曲线上第二个故障和第三个故障的电流下降阶梯会逐渐变小。用电流梯度值作为曲线的纵轴时,同样大小的故障具有同等幅度的电流下降阶梯,而无论第一个故障的电流衰减多大。图 5-2-5 表明以电流和电流梯度表示的测量结果曲线的差异。

以 mA 表示的电流曲线看起来仿佛是故障逐渐变小。以 dBmA 表示的电流曲线清楚地表明故障同样大小。dBmA 表示的是故障的比率,由于靠近发射机处电流下降幅度大而远离发射机处电流下降幅度小,以 mA 表示的电流曲线很可能给出错误的解释。

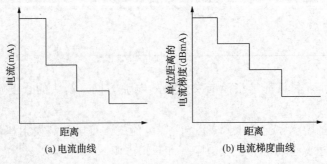

图 5-2-5　电流曲线

10. 不同管线的探测基本技术

(1) T 形三通管道和 L 形转折管道,管线电流在 T 形管道三通处会受管道支管的影响而产生分流,电流分流呈简单的计算:800＝700＋100,如图 5-2-6 所示。

具有较大管线电流读数的管段是电流的主要来源,并指示为需要探测的故障(断接或防腐不良)管道的方向。

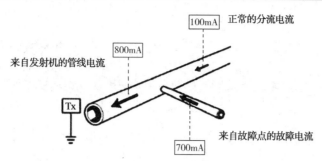

图 5-2-6 T 形电流示意图

电流有时分流成 3 股：800＝600＋150＋50，需要探测的管段是带有 800mA 大电流读数的故障管段。如图 5-2-7 所示。

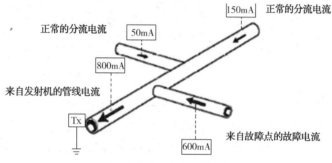

图 5-2-7 电流示意图

（2）环形管道。

电流改变方向，说明管道改变位置，可用 PCM＋接收机进行定位。如图 5-2-8 所示。

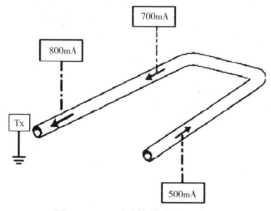

图 5-2-8 环形管道电流示意图

（3）环路电流。

电流在一个环路内流动。假设距离是相等的而防腐层破损老化程度近似一致。这种情况电流损耗应该视为一常数。而在 A 点上测量电流应为零。如图 5-2-9 所示。

但在实际情况下，由于管道的老化及不同的防腐状况。有时在任何地点都可能出现"零"电流，但从这"零"点再往不同方向测量，总会找出电流方向，如图 5-2-10 所示。

（4）带有分支的管网。

仔细研究现有管道资料，清楚了解管网分状况，对发射机信号施加点至关重要。有时需

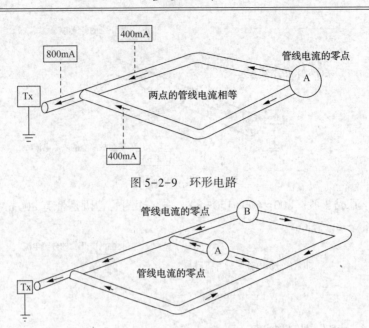

图 5-2-9　环形电路

图 5-2-10　环形电路

要对全区进行普查，之后集中到某一特定区域进行详查。下面有一个既有 T 形段，又有 L 形管段的例子。所列 PCM 读数及距离为了说明问题，忽略外来干扰的影响。只要管网清楚，很快就能找出故障点。如图 5-2-11 所示。

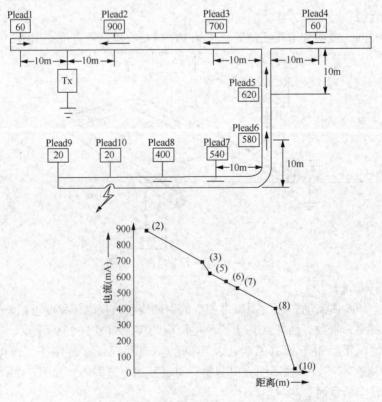

图 5-2-11　带有分支的管网管线电流测量曲线及数据解释

11. 管线防腐层缺陷点探测

电流衰减探测：

防腐良好的管道，管线电流的衰减一般很小，如图 5-2-12 所示。

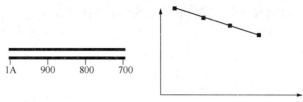

图 5-2-12　防腐良好管道的管道电流曲线

涂层不良的管道，管线电流急剧衰减。如图 5-2-13 所示。

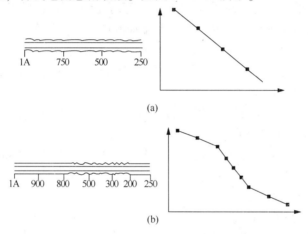

(a)

(b)

图 5-2-13　涂层不良的管道电流曲线

良好涂层与不良涂层间杂的管道，则不良涂层段会产生较大的管线电流衰减。目标管道与其他金属体短路或搭接时，管线电流急剧陡降[图 5-2-13(a)]；目标管道与涂层不良的钢管搭接时，管线电流也会有一定程度的下降[图 5-2-13(b)]。在干土环境中，涂层良好的管道或土壤条件也会对电流信号产生干扰。

三、探测防腐层缺陷点

1. 关于 A 字架

A 字架配合 PCM+接收机用于精确定位涂层缺损点和绝缘故障点。A 字架的脚钉必须紧密接地，最好是在潮湿、可传导电流的地面使用。PCM+接收机的显示屏用电流方向箭头指示故障点的方向，这样就可以轻松定位故障点。

PCM+还显示经过 A 字架脚钉的管线泄漏电流的电位梯度读数，这样就可以在不同故障点之间进行故障大小的比较，从而确定较严重的故障点。电位梯度值和故障点方向的测量数据可以存储在 PCM+的内存中，可通过蓝牙上传到 PDA，或者上传到 PC 或者 PDA 上。

2. 基本操作

探测管段应先进行电流测量。确认管道存在 PCM+管道电流流失后，对故障管段进行故障查找与定位。

连接好 PCM+发射机，频率调 ELC 频率(具有 4Hz 和 8Hz 频率)，或者 LFCD 频率(具有 4Hz 和 8Hz 频率)。

注意：当连接 A 字架时，接收机无法读取 PCM+的电流读数。操作步骤：

(1) 将 3 针连接线分别与 A 字架和 PCM+接收机的附件插口连接。

(2) 用频率键选择 ACVG(故障查找频率)。PCM+接收机将发出蜂鸣声，并转换到 A 字架工作模式，出现电流方向箭头指示和 A 字架形状的图标。

(3) 定位故障点。将 A 字架的两脚钉插进地面，采集土壤中的故障电流方向和电位差读数。将 A 字架置于管道上方(一般 A 字架位置在管线两侧 5m 以内即可)，并与管道平行，绿色脚钉位于远离发射机方向，红色脚钉位于接近发射机方向。

(4) 接收机将自动调节信号增益水平，并自动计算出土壤中的故障电流的电流方向和电位差对数值读数。注意：在测量数据运算期间，读数会闪烁不定，操作者无须进行调节。

(5) 显示的前向和后向箭头指明在土壤中流动的由于管线故障产生的管道(故障)泄漏电流的电流方向，对于用户而言显示的即是故障点的方向。若方向箭头闪烁不定、未显示出明确的方向，则表示附近不存在故障点、土壤泄漏电流太小不足以激活 CD 电流方向功能，或是 A 字架的中心点恰好位于故障点正上方。确保接地良好。在道路表面泼洒少量水可以促使获取良好的测量结果。同时显示的还有以 dB 为单位的电位差对数值 dBmV 读数。若读数为 30dB 以上，说明附近应存在故障点。

(6) 沿着管线路径，按此方法继续测量。当一个测点的 CD 箭头朝向前方，而下一个测点的 CD 箭头朝向后方时，表明 A 字架已经经过了一个故障点；此时在故障点附近的电位差对数值 dBmV 读数可能是 60dB。

(7) 再以 1m 间距向后方测量，在故障点附近会看到电位差对数值 dBmV 的读数变大又突然变小，并再次变大，之后进入逐渐衰减过程。在故障点的两侧，CD 故障电流方向箭头也会发生变向。

(8) 以更小的间距向前或向后重复测量，直到定位出 CD 箭头变向点和电位差对数值 dBmV 的读数的较小点——管线对地绝缘故障点。故障点位于 A 字架的中心点。

(9) 将 A 字架的方向旋转 90°，与管线方向垂直，重复第(8)步所示的精确定位过程。同样可定位出一个 CD 箭头变向点和电位差对数值 dBmV 的读数的小点。这两个点应该能够重合。重合点即是精确的故障点位置。

3. 防腐层缺陷严重程度判断

将 A 字架的方向垂直于管线走向来测量电位差对数值 dBmV 的读数，可确定故障点的严重程度并比较管线各个故障点的大小，以便决定修复的次序。

A 字架的方向垂直于管线方向，将 A 字架的一个脚钉置于管线正上方，另一个脚钉背离管线位置，从距离故障点大约 1m 位置以 25cm(或更小)间距进行测量。找出较大的电位差 dB 值。

四、编制防腐层修复方案

(1) 根据检测数据及开挖检测结果，明确需进行维修的防腐层缺陷点。

(2) 如管道防腐层质量差，则可根据中国石油管道公司 E 版体系文件《管道防腐层大修选段及核查管理规定》确定需要进行防腐大修的管段，调查管道情况，编制项目建议，上报分公司进行立项。

(3) 项目建议书格式:

××××项目

一、更新理由

主要提供国家或企业的有关标准、规范或相关技术、检测报告结论等相关支持文件的条目或数据;无标准、规范或技术、检测报告支持,或未达到标准、规范的规定或技术、检测报告规定条件而需进行更新改造或大修理的项目,要对建设理由进行详细论述。

二、工程概况及工程量

三、投资概算(表格列出)

四、效益估算:

五、结论意见:(项目的可行性及实施计划安排)

第六章　管道保护管理

第一节　管道巡护管理

一、管道重点防护部位管理

管道重点防护部位是指易发生打孔盗油气、第三方施工、恐怖袭击、人口密集区等管段。

管道工程师应掌握所辖管道全部情况，包括管道走向、埋深、穿越、土壤环境、社情信息等。组织识别所辖管道重点防护部位，形成管道重点防护部位台账。

根据识别出的管道重点防护部位，编制可行的管道保护方案，提交站里审核；检查管道保护方案的落实情况，发现方案不能覆盖实际工作的，要修订保护方案。

二、巡护人员管理

巡护人员是管道保护工作的具体执行者，是奋战在管道保护工作的一线员工，因此，管理好巡护人员对管道保护工作至关重要。

日常工作中，要建立、健全对管道巡护人员的考核制度。管道工程师负责对管道巡护人员的日常工作进行检查考核，重点检查巡护人员的巡线情况，对于检查考核不合格人员建议及时进行更换。

每年定期组织召开巡护人员会议，分析总结前段时间管道巡护工作，评优树先，安排部署下一阶段巡查重点，并形成会议记录。

管道工程师要每年对巡护人员进行业务培训，对新上岗的巡护人员进行上岗培训。

三、管道巡护管理（管道、光缆、阀室、伴行路）

管道工程师要每周巡线一次，要着重查看管道重点地段、光缆埋深较浅地段、阀室、伴行路，了解阀室检查的重点内容以及阀室的卫生、出入登记情况、阀室内的管道电位等，并填报 PIS 系统的巡线记录。

在 PIS 系统的巡线记录中记录管道社情信息变化情况，及时更新管道基础数据。

每年底，上报给管道科本年度的"巡线管理工作总结"。

四、管道风险识别与管控

管道工程师要能识别出管道面临的风险，比如打孔盗油气、第三方施工损坏、占压、地质灾害、腐蚀等。

针对这些风险，要提高管道巡护频次，加强管道宣传力度，密切与沿线政府和相关部门的联系，加强地质灾害的预警，保证阴极保护有效，切实保障管道本体安全。

五、与地方政府部门建立联系

与公安等政府部门建立联系，通过组织召开联席会、座谈会、行文等方式汇报管道保护情况，争取公安等政府部门对管道保护工作的支持。

六、协调处理管道保护相关事宜

协调处理管道保护相关事宜，进行管道维权。当发生打孔盗油气案件时，要积极主动配合公安部门调查处理案件，并跟踪案件的进展情况。

在处理管道保护相关事宜时，不可避免地要与外界沟通，需要注意以下几点：

（1）对人亲切、关心，多倾听别人的意见和看法。

（2）对于话题的内容应有专门的知识储备。当与对方谈到某一件事时，必须对此确有所认识，否则便会空洞无物缺乏说服力，不能让对方发生兴趣。特别是，提出的意见和看法要合法、合规、合理。

（3）意愿表达应清晰明确，不要使人捉摸不定。

（4）对事物价值的衡量应是多方位的，不要固执己见。

（5）对于涉密事项应做到守口如瓶。一个人不能保守秘密，会失信于人。

（6）试着从别人的角度思考问题。

第二节　管道地面标识管理

一、管道地面标识台账管理与管道地面标识日常维护

管道沿线的地面标识会经常增加或调整，比如改线后新增的测试桩、标识桩，第三方施工需要埋设的标识。管道工程师需要定期更新管道地面标识台账，台账内容要包括埋设地点、埋设日期、材质、坐标、完好性等。

管道工程师应定期检查地面标识的完好情况，及时补栽丢失的地面标识，更新管道地面标识台账；定期对地面标识进行位置校核和维护，并形成维护记录；桩体损坏或桩体表面1/3以上标记的字迹不清时，应及时进行修复；桩体位置变化时，应及时恢复原位。如需在管道经过的特殊地区增设地面标识，可按照当地相关要求进行处理。

二、地面标识制作与设置

管道地面标识的制作原则是桩体应坚固、耐久，安装简易、维护方便、便于管理。

1. 一般规定

（1）地面标识喷刷色彩应符合 RGB 色值规范的规定。桩体上所有中文、英文、阿拉伯数字、边框、字迹（边缘）要求清晰，字体应采用宋体。

（2）地面标识的喷刷：涂料应具有较好附着力、不易褪色、耐寒暑、耐紫外线照射等特点，并应按照涂料施工技术要求进行施工。

（3）管线设置的同类标记形式与内容应保持一致，地面标识的尺寸，应能容下标记的

内容。

（4）管道保护警示用语根据《中华人民共和国石油天然气管道保护法》相关规定，结合标识桩埋设地点有针对性地选择警示语句。

2. 制作要求

低桩里程桩（测试桩）、标志桩、转角桩、警示桩、分界桩及警示牌宜采用 C25 钢筋混凝土预制，桩套为钢筋混凝土预制，阀室标牌宜采用金属制作。低桩里程桩（测试桩）、标志桩、转角桩、分界桩的尺寸为：长×宽×厚＝1200mm×300mm×150mm，埋深 600mm，具体要求见《管道地面标识管理规范》。

3. 地面标识的标记方法

根据地面标识的作用不同，选用不同的标识代号；流水编号应统一编制，从管线起点至终点按顺序编号。

（1）管道电流、电位测试桩兼作里程桩。电位测试桩每 1km 设置 1 个，电流测试桩按实际需要设置。

（2）管道与新建铁路、公路、管道交叉需增设电位测试桩/标志桩时，标记方法为里程+间距。

（3）新建管道参照管道公司规定标记方法执行。

（4）在役管道标记按照现行标记方法执行，不另行改动。

（5）管道改线后，改线段前后桩号不变，改线段标记采用"改线起始点桩号+改线段内管道长度"的方法执行。如某管线自 50km+700m 处开始改线，改线段内第 3km+500m 的标记方法为：K50+700+GK3+500。

4. 地面标识设置

1）一般规定

（1）地面标识分别按设计要求，埋设于指定地点，在满足可视性需求的前提下，可纵向调整位置。

（2）标识桩原则上应设置在路边、田埂、堤坝等空旷荒地处，尽量减少对土地使用的影响。

（3）地面标识设置位置宜在顺输送介质流向的左侧，距离管道中心线 1.5m 处（即桩体垂直中心线与管道轴向水平距离），埋设偏差为±0.25m。

（4）当管道穿（跨）越公路、铁路、河流等有一定长度的建（构）筑物时，标志桩正面应面向被穿（跨）越的建（构）筑物，其他未作详细说明的标志桩正面均应面向来油（气）方向。

2）里程桩/测试桩的设置

（1）里程桩/电位测试桩每 1km 设置 1 个，电流测试桩每 5~15km 设置 1 个。新建管道应设置电流测试桩，在役管道参照执行。

（2）里程桩/电流、电位测试桩测试引线与管线的连接宜采用铝热焊，焊点应牢固，无虚焊。测试线的长度在布放时，应考虑余量，回填时应注意保护。测试桩需移位时测试线允许接续，接点应焊接牢固且做好防水绝缘，测试桩的里程标注应按实际增减。电流测试桩不允许沿管道中心线纵向移位。

（3）通电点的测试桩应埋设在进、出站绝缘法兰或绝缘接头处。

（4）阳极地床处应设置测试桩，阳极电缆通过测试桩与阳极地床连接，定期测量阳极地床接地电阻。

（5）站场长效参比电极处应设置测试桩，定期对参比电极性能进行监测。

（6）新建铁路、公路、管道与原管道交叉时应增设电位测试桩/标志桩。

（7）除转角桩外，当多种桩需在同一地点安装时，只设置里程桩。

3）转角桩的设置

管道转弯处均要设置转角桩，转角桩宜设置在转折管道中心线上方。

4）标志桩的设置

（1）标志桩分为穿河流桩、穿隧道桩、穿公路桩、穿铁路桩、管道交叉桩、通信光缆（电缆）交叉桩、电力电缆交叉桩和分界桩，主要用于地面、地下隐蔽等工程和管理单位交接的标记。

（2）管线穿越铁路时，应在铁路两侧设置穿越桩。穿越桩设置在铁路护道坡脚处。

（3）管线穿越公路时，应按下列要求确定桩的设置：

① 管线穿越高速公路、国家一级和二级公路或穿越公路长度大于50m（含50m）时，应在公路两侧设置标志桩。设置位置在公路排水沟外边缘以外1m处。

② 管线穿越公路长度小于50m时，应在公路一侧设置标志桩。设置位置在输送介质流向上方的公路排水沟外边缘以外1m处。

（4）管线穿越河流、渠道时，应按下列要求确定桩的设置：

① 管线穿越河流、渠道长度大于50m（含）时，应在其两侧设置标志桩。设置位置在河流、渠道堤坝坡脚处或距岸边3m处。

② 管线穿越河流、渠道长度小于50m时，应在其一侧设置标志桩。设置位置在输送介质流向上方的河流、渠道堤坝坡脚处或距岸边3m处。

③ 标志桩应标注管道穿越形式及管道埋深；在通航河流穿越处，应与航运部门协商，由对方配合设置标识，喷写"禁止抛锚"等警示用语，并标注管道埋深（夜间荧光）。

（5）地管道与其他地下构筑物（如电缆、其他管道、坑道等）交叉，标志桩应设置在交叉点上。

（6）埋标识固定墩、牺牲阳极及其他附属设施的，标志桩应设置在所标识物体的正上方。

（7）空白标志桩用于埋设时间较长，但非永久性的地下设施；若设施拆除，则标志桩亦拆除；水工设施、地质灾害点、管道抢修点等处亦可用空白标志桩标记，在空白标记处进行编号标记，具体记录方法由分公司自行确定。

分界桩用于各分公司间行政区划分界，分界桩由上游公司负责管理。

5）警示桩的设置

每100m设置1个警示桩，设置在管道中心线上，特殊地点可根据实际情况设置。

6）警示牌的设置

（1）管道穿越大中型河流、山谷、冲沟、隧道、邻近水库及其泄洪区、水渠、人口密集区、地（震）质灾害频发区、地震断裂带、矿山采空区、爆破采石区域、工业建设地段等危险点源须设置警示牌，连续地段每100m设置1个警示牌，并设置在管道中心线上。

（2）管线穿越河流、水渠长度在50m（含）以上时，应在其两侧设置警示牌；管线穿越河流、渠道长度在50m以下时，应在其一侧设置警示牌；警示牌设置在河流、水渠堤坝坡脚处或距岸边 3m 处(一侧设置警示牌的，警示牌应设置在输送介质流向的上方)。

(3) 宜在水工保护及地质灾害治理设施上方设立警示牌，并选择适当的警示用语。

7) 阀室标牌的设置

在管道线路上各类阀室的墙面上设置标识牌。标识牌位置：阀室门右侧，距门边 0.3m，标识牌底边距地面 1.5m。

8) 标识带的设置

(1) 标识带在管道新建、改线和大修施工过程中，随管体回填埋入地下，位于管顶上方 500mm。

(2) 标识带中心线与管道中心线在同一竖直水平面上，字体朝上。

第三节　管道保护宣传

一、管道保护宣传计划

按照分公司管道保护宣传计划，根据本站的实际，管道工程师在每年 12 月底制订下一年度的管道保护宣传计划。

二、管道保护宣传活动

定期组织管道保护宣传活动，管道保护宣传活动之后，填写《管道保护宣传活动记录》；定期向管道沿线县级以上地方人民政府主管管道保护工作的部门和国土、规划部门汇报管道保护工作，并填写《管道保护宣传活动记录》；巡线时随时向沿线群众宣传管道保护的重要性及宣贯《中华人民共和国石油天然气管道保护法》(以下简称《管道保护法》)。每年 12 月对本年度的管道保护宣传效果进行总结分析，并在制订下一年宣传计划时进行改进。

三、管道保护宣传方案

按照分公司管道保护宣传计划，根据本站的实际，管道工程师在每年 12 月底制订下一年度的管道保护宣传方案。宣传方案包括宣传时间与地点、宣传内容、参加人员、宣传材料等。管道保护宣传要重点突出，创新形式，注重实效，下一年度方案不能与上一年度的方案雷同。

四、《管道保护法》宣贯

《管道保护法》的公布实施使石油、天然气管道保护走上了有法可依的轨道，是经济发展、社会全面进步的客观要求，也是石油、天然气管道企业实现保护自身利益的有效手段。《管道保护法》从管道保护的管理体制、管道的规划建设、管道运行中的保护措施、管道与其他建设工程相遇关系的处理等方面明确了各相关方的职责和各项要求，为我国的重要基础设施保护营造了良好的法制环境。

管道工程师要在每年的宣传方案中着重加强对《管道保护法》的宣贯，从宣传贯彻《管道保护法》立法的必要性和重要意义等多方面入手，争取形成一套以充分依靠管道企业员工和石油天然气管道沿线政府、周边居民共同保护长输管道安全运行的机制。

第四节 第三方施工管理

一、第三方施工风险识别

第三方施工管理可有效控制管道周边第三方施工可能导致的管道安全风险，避免第三方施工误损伤管道及伴行光缆。

第三方施工损伤管道潜在风险包括公路交叉、铁路交叉、电力线路交叉、光缆交叉、其他管道交叉、河道沟渠作业、挖砂取土作业、侵占、城建、爆破等风险点。

每年4月和10月，管道工程师要根据分公司通知，排查第三方施工损伤管道风险，建立第三方施工损伤管道风险台账。第三方施工管理流程如图6-4-1所示。

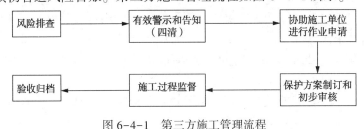

图6-4-1 第三方施工管理流程

二、审查第三方施工及管道保护方案

1）有效警示与告知

（1）确认第三方施工有效信息后，应立即派人到现场与施工方或投资方取得联系，了解第三方施工工程的基本情况，现场测定管道走向和埋深，如有并行光缆，应及时确定光缆的走向和埋深。

（2）在第三方施工与管道关联段上方设置临时警示标识（每5m一个警示桩），在管道中心线两侧各5m范围内标定警示范围。警示标识执行《管道地面标识管理规范》要求。

（3）在第三方施工监护现场，监护人要在第一时间做到"四清"。

（4）向第三方施工单位送达和回收《管道设施安全保护告知书》。

（5）如第三方施工作业单位违反《管道保护法》，或施工作业有可能危及管道安全的，按特殊情况执行。

2）协助施工单位进行作业申请

《管道保护法》第三十五条规定"进行下列施工作业，施工单位应当向管道所在地县级人民政府主管管道保护工作的部门提出申请：

（1）穿跨越管道的施工作业。

（2）在管道线路中心线两侧各5~50m和本法第五十八条第一项所列管道附属设施周边100m地域范围内，新建、改建、扩建铁路、公路、河渠，架设电力线路，埋设地下电缆、光缆，设置安全接地体、避雷接地体。

（3）在管道线路中心线两侧各200m和本法第五十八条第一项所列管道附属设施周边500m地域范围内，进行爆破、地震法勘探或者工程挖掘、工程钻探、采矿。

县级人民政府主管管道保护工作的部门接到申请后，应当组织施工单位与管道企业协商确定施工作业方案，并签订安全防护协议；协商不成的，主管管道保护工作的部门应当组织进行安全评审，作出是否批准作业的决定。"。

管道工程师要协助第三方施工单位向管道所在地县级人民政府主管管道保护工作的部门提交第三方作业申请。

3）保护方案制定和审批

（1）管道及管道附属设施与其他工程相互交叉的管理、与铁路相互关系的管理、与公路相互关系的管理、与电力通信设施相互关系的管理、与新建管道相互关系的管理、与管道穿跨越河流沟渠以及定向钻穿越的管理等执行 Q/SY GD 1030—2014《管道管理与维护手册》的相关要求。

（2）与施工单位对第三方施工现场进行勘查，依据《管道保护法》以及相关标准规范提出管道保护基本要求，并督促和协助第三方施工作业单位制订与管道相关联段施工方案和管道保护方案。特殊情况，能够进行简单的第三方施工作业管道保护方案设计工作。

（3）在准许施工作业前，需24h进行现场巡护，确保危及管道安全的施工作业不得开工。

（4）报审方案，与管道关联段的施工方案和管道保护方案原则上审查时间不能超过3~5个工作日。

（5）方案审核后，输油气站与第三方施工业主签订《管道安全防护协议书》，明确双方的权利和义务，签发作业许可。

三、第三方施工监护

（1）输油气站接到第三方书面开工通知后，组织第三方办理作业许可。

（2）输油气站与第三方现场负责人，再次对管道及光缆埋深和走向进行现场复核确认，再与第三方施工相关联的管道开挖探坑验证，探明管道与光缆的准确位置，并对第三方施工人员进行管道保护注意事项和控制区域交底。

（3）第三方施工单位必须在管道监护人员的监护下实施。监护人到现场应做到"四清"，即第三方施工内容清、施工单位及建设单位清、管道基本状况清和管道警示标识清。

（4）第三方实施定向钻、顶管施工作业时，实行升级管理，由输油气单位主管部门专门到现场监护，实行"可视化管理"，要在管道可视的情况下平稳穿越。在施工入土端方向，距离管道中心线3~5m内，开挖监测槽，监测槽深度大于管道底部1m以上。[17]

（5）与第三方施工作业关联段的管道看护及相关费用由第三方施工作业单位提供。

四、第三方施工验收归档

（1）与第三方施工单位对关联段管道的保护工程进行验收，对管道是否受损进行确认，详细记录隐蔽工程的情况。

（2）验收合格后，撤离看护人员和临时警示标识。对第三方施工中与管道关联管段相关的施工资料，上交管道科和留存输油气站存档管理。应及时在PIS系统中填报相关信息。

特殊情况处理：

（1）第三方施工单位违反《中华人民共和国石油天然气管道保护法》以及管道管理相关

规范要求强行进行施工的,可根据现场实际情况,在保证不发生冲突的前提下,留有证据。

(2)由输油气站立即报告县级人民政府主管管道保护工作的部门协调制止。

(3)24h监护第三方施工现场。在与第三方施工作业工程相关联的管道上方设置警示标志(设置标识带和警示牌),在管道中心线两侧各5m范围内设置加密警示桩标定警示范围(每1m设置一个警示桩)。如现场风险难以控制,可将加密警示桩设定为限制通行桩,限制车辆通行或施工机具进入。

(4)必要时或上述部门处理后第三方施工作业单位仍继续强行施工的,在加强现场保护的同时,向当地公安部门和安监部门报案,留存现场影音像资料存档。

(5)当发生第三方施工损伤管道事故时,按相应应急预案参与抢修。

第五节　防汛及地质灾害管理

一、识别防汛重点地段和隐患

管道工程师要组织识别防汛管理重点地段,并在PIS系统中进行更新。必须对所辖管道、管道穿跨越设施及站场进行全面、系统的检查,识别隐患,确定险工、险段,并提出整治措施和方案的建议,报管道(保卫)科。

(1)识别年度防汛的重点区域(隐患点)。识别或确定的主要方式为:当年降雨趋势或分布、管道沿线巡查结果。

(2)对识别出的防汛、地质灾害重大隐患应纳入重大隐患清单统一管理。

汛后进行管道水毁灾害的普查,结合实际,提出相应的治理计划,报告分公司。

二、储备防汛物资

要建立防汛物资明细表,汛前认真核查防汛物资储备情况,将所缺物资上报管道(保卫)科,由供应站统一购置或自购。

三、填报防汛周报

按照规定时间填报PIS系统中的防汛周报。在汛期,应指定专人每天登录管道气象与地质灾害预警平台查看预警信息。

在主汛期间实行24h值班制,并逐级汇报有关汛情或灾情。

四、制订防汛工作方案

根据分公司的汛期工作计划、工作方案,制订本站的汛期工作计划、工作方案。建立与地方防汛相关部门的联系,保证在汛期能与相关部门保持顺畅联系。组织成立和更新站级防汛领导小组,建立防汛岗位责任制。

五、编写防汛工作总结

汛期结束后,应对汛期工作进行总结,发现不足并制订整改措施,将防汛总结填报PIS系统。

组织进行盘点防汛物资，并及时进行补充。

六、防汛应急管理

1. 编制（修订）防汛预案

对重点水工工程、管道穿跨越及险工、险段，制订事故状态下的防汛应急预案。按照规定对防汛预案进行修订。

2. 防汛演练

汛前，管道工程师要组织制订防汛演练方案，按照方案组织实施防汛演练。

防汛演练后，组织进行演练总结，将演练总结上传到 PIS 系统。

七、地质灾害风险识别

管道地质灾害风险识别宜采用现场调查结合资料分析的方式进行，识别地质灾害易发管段、已存在灾害和潜在灾害，对识别出的灾害进行调查、编录。

管道地质灾害的调查范围应根据现场具体地形地貌条件来确定，应包含所有可能对管道造成影响的地质灾害区域，一般为管道两侧各 500m。

识别方法包括资料收集和地面调查。地面调查内容包括滑坡、崩塌、泥石流、地面塌陷灾害调查，水毁灾害调查，特殊土灾害调查，断裂活动与地震灾害调查。

八、汛期巡线与抢修

在汛期，各输油（气）站必须加强巡线，雨后更要及时巡线，特别要加强对河道加宽、河道改道等灾害的巡查与监测。遇突发险情，要立即采取临时防护措施，并及时上报防汛办公室。对危及管道安全的重大事故隐患，要立即组织抢修，并及时报告防汛办公室。

九、地质灾害监控

管道地质灾害风险控制应以管道为主要保护对象。

（1）建立巡检机制，对灾害点和地质灾害易发段定期巡检，每次巡检均应有记录，可与日常巡检相结合。汛期，应加大雨后巡检力度。

（2）对确定实施监测的灾害点，在现场详细调查的基础上进行监测工程设计。

（3）对列入工程治理规划的滑坡、崩塌、泥石流、采空区塌陷和重大水毁、黄土湿陷等灾害点，应实施勘查工作，决定是否实施工程治理；对确定需要治理的灾害点，应进行施工图设计。防治工程施工应尽可能安排在非汛期进行，减小施工扰动，做好施工期间监测工作。对已竣工的防治工程应进行后评估及维护。

（4）管道受地质灾害作用后，如条件具备，宜检查管道防腐层受损、管道截面变形及管道位移情况。

第六节　管道占压管理

一、排查管道占压隐患

管道工程师要了解管道保护标准和规范中关于占压、管道安全距离的要求；组织排查占压管道隐患，并形成管道占压台账。

二、及时制止管道新增占压

能够通过巡护人员、第三方举报等方式及时掌握新出现的违章占压迹象，迅速与有关部门沟通进行制止，如果制止无效，应以文件形式对新发管道占压情况进行详细说明，配合分公司向上一级地方政府报告。注意留存制止占压过程中的影音像资料。

三、参与管道占压清理

对于已经形成的占压，要根据分公司清理占压的计划，积极协调相关方清理占压，及时在 PIS 系统中填报相关信息。

第七章 管道完整性管理

第一节 管道高后果区识别与管理

一、高后果区识别

1. 地区等级划分规定

按沿线居民数和(或)建筑物的密集程度,划分为4个地区等级。相关规定如下:

(1)沿管道中心线两侧各200m范围内,任意划分成长度为2km并能包括最大聚居户数的若干地段,按划定地段内的户数划分为4个等级。在农村人口聚集的村庄、大院、住宅楼,应以每一独立户作为一个供人居住的建筑物计算。

一级一类地区:不经常有人活动及无永久性人员居住的区段。

一级二类地区:户数在15户或以下的区段。

二级地区:户数在15户以上、100户以下的区段。

三级地区:户数在100户或以上的区段,包括市郊居住区、商业区、工业区、发展区以及不够四级地区条件的人口稠密区。

四级地区:系指4层及4层以上楼房(不计地下室层数)普遍集中、交通频繁、地下设施多的区段。

(2)当划分地区等级边界线时,边界线距最近一户建筑物外边缘应大于或等于200m。

(3)在一级和二级地区内的学校、医院以及其他公共场所等人群聚集的地方,应按三级地区选取。

(4)当一个地区的发展规划足以改变该地区的现有等级时,应按发展规划划分地区等级。

2. 特定场所

特定场所是除三级和四级地区外,由于管道泄漏可能造成人员伤亡的潜在区域。包括以下地区:

特定场所Ⅰ:医院、学校、托儿所、幼儿园、养老院、监狱、商场等人群难以疏散的建筑区域。

特定场所Ⅱ:在一年之内至少有50天(时间计算不需连贯)聚集30人或更多人的区域。例如集贸市场、寺庙、运动场、广场、娱乐休闲地、剧院、露营地等[18]。

3. 管道高后果区识别准则

(1)输气管道高后果区识别准则见表7-1-1。

表 7-1-1　输气管道高后果区识别准则

管道类型	识别项	分级
输气管道	① 管道经过的四级地区，地区等级按照 GB 50251 中相关规定执行	Ⅲ级
	② 管道经过的三级地区	Ⅱ级
	③ 如管径大于 762mm，并且最大允许操作压力大于 6.9MPa，其天然气管道潜在影响区域内有特定场所的区域，潜在影响半径按照高级部分潜在影响半径计算公式计算	Ⅱ级
	④ 如管径小于 273mm，并且最大允许操作压力小于 1.6MPa，其天然气管道潜在影响区域内有特定场所的区域，潜在影响半径按照高级部分潜在影响半径计算公式计算	Ⅰ级
	⑤ 其他管道两侧各 200m 内有特定场所的区域	Ⅰ级
	⑥ 除三级和四级地区外，管道两侧各 200m 内有加油站、油库等易燃易爆场所	Ⅱ级

注：高后果区分为 3 级，Ⅰ级表示最小的严重程度，Ⅲ级表示最大的严重程度。

（2）输油管道高后果区识别准则见表 7-1-2。

表 7-1-2　输油管道高后果区识别准则

管道类型	识别项	分级
输油管道	① 管道中心线两侧各 200m 范围内，任意划分成长度为 2km 才能包括最大聚居户数的若干地段，4 层及 4 层以上楼房（不计地下室层数）普遍集中、交通频繁、地下设施多的区段	Ⅲ级
	② 管道中心线两侧 200m 范围内，任意划分 2km 长度并能包括最大聚居户数的若干地段，户数在 100 户或以上的区段，包括市郊居住区、商业区、工业区、发展区以及不够四级地区条件的人口稠密区	Ⅱ级
	③ 管道两侧各 200m 内有聚居户数在 50 户或以上的村庄、乡镇等	Ⅱ级
	④ 管道两侧各 50m 内有高速公路、国道、省道、铁路及易燃易爆场所等	Ⅰ级
	⑤ 管道两侧各 200m 内有湿地、森林、河口等国家自然保护地区	Ⅱ级
	⑥ 管道两侧各 200m 内有水源、河流、大中型水库	Ⅲ级

注：高后果区分为 3 级，Ⅰ级表示最小的严重程度，Ⅲ级表示最大的严重程度[19]。

4. 高后果区识别工作

（1）高后果区识别工作应由熟悉管道沿线情况的人员进行，识别人员应进行有关培训。

（2）识别统计结果，填写高后果区识别汇总表，见表 7-1-3。

表 7-1-3　高后果区识别汇总表

管道名称：××管线　　管径：____mm　　输送介质：_____　　识别时间：____年__月__日　　负责人：

编号	起始里程(m)	结束里程(m)	长度(m)	识别描述(村庄、河流等名称以及数量)	备注

（3）当识别出高后果区的区段相互重叠或相隔不超过 50m 时，作为一个高后果区段管理。

（4）当输油管道附近地形起伏较大时，可依据地形地貌条件判断泄漏油品可能的流动方向和高后果区距离进行调整。

（5）当输气管道长期在低于最大允许操作压力下运行时，潜在影响半径宜按照最大操作压力计算。

二、高后果区管理

1. 地区等级的管理

管道周边的人口会随时间而发生变化，应更新管道两侧 200m 范围内的建筑物及人口情况。当建筑物及人口变化足以影响地区等级级别划分时(如二级地区变成三级地区)，可调整此地区管道运行压力。特殊情况下，可使用壁厚更大、强度更高的钢管进行换管处理。

2. 输气管道潜在影响区(PIZ)的管理及风险评估

管道周边的人口会随时间而发生变化。各管道运营企业应更新管道两侧一定距离内的医院、学校、养老院、托儿所、宿营地、教堂、寺庙等特定场所数量及人口情况。

特殊情况下(大管径、高压力输气管道，如西气东输管线)，潜在影响区域应扩大，具体可根据潜在影响区域计算公式计算。

管道运营企业应对潜在影响区(PIZ)内管道的潜在风险进行识别与分析。通过分析，来评估这些风险对管道的威胁程度。

影响管道完整性的潜在风险有 3 类：与时间有关的风险(包括内腐蚀、外腐蚀、应力腐蚀开裂)；静态的或固有的风险(制造缺陷、建设期存在的设计缺陷)；与时间无关的风险(第三方破坏、地质灾害)。

3. 开展公共教育

应采取以下措施，开展高后果区管段的公共教育：

(1) 设立标示牌，加强宣传，普及高后果区内居民区的安全知识，提高群众紧急避险意识；

(2) 对与从事挖掘活动有关的人员开展安全教育；

(3) 应与从事挖掘等活动人员建立联系制度，在挖掘活动之前进行确认；

(4) 一旦管道发生泄漏，应当采取保护公共安全的措施；

(5) 建立向管道泄漏可能影响到的政府、居民区、学校和医院等发出管道安全警告的机制。

4. 内腐蚀风险的减缓措施

内腐蚀风险的减缓措施，应从内腐蚀监测、内腐蚀控制、内腐蚀修复、巡线和内检测等多方面进行。具体实施细则，应参见相关内腐蚀控制与修复标准。其中内腐蚀直接评估技术(ICDA)比较常用。

5. 外腐蚀风险的减缓措施

外腐蚀风险的减缓措施，应从外涂层、阴极保护、外腐蚀监测、电绝缘、阴保测试、杂散电流、大气腐蚀的控制与监控、检漏、修复等方面开展。具体实施细则，应参见相关外腐蚀控制与修复标准。其中外腐蚀直接评估技术比较常用(ECDA)。

6. 制造缺陷和设计缺陷的减缓措施

管道建设材料不达标、设计方案不完善或施工过程不规范，会导致管道缺陷的产生。管道运营企业应采用合格材料、科学合理的设计方案、严格监督施工过程确保工程施工质量。关于管材及设计方案的选定，应遵照 GB 50251—2015《输气管道工程设计规范》中相关规定执行。

7. 第三方损伤风险的减缓措施

第三方损伤管道的风险多由第三方挖掘活动引起,挖掘活动包括挖掘、爆破、钻孔、回填,或通过爆破或机械方式移动地面建筑物和移动土方的其他作业。对于挖掘活动的风险,具体减缓措施如下:

(1) 与从事挖掘等活动人员建立联系制度,在挖掘活动之前进行确认;

(2) 挖掘活动前,应确认埋地管线的准确位置;

(3) 管道运营企业应确认挖掘活动的合法性、挖掘的目的;

(4) 在挖掘活动之前,应在挖掘作业区内的埋地管线沿线设置临时标记,管道管理人员和挖掘人员应能识别这些标记;

(5) 在挖掘之前和之后,应对管道进行检查,确认管道的安全;

(6) 制订检查、监护、巡线计划,以检查、监护施工活动,或其他影响管道安全运行的因素;

(7) 如果是爆破活动,应在爆破前对爆破活动进行应力分析,确认爆破活动不会对管道造成损伤;管道周边爆破活动的应力分析,与爆破使用的炸药类型、与管道的距离、爆破形式、管道压力、管道的 SMYS、管壁、管径、最大许可应力水平、管线附近介质情况等参数有关;

(8) 可根据以上几点内容,编制开挖活动的事故应急预案。

8. 地质灾害风险的减缓措施

地质灾害风险主要是指滑坡、洪水、地震、泥石流和崩坍等地质活动对管道的威胁。管道运营企业应采取措施降低高后果区管段的地质灾害威胁,具体减缓措施如下:

(1) 增加地质灾害易发段的巡线频率,一旦发现地质灾害发生迹象,应马上报告有关部门;

(2) 汛期应密切监视地质灾害易发区;

(3) 建立群策群防机制,制订防灾预案;

(4) 对已发现的滑坡等地质灾害区,进行工程治理;

(5) 对地质灾害易发区,可采用定期目视监测、安装简易监测设备、地面位移监测、深部位移监测等监测方法;

(6) 特殊情况下,可采取改线措施。

9. 土壤腐蚀风险的减缓措施

管道运营企业应在动态管理中,开展土壤腐蚀性调查分析。

10. 减少人为因素影响

人员主观因素可能造成高后果区管段风险评价的不准确,因此应采取措施减少人为因素的影响,具体措施有:

(1) 定期组织员工学习高后果区评价的规范、标准及专业知识,提高评价人员的业务素质和水平。

(2) 吸取以往的经验教训,改进现有的工作程序。

11. 实施动态管理

主要针对高后果区管段内诸如第三方损坏等与时间变化无关的风险,各管道运营企业应采取动态管理的方式,如不定期的管道周边环境调查、对第三方施工活动的监控等。

12. 高后果区段风险评估

对评价出的高后果区管段，无论分值高低，都应开展风险评估，根据评估结果区分各管段的风险高低，并制订相应的风险减缓措施。

13. 高后果区再识别的时间间隔

对已确定的高后果区，定期再复核，复核时间间隔一般为 12 个月，最长不超过 18 个月。管道及周边环境发生变化时，及时进行高后果区再识别。

14. 高后果区的更新及基线评估计划的修改

管线周边的人口及环境会随时间而发生变化，当其改变时，各管道运营企业应对相关信息进行及时更新。

当新的高后果区被确认后，应修改基线评估计划。新确认的高后果区管段必须在一年之内纳入到基线评估计划，5 年之内必须对这些管段进行完整性评估。

第二节　管道风险评价数据收集与整理

风险是事故发生的可能性与其后果的综合。管道风险评价是指识别对管道安全运行有不利影响的危害因素，评价事故发生的可能性和后果大小，综合得到管道风险大小，并提出相应风险控制措施的分析过程。

管道风险评价针对的主要对象是管道系统的线路部分，对油气站场一般只是将它看作具有截断功能的阀门，在失效后果分析中予以考虑。即不考虑因站场的失效事故。

一、风险评价一般原则

（1）应系统全面识别管道运行历史上已导致管道失效的危害因素，并参考类似管道的失效因素。应对识别出的每一种危害因素造成失效的可能性和后果进行评价。

（2）风险评价方法的选取应充分考虑管道系统特点、危害因素识别结果及所需数据的完整性和数据质量。

（3）风险评价过程中评价人员应与管道运行管理人员进行充分讨论和结合。

（4）风险评价应定期开展。当管道运行状态、管道周边环境发生较大变化时，应及时开展再次评价。

二、风险评价方法

（1）按风险评价结果的量化程度可以将风险评价方法分为定性风险评价、半定量风险评价及定量风险评价。企业应根据评价目的、管道数据情况、评价投入等因素选择合适的方法。

（2）评价方法中失效可能性应考虑以下影响因素：

① 腐蚀，如外腐蚀、内腐蚀和应力腐蚀开裂等；

② 管体制造与施工缺陷；

③ 第三方损坏，如开挖施工破坏、打孔盗油（气）等；

④ 自然与地质灾害，如滑坡、崩塌和水毁等；

⑤ 误操作。

（3）评价方法中失效后果应考虑以下影响因素：

① 人员伤亡影响；

② 环境污染影响；

③ 停输影响；

④ 财产损失。

三、风险评价流程

管道风险评价的流程如图 7-2-1 所示。

四、数据收集与整理

应根据风险评价方法所需数据进行风险评价属性数据收集，按表 7-2-1 和表 7-2-2 格式进行整理。

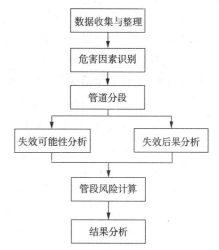

图 7-2-1　管道风险评价流程

表 7-2-1　管段数据格式示例

属性编号	属性名称	起始里程（km）	终止里程（km）	属性值	备注
1	设计系数	20.0	35.0	0.5	三级地区

表 7-2-2　管道单点属性数据格式示例

属性编号	属性名称	起始里程（km）	属性值	备注
1	截断阀	31.5	RTU	刘家河阀室

收集数据的方式有踏勘、与管道管理人员访谈和查阅资料等。一般需要收集以下资料：

（1）管道基本参数，如管道的运行年限、管径、壁厚、管材等级及执行标准、输送介质、设计压力、防腐层类型、补口形式、管段敷设方式、里程桩及管道里程等；

（2）管道穿跨越、阀室等设施；

（3）管道通行带的遥感或航拍影像图和线路竣工图；

（4）施工情况，如施工单位、监理单位、施工季节、工期等；

（5）管道内外检测报告，内容应包括内、外检测工作及结果情况；

（6）管道泄漏事故历史，含打孔盗油；

（7）管道高后果区、关键段统计，管道周围人口分布；

（8）管道输量、管道运行压力报表；

（9）阴保电位报表以及每年的通电和断电电位测试结果；

（10）管道更新改造工程资料，含管道改线、管体缺陷修复、防腐层大修、站场大的改造等；

（11）第三方交叉施工信息表及相关规章制度，如开挖响应制度；

（12）管道地质灾害调查与识别及危险性评估报告；

（13）管输介质的来源和性质、油品与气质分析报告；

（14）管道清管杂质分析报告；

（15）管道初步设计报告及竣工资料；

（16）管道安全隐患识别清单；

（17）管道环境影响评价报告；

（18）管道安全评价报告；

（19）管道维抢修情况及应急预案；

（20）站场 HAZOP 分析及其他危害分析报告；

（21）是否安装有泄漏监测系统、安全预警系统及运行等情况；

（22）其他相关信息。

第八章　管道应急管理

第一节　应急预案

一、编制应急预案

应急预案编制程序包括成立应急预案编制工作组、资料收集、风险评估、应急能力评估、编制应急预案和应急预案评审6个步骤。

1. 成立应急预案编制工作组

应结合本单位部门职能和分工，成立以单位主要负责人（或分管负责人）为组长，单位相关部门人员参加的应急预案编制工作组，明确工作职责和任务分工，制订工作计划，组织开展应急预案编制工作。

2. 资料收集

应急预案编制工作组应收集与预案编制工作相关的法律法规、技术标准、应急预案、国内外同行业企业事故资料，同时收集本单位安全生产相关技术资料、周边环境影响、应急资源等有关资料。

3. 风险评估

主要内容包括：

（1）组织分析、识别站外管道安全风险，确定事故危险源；

（2）分析可能发生的事故类型及后果，并指出可能产生的次生与衍生事故；

（3）评估事故的危害程度和影响范围，提出风险防控措施。

4. 应急能力评估

在全面调查和客观分析生产经营单位应急队伍、装备、物资等应急资源状况基础上开展应急能力评估，并依据评估结果，完善应急保障措施。

5. 编制应急预案

依据风险评估以及应急能力评估结果，组织编制应急预案。应急预案编制应注重系统性和可操作性，做到与分公司、地方政府相关部门和单位应急预案相衔接。

6. 应急预案评审

应急预案编制完成后，应先由输油（气）站组织评审。评审分为内部评审和外部评审，内部评审由输油（气）站主要负责人组织有关部门和人员进行。外部评审由输油（气）站组织外部有关专家和人员进行评审。应急预案评审合格后，由分公司领导签发实施，并进行备案管理。

二、修订应急预案

一般情况下，每3年对应急预案（包括公司各级应急预案）至少进行一次修订。如有以下原因应及时对应急预案进行修订：

    （1）新的相关法律法规颁布实施或相关法律法规修订实施；

    （2）通过应急预案演练或经突发事件检验，发现应急预案存在缺陷或漏洞；

    （3）应急预案中组织机构发生变化或其他原因；

    （4）重大工程发生变化时；

    （5）国家相关文件、上级单位或公司要求修订时；

    （6）生产工艺和技术发生变化的；

    （7）应急资源发生重大变化的；

    （8）预案中的其他重要信息发生变化的；

    （9）面临的风险或其他重要环境因素发生变化，形成新的重大危险源的。

    注：通信录的变更不列入预案的修订范围。

三、培训应急预案

管道工程师要制订应急预案培训计划，对各专业应急人员、应急指挥人员和企业员工进行应急培训，使其了解并掌握应急预案总体要求和与员工相关内容的详细要求。

四、报备应急预案

各分公司级应急预案应同时向管道途径地县级以上（包括省、自治区、直辖市或者设区的市）人民政府及相关部门备案（包括应急管理部门、安全生产监督管理部门、环保主管部门），若应急预案有较大的修订后及时再次备案，备案后，要取得备案登记或相关证据。

五、应急预案演练计划

管道工程师要在年初制订本年度的站外管道应急预案演练计划和方案，将演练计划和方案上传到 PIS 系统中。

演练方案应该包括但不限于演练目的，演练类型、规模与响应级别，模拟事故与演练时间、地点，参演人员构成及其职责，演练准备与演练过程，附录等。演练方案的附录用以说明演练方案的细节。主要包括演练现场示意图、演练所需物资、演练费用预算、聘请外部人员名单、风险评估及控制措施等。

六、组织或参与相关应急预案演练

管道工程师在预定的时间组织或参与应急预案的演练（本专业角色和相关角色内容）。包括通知相关人员召开演练前会议，宣贯演练方案，熟悉演练流程，组织人员准备演练所需物资，组织人员在既定时间、地点开展演练。

七、应急预案演练总结

在应急预案演练结束后，应当对应急预案演练效果进行总结，撰写应急预案演练总结，分析存在的问题，并对应急预案提出修订意见，并上传到 PIS 系统。

第二节　应急响应

应急响应是针对发生的事故，有关组织或人员采取的应急行动。

管道工程师要根据分公司级和站级应急预案中的分工做好现场应急响应工作，一般为参与管道突发应急事故、事件的人员疏散、警戒、探边、抢险，及时报告事故、事件，开展恢复与重建，配合进行事故、事件调查等。

第九章 管道管理系统使用

第一节 PIS 系统使用

一、填报与审核 PIS 系统表单

管道完整性管理系统(PIS 系统)划分为基础信息管理子系统、技术支持子系统、业务管理子系统和效能管理子系统 4 个子系统。

业务管理子系统包括了管道系统资产及完整性的日常管理,并且以完整性管理闭环的理念为用户提供管道完整性管理辅助,是 4 个层级实物资产管理部门的日常工作界面和维修维护费用预算、投资的决策支持系统。技术支持子系统以知识库的方式进行管道业务相关的法规标准、技术规范等文档的管理,以便捷的方式为用户提供知识文档的获取与支持。效能管理是一种结合技术和管理来改善和优化完整性管理的综合手段,它能有效地为管理层制定完整性管理决策提供依据和支持。基础信息主要针对数据的维护、编辑和管理,以保证数据的可用性,它面向的用户是一些专业的数据库维护人员,主要是为上层的业务管理平台所用的设备信息以及各评价系统提供可用的数据支持。

PIS 系统的账户名为中石油邮箱的前缀,密码为中石油邮箱的密码。

管道工程师要每天登录 PIS 系统,要能熟练使用 PIS 系统填报、审核各项工作,要注意表单填报的时效性和准确性。

二、更新系统数据

根据管道的实际情况,对系统数据进行更新或提出更新建议。

三、PIS 系统改进建议

根据使用过程中发现的问题,向 PIS 系统项目组提出改进建议。

第二节 GPS 系统使用

在管道日常安全管理中,巡检工作是保障管道安全运营,监控和预防因第三方施工、打孔盗油气和地质灾害等安全事件的重要手段。由于管道公司运营管线长、农民巡线工人员素质偏低,巡检工作的管理难度较大。因此,预防监控各类事件事故的发生,是管道安全运营管理的重点及难点。管道公司通过积极开展有效的人防、技防、信息防范,通过对日常巡线业务的高效管理,加强事件预防监管措施。

因此,管道公司迫切需要通过新管理方式、新技术的利用来提升巡检管理的效率和质

量。通过 GPS/GIS、管道完整性管理、通信等方法和技术的实现的巡检系统，可以支持巡线人员对管道隐患及时发现、及时汇报、及时跟踪处理，做到对管道隐患主动预防和全生命周期的管理，并辅助管道管理人员在巡检计划、执行与跟踪、考核、标准等环节的受控管理。全面开展管道巡检管理系统的建设工作，为日常巡线业务提供技术支撑。

管道 GPS 巡检管理系统实现了 PIS 系统与巡检系统的集成，充分利用现有巡检系统资源，解决信息重复填报，中间环节多，上报不及时、不准确，工作量大，以及完整性管理与现场管理"两张皮"的问题。

通过制订巡检数据接口规范，规范 PIS 所需巡检数据的内容、格式，研发巡检数据接口，实现与现有主要巡检系统的巡检数据、巡检日报、巡检事件、巡检方案等数据的集成，实现巡检指令的自动下达，并完成巡检方案完成情况的自动化考核。

管道工程师要每天使用系统查询巡护人员巡检情况，通过该系统能有效了解、监督巡护人员的工作情况。

管道 GPS 巡检管理系统的账户名为中石油邮箱的前缀，密码为中石油邮箱的密码。

第三部分　管道工程师资质认证试题集

初级资质理论认证

初级资质理论认证要素细目表

行为领域	代码	认证范围	编号	认证要点
基础知识 A	A	阴极保护知识	01	金属腐蚀简介
			02	阴极保护原理
			03	阴极保护主要技术指标介绍
			04	杂散电流腐蚀干扰的简单判断与测试
			05	储罐阴极保护基础知识及日常管理
			06	管道阴极保护设施的安装与调试
			07	管道阴极保护设计基础知识及日常管理
			08	管道防腐层知识
			09	PCM+管道检测
	B	管道保护知识	01	管道保护重要性
			02	管道地面标识
			03	第三方施工
			04	与管道相遇的第三方施工处理原则
			05	地质灾害
	C	管道应急管理知识	01	应急管理
			02	管道公司应急预案
			03	管道公司应急响应
	D	工程施工管理知识	01	管线钢简介
			04	缺陷修复简介
			05	埋地钢质管道腐蚀防护工程
			06	管道穿越公路和铁路施工
专业知识 B	A	管道防腐管理	01	管道阴极保护管理
			02	管道防腐层管理
	B	管道保护管理	01	管道巡护管理
			02	管道地面标识管理
			03	管道保护宣传
			04	第三方施工管理
			05	防汛及地质灾害管理
			02	管道风险评价数据收集与整理
	D	管道应急管理	01	应急预案
			02	应急响应
	E	管道管理系统使用	01	PIS 系统使用
			02	GPS 系统使用

初级资质理论认证试题

一、单项选择题(每题 4 个选项,将正确的选项填入括号内)

第一部分　基础知识

阴极保护知识部分

1. AA01 对于给定的原子,质子的数量(　　)电子的数量。
   A. 大于　　　　　B. 小于　　　　　C. 等于　　　　　D. 大于等于

2. AA01 如果不同的金属处于同一电解质并且电气连接,较(　　)的金属电位(　　),发生腐蚀。
   A. 活泼,低　　　B. 稳定,低　　　C. 稳定,高　　　D. 活泼,高

3. AA01 大地中存在着的直流杂散电流造成的地电位差可达几伏甚至几十伏。对埋地管道具有干扰范围(　　)、腐蚀速度(　　)的特点。
   A. 广,快　　　　B. 小,慢　　　　C. 广,慢　　　　D. 小,快

4. AA01 对于很多金属,pH 值(　　)时,腐蚀速率显著增加。
   A. 高于 8　　　　B. 高于 7　　　　C. 低于 4　　　　D. 低于 7

5. AA02 电阻率大于 $10\Omega\cdot m$ 的土壤或淡水环境中通常使用的牺牲阳极材料为(　　)。
   A. 铝阳极　　　　B. 锌阳极　　　　C. 高硅铸铁　　　D. 镁阳极

6. AA02 土壤电阻率小于 $20\Omega\cdot m$ 的土壤环境或海水环境中通常使用的牺牲阳极材料为(　　)。
   A. 铝阳极　　　　B. 锌阳极　　　　C. 高硅铸铁　　　D. 镁阳极

7. AA02 沉积在阴极上(或从阳极上游离出来)的任何材料的质量与通过回路中的电荷量(　　)。
   A. 成反比　　　　B. 成正比　　　　C. 无关　　　　　D. 成对数关系

8. AA02 使用(　　)阳极(　　)阴极的结构可以有效地降低腐蚀电流速率。
   A. 小,小　　　　B. 大,大　　　　C. 小,大　　　　D. 大,小

9. AA02 通过电解质的电流大小受到离子含量的影响,离子越(　　),电导率越(　　)。
   A. 少,大　　　　B. 多,大　　　　C. 少,小　　　　D. 多,小

10. AA02 电解质的电导率越(　　),对于给定的电池电压,电流越(　　)。
    A. 小,小　　　　B. 大,大　　　　C. 小,大　　　　D. 大,小

11. AA03 铜/饱和硫酸铜参比电极的缩写为(　　)。
    A. SCE　　　　　B. KCI　　　　　C. CSE　　　　　D. Zn

12. AA03 饱和甘汞参比电极的缩写为(　　)。
    A. SCE　　　　　B. KCI　　　　　C. CSE　　　　　D. Zn

13. AA04 当管道上的交流干扰电压不高于(　　)时,可不采取交流干扰防护措施。
    A. 4V　　　　　　B. 6V　　　　　　C. 8V　　　　　　D. 10V

14. AA04 当管道上的交流干扰电压高于( )时，应采用交流电流密度进行评估。

A. 4V   B. 6V   C. 8V   D. 10V

15. AA05 储罐内壁阴极保护电位，可以通过安装参比电极的方式来测量。一般采用( )参比电极。

A. 饱和硫酸铜   B. 饱和甘汞   C. 饱和氯化银   D. 纯锌参比电极

16. AA06 雨、雪天，恒电位仪输出电压、电流同时升高，分析为( )。

A. 阳极电缆故障   B. 阴极连接线断线   C. 参比电极失效   D. 正常现象

17. AA07 电流密度是指保护单位面积所需要的电流的大小，单位为( )。

A. mA/m³   B. mA   C. mA/m²   D. mA/m

18. AA07 由于牺牲阳极驱动电压( )、输出电流( )，所以，一般只用在短距离管道、且土壤电阻率低的情况下。

A. 低，小   B. 高，大   C. 低，大   D. 高，小

19. AA07 浅埋式阳极地床安装时，阳极埋入距地表( )的土层中。

A. 0.5~1m   B. 1~5m   C. 10~15m   D. 15m 以下

20. AA07 水平安装的浅埋式阳极是以水平方向埋入一定深度的地层中，用填料将整条阳极沟回填至规定高度，其缺点是( )。

A. 安装土石方量较小   B. 占地面积大
C. 易于施工   D. 容易检查地床各部分的工作情况

21. AA08 普通级石油沥青防腐层总厚度不小于( )。

A. 2mm   B. 4mm   C. 5mm   D. 7mm

22. AA08 加强级煤焦油瓷漆防腐层总厚度不小于( )。

A. 2.4mm   B. 2.8mm   C. 3.2mm   D. 3.6mm

23. AA09 雷迪 PCM+是通过非开挖方法，对埋地管道电绝缘实现无损检测的设备，以下选项中( )使用 PCM+无法测试。

A. 管道定位   B. 管道埋深定位
C. 管道外防腐层缺陷定位   D. 防腐层种类

24. AA09 雷迪 PCM+检测仪有( )种混频电流信号可以选择。

A. 6   B. 5   C. 4   D. 3

25. AA09 BA06 雷迪 PCM+检测仪有( )种输出电流值可以选择。

A. 6   B. 5   C. 4   D. 3

26. AA09 黄色的输出电压指示灯指示 Voltage Limit 表示( )。

A. 输出电压过小   B. 输出电压超限   C. 输出电压正常   D. 仪器故障

管道保护知识部分

27. AB01 2010 年 6 月 25 日，《中华人民共和国石油天然气管道保护法》经中华人民共和国第十一届全国人民代表大会常务委员会第十五次会议通过，予以发布，自 2010 年( )起施行。

A. 7月1日   B. 10月1日   C. 10月15日   D. 9月1日

28. AB01 2010 年 6 月 25 日，《中华人民共和国石油天然气管道保护法》经中华人民共

和国第十一届(　　)第十五次会议通过，予以发布，自 2010 年 10 月 1 日起施行。

  A. 国务院   B. 全国人民代表大会常务委员会

  C. 发改委   D. 全国政协委员会

29. AB01《中华人民共和国石油天然气管道保护法》自(　　)年 10 月 1 日起施行。

  A. 2009   B. 2010   C. 2011   D. 2012

30. AB02 管道地面标识不包括以下哪个(　　)。

  A. 里程桩   B. 测试桩   C. 警戒带   D. 警示牌

31. AB02 里程桩和(　　)能合并设置。

  A. 警示桩   B. 警示牌   C. 测试桩   D. 标志桩

32. AB02 标志桩不包括(　　)。

  A. 转角桩   B. 穿(跨)越桩   C. 分界桩   D. 警示桩

33. AB03(　　)施工是指在管道周边，从事维护管道以外的作业，有潜在危及管道安全的活动。

  A. 承包商   B. 第三方   C. 维修   D. 乙方

34. AB03 第三方施工包括定向钻、(　　)、公路交叉、铁路交叉等。

  A. 顶管作业   B. 维修阀门   C. 光缆检测   D. 航拍

35. AB03 第三方施工包括定向钻、公路交叉、铁路交叉、(　　)等。

  A. 光缆检测   B. 设备维护   C. 电力线路交叉   D. 航拍

36. AB04 在管道线路中心线两侧各 5m 地域范围内，禁止的危害管道安全的行为不包括(　　)。

  A. 种植乔木、灌木、藤类、芦苇、竹子或者其他根系深达管道埋设部位可能损坏管道防腐层的深根植物

  B. 取土、采石、用火、堆放重物、排放腐蚀性物质、使用机械工具进行挖掘施工

  C. 挖塘、修渠、修晒场、修建水产养殖场、建温室、建家畜棚圈、建房以及修建其他建筑物、构筑物

  D. 抛锚、拖锚、挖砂、挖泥、采石、水下爆破。

37. AB04 GB 50251《输气管道工程设计规范》按照居民数和(或)建筑物的密度程度，划分为(　　)个地区等级，并依据地区等级作出相应的管道设计。

  A. 2   B. 3   C. 4   D. 5

38. AB05 地质灾害分(　　)级。

  A. 3   B. 4   C. 5   D. 6

39. AB05 地质灾害不包括(　　)。

  A. 滑坡   B. 泥石流   C. 水土流失   D. 台风

40. AB05 地质灾害不包括(　　)。

  A. 崩塌   B. 地裂缝   C. 地震   D. 山林火灾

管道应急管理知识部分

41. AC01 事故应急管理包括预防、准备、响应和(　　)4 个阶段。

  A. 预警   B. 赔偿   C. 预报   D. 恢复

42. AC01 危险包括人的危险、物的危险和(　　　)危险 3 大类。

A. 财产　　　　　　　　B. 生命　　　　　　　　C. 责任　　　　　　　　D. 交通

43. AC02 管道公司级应急预案由管道公司(　　　)和公司级专项应急预案组成。

A. 专项预案　　　　　　　　　　　　　　B. 现场处置预案

C. 突发事件总体应急预案　　　　　　　　D. 综合预案

44. AC02 输油气分公司级应急预案由分公司(　　　)和分公司级现场处置预案组成。

A. 专项预案　　　　　　　　　　　　　　B. 现场处置预案

C. 突发事件总体应急预案　　　　　　　　D. 突发事件综合应急预案

45. AC02 站队级应急预案由站(队)突发事件综合应急预案和(　　　)组成。

A. 专项预案　　　　　　　　　　　　　　B. 现场处置预案

C. 突发事件总体应急预案　　　　　　　　D. 突发事件综合应急预案

46. AC02"切实履行企业的主体责任，把保障员工和人民群众健康和生命财产安全作为首要任务，最大程度地减少突发事件及其造成的人员伤亡和危害"是《突发事件总体应急预案》的工作原则中的(　　　)。

A. 以人为本，减少危害　　　　　　　　B. 居安思危，预防为主

C. 统一领导，分级负责　　　　　　　　D. 依法规范，加强管理

47. AC02"高度重视安全工作，常抓不懈。对重大安全隐患进行评估、治理，坚持预防与应急相结合，常态与非常态相结合，做好应对突发事件的各项准备工作"是《突发事件总体应急预案》的工作原则中的(　　　)。

A. 以人为本，减少危害　　　　　　　　B. 居安思危，预防为主

C. 统一领导，分级负责　　　　　　　　D. 依法规范，加强管理

48. AC02"在国家和政府部门的统一领导下，在管道公司应急领导小组指导下，建立健全分类管理、分级负责、条块结合、属地管理为主的应急管理体制，落实行政领导责任制"是《突发事件总体应急预案》的工作原则中的(　　　)。

A. 以人为本，减少危害　　　　　　　　B. 居安思危，预防为主

C. 统一领导，分级负责　　　　　　　　D. 依法规范，加强管理

49. AC02"依据有关的法律法规和管理制度，加强应急管理，使应急工作程序化、制度化、法制化"是《突发事件总体应急预案》的工作原则中的(　　　)。

A. 以人为本，减少危害　　　　　　　　B. 居安思危，预防为主

C. 统一领导，分级负责　　　　　　　　D. 依法规范，加强管理

50. AC02"实行区域应急联防制度，整合内部应急资源和外部应急资源，加强应急队伍建设，形成统一指挥、反应灵敏、功能齐全、协调有序、运转高效的应急管理机制"是《突发事件总体应急预案》的工作原则中的(　　　)。

A. 以人为本，减少危害　　　　　　　　B. 整合资源，联动处置

C. 依靠科技，提高素质　　　　　　　　D. 归口管理，信息及时

51. AC02"加强公共安全科学研究和技术开发，积极采用先进的监视、监测、预警、预防和应急处置技术及设施，避免次生、衍生事故发生。加强对员工、相关方和社区应急知识宣传和员工技能培训教育，提高自救、互救和应对突发事件的综合素质"是《突发事件总体应急预案》的工作原则中的(　　　)。

A. 以人为本，减少危害   B. 整合资源，联动处置

C. 依靠科技，提高素质   D. 归口管理，信息及时

52. AC02"及时坦诚面向公众、媒体和各利益相关方，提供突发事件信息，统一归口发布信息，依靠社会各方资源共同应急"是《突发事件总体应急预案》的工作原则中的(　　)。

A. 以人为本，减少危害   B. 整合资源，联动处置

C. 依靠科技，提高素质   D. 归口管理，信息及时

53. AC02 管道公司级专项应急预案每年至少演练(　　)次。

A. 1   B. 2   C. 3   D. 4

54. AC02 输油气分公司级应急预案每年至少演练(　　)次。

A. 1   B. 2   C. 3   D. 4

55. AC02 站队级应急预案演练每年至少演练(　　)次。

A. 1   B. 2   C. 3   D. 4

56. AC02 管道公司对突发应急事件分为(　　)级。

A. 3   B. 4   C. 5   D. 6

57. AC02 造成或可能造成 10 人以上死亡(含失踪)，或 50 人以上重伤(含中毒)的，为(　　)级突发事件。

A. Ⅰ   B. Ⅱ   C. Ⅲ   D. Ⅳ

58. AC02 造成或可能造成 5000 万元以上直接经济损失的，为(　　)级突发事件。

A. Ⅰ   B. Ⅱ   C. Ⅲ   D. Ⅳ

59. AC02 造成或可能造成大气、土壤、水环境重大及以上污染的，为(　　)级突发事件。

A. Ⅰ   B. Ⅱ   C. Ⅲ   D. Ⅳ

60. AC02 引起国家领导人关注，或国务院、相关部委领导做出批示的，为(　　)级突发事件。

A. Ⅰ   B. Ⅱ   C. Ⅲ   D. Ⅳ

61. AC02 引起人民日报、新华社、中央电视台、中央人民广播电台等国内主流媒体，或法新社、路透社、美联社、合众社等境内重要媒体负面影响报道或评论的，为(　　)级突发事件。

A. Ⅰ   B. Ⅱ   C. Ⅲ   D. Ⅳ

62. AC02 造成或可能造成 3 人以上 10 人以下死亡(含失踪)，或 10 人以上 50 人以下重伤(含中毒)的，为(　　)级突发事件。

A. Ⅰ   B. Ⅱ   C. Ⅲ   D. Ⅳ

63. AC02 造成或可能造成 1000 万元以上 5000 万元以下直接经济损失的，为(　　)级突发事件。

A. Ⅰ   B. Ⅱ   C. Ⅲ   D. Ⅳ

64. AC02 造成或可能造成大气、土壤、水环境较大污染的，为(　　)级突发事件。

A. Ⅰ   B. Ⅱ   C. Ⅲ   D. Ⅳ

65. AC02 引起省部级或集团公司领导关注，或省级政府部门领导作出批示的，为(　　)级突发事件。

A. Ⅰ   B. Ⅱ   C. Ⅲ   D. Ⅳ

66. AC02 引起省级主流媒体负面影响报道或评论的，为(　　)级突发事件。

A. Ⅰ　　　　　　B. Ⅱ　　　　　　C. Ⅲ　　　　　　D. Ⅳ。

67. AC02 造成或可能造成 3 人以下死亡(含失踪)，或 3 人以上 10 人以下重伤(含中毒)的，为(　　)级突发事件。

A. Ⅰ　　　　　　B. Ⅱ　　　　　　C. Ⅲ　　　　　　D. Ⅳ

68. AC02 造成或可能造成 500 万元以上 1000 万元以下直接经济损失的，为(　　)级突发事件。

A. Ⅰ　　　　　　B. Ⅱ　　　　　　C. Ⅲ　　　　　　D. Ⅳ

69. AC02 造成或可能造成大气、土壤、水环境一般污染的，为(　　)级突发事件。

A. Ⅰ　　　　　　B. Ⅱ　　　　　　C. Ⅲ　　　　　　D. Ⅳ

70. AC02 引起地(市)级领导关注，或地(市)级政府部门领导做出批示的，为(　　)级突发事件。

A. Ⅰ　　　　　　B. Ⅱ　　　　　　C. Ⅲ　　　　　　D. Ⅳ

71. AC02 引起地(市)级主流媒体负面影响报道或评论的，为(　　)级突发事件。

A. Ⅰ　　　　　　B. Ⅱ　　　　　　C. Ⅲ　　　　　　D. Ⅳ

72. AC03 发生 Ⅱ 级突发事件的，启动公司(　　)应急响应。

A. 集团公司级　　　B. 管道公司级　　　C. 分公司级　　　D. 站队级

73. AC03 发生 Ⅲ 级突发事件，各单位请求公司给予支援或帮助的，启动公司(　　)应急响应。

A. 集团公司级　　　B. 管道公司级　　　C. 分公司级　　　D. 站队级

74. AC03 受国家、政府及集团公司应急联动要求的，启动公司(　　)应急响应。

A. 集团公司级　　　B. 管道公司级　　　C. 分公司级　　　D. 站队级

75. AC03 相关应急工作主要部门根据突发事件的发展态势报告应急领导小组副组长(主管业务副总经理)和组长，由(　　)决定启动公司应急响应。

A. 经理　　　　　　B. 总经办主任　　　C. 组长　　　　　　D. 副组长

76. AC03 首次应急会议由应急领导小组(　　)(或受委托的副组长)主持召开，应急领导小组副组长、成员参加。

A. 经理　　　　　　B. 总经办主任　　　C. 副组长　　　　　D. 组长

77. AC03 现场应急指挥部确认应急状态可以解除时，向公司相关应急工作主要部门报告，由应急领导小组(　　)决定并发布应急状态解除命令，宣布应急状态解除。

A. 经理　　　　　　B. 指挥　　　　　　C. 副组长　　　　　D. 组长

78. AC03"发生 Ⅱ 级突发事件，财务部门应提供应急工作需要的资金(包括赔偿费用、保险理赔等)"是应急响应的后勤管理的(　　)要求。

A. 财务　　　　　　B. 通信　　　　　　C. 交通　　　　　　D. 办公

79. AC03"加强对应急工作专项费用的监督管理"是应急响应的后勤管理的(　　)要求。

A. 财务　　　　　　B. 通信　　　　　　C. 交通　　　　　　D. 办公

80. AC03"保障公司应急领导小组与事发现场的电话、传真、网络、视频通信畅通"是应急响应的后勤管理的(　　)要求。

A. 财务　　　　　　B. 通信　　　　　　C. 交通　　　　　　D. 办公

81. AC03"保障公司应急部门对外电话、互联网络畅通"是应急响应的后勤管理的

( )要求。

  A. 财务   B. 通信   C. 交通   D. 办公

82. AC03"公司应保障事件现场与集团公司及当地政府的应急通信畅通"是应急响应的后勤管理的( )要求。

  A. 财务   B. 通信   C. 交通   D. 办公

83. AC03"对外来采访突发事件人员进行疏导和妥善安排"是应急响应的后勤管理的( )要求。

  A. 财务   B. 通信   C. 交通   D. 办公

84. AC03 管道公司24h应急值守电话:( )。

  A. 0316-2170700 B. 0316-2170701 C. 0316-2170707 D. 0316-2170708

85. AC03 应在首次会议后( )内完成新闻稿的草拟和送审。

  A. 1h   B. 2h   C. 3h   D. 4h

工程施工管理知识部分

86. AD05 当土壤电阻率是( )时,该土壤腐蚀性为强。

  A. <20Ω·m B. 20~50Ω·m C. >50Ω·m D. 100Ω·m

87. AD05 当土壤电阻率是( )时,该土壤腐蚀性为中。

  A. <20Ω·m B. 20~50Ω·m C. >50Ω·m D. 100Ω·m

88. AD05 当土壤电阻率是( )时,该土壤腐蚀性为弱。

  A. <20Ω·m B. 20~50Ω·m C. >50Ω·m D. 100Ω·m

89. AD05 防腐层和补口补伤用材料检验时,查看( )等内容。

  A. 材料价格、出厂合格证、产品说明书

  B. 出厂合格证、产品说明书、材料性能检测报告

  C. 产品说明书、材料性能检测报告、材料价格

  D. 出厂合格证、材料性能检测报告、材料价格

90. AD06 管道施工过程验收,要求的验收频次是( )。

  A. 每道工序完成后均需进行验收 B. 不论完成多少道工序每日仅验收一次

  C. 竣工统一验收 D. 不论完成多少道工序每2日验收一次

第二部分 专业知识

管道防腐管理部分

91. BA01 阴极保护停运( )后,方可进行管道自然电位检测。

  A. 8h   B. 12h   C. 16h   D. 24h

92. BA01 当管道全线达到( )指标后,管道阴极保护投运操作完毕。

  A. 最大阴极保护电位   B. 最大保护电流

  C. 最小阴极保护电位   D. 最小保护电流

93. BA01 阴极保护站恒电位仪开机率不得低于( )。

  A. 90%   B. 95%   C. 98%   D. 100%

94. BA01 阴极保护管道与未被保护的金属结构"短路"故障发生后，阴极保护系统会出现在规定的通电电位下，输出电流(   )，管道保护距离(   )的现象。

A. 增大，增长　　　B. 减小，增长　　　C. 增大，缩短　　　D. 减小，缩短

95. BA01 在整流器上工作时，首先要做的是(   )。

A. 断开面板上的开关　　　　　　　B. 记录仪器运行数据

C. 检查仪器运行状态　　　　　　　D. 用电笔试一下外壳是否带电

96. BA01 对整流器设备内部进行操作时，应断开(   )并安装安全锁及标签。

A. 面板上的开关　　B. 交流电源　　C. 阴极电缆　　D. 杨极电缆

97. BA01 当管道位于高压输电线路附近时，接触测试桩或管道前，应首先测量管道的(   )。

A. 保护电位　　B. 保护电流　　C. 绝缘电阻　　D. 交流电压

98. BA01 测量交流干扰时，使用的数字式电压表输入阻抗应大于等于(   )。

A. 5MΩ　　　B. 10MΩ　　　C. 15MΩ　　　D. 20MΩ

99. BA01 测量交流干扰时，使用的电流表精确度为(   )。

A. 1%　　　B. 2%　　　C. 2.5%　　　D. 3%

100. BA02 雷迪 PCM+检测仪发射机连接时，保证发射机处于关机状态，然后将发射机的(   )输出线连到(   )，将(   )输出线连到(   )。

A. 白色，管道，绿色，阳极　　　　B. 绿色，管道，白色，阳极

C. 白色，测试桩，绿色，阳极　　　D. 绿色，测试桩，白色，管道

101. BA02 雷迪 PCM+检测仪施加发射信号时，采用接地钎设接地点，接地点的位置应距离管道连接点至少(   )，以保证足够的信号传输距离。

A. 1m　　　B. 10m　　　C. 25m　　　D. 45m

102. BA02 PCM+接收机自动测量并实时显示管线深度。深度单位为(   )。

A. mm　　　B. cm　　　C. m　　　D. km

103. BA02 测管道埋深时请务必注意，接收机必须放在管道上方，与管道成(   )角。

A. 30°　　　B. 45°　　　C. 60°　　　D. 90°

管道保护管理部分

104. BB01 每年(   )，上报给管道科本年度的"巡线管理工作总结"。

A. 年初　　　B. 年中　　　C. 年底　　　D. 11 月

105. BB03 管道工程师在每年(   )制订下一年度的管道宣传计划和方案。

A. 11 月底　　　B. 10 月底　　　C. 1 月底　　　D. 12 月底

106. BB05 汛期，指定专人每天登录(   )查看预警信息。

A. 管道气象与地质灾害预警平台　　　　B. PIS 系统

C. ERP 系统　　　　D. PPS 系统

管道应急管理部分

107. BD01 管道工程师要在年初制订本年度的站外管道应急预案演练计划和方案，将演练计划和方案上传到(   )系统中。

A. ERP　　　　　　B. PIS　　　　　　C. PioaGIS　　　　　D. PPS

108. BD01 在应急预案演练结束后,应当对应急预案演练效果进行总结,撰写应急预案演练总结,分析存在的问题,并对应急预案提出修订意见,并上传到(　　)系统。

A. ERP　　　　　　B. PIS　　　　　　C. PioaGIS　　　　　D. PPS

109. BD02(　　)是针对发生的事故,有关组织或人员采取的应急行动。

A. 应急预案　　　　B. 应急响应　　　　C. 应急演练　　　　D. 应急培训

管道管理系统使用部分

110. BE01 管道完整性管理系统(PIS 系统)划分为(　　)个子系统。

A. 1　　　　　　　B. 2　　　　　　　C. 3　　　　　　　D. 4

111. BE01 日常工作中,管道工程师办理业务的子系统是(　　)。

A. 基础信息子系统　　　　　　　　　B. 技术支持子系统

C. 业务管理子系统　　　　　　　　　D. 效能管理子系统

112. BE01(　　)系统以知识库的方式进行管道业务相关的法规标准、技术规范等文档的管理,以便捷的方式为用户提供知识文档的获取与支持。

A. 基础信息子系统　　　　　　　　　B. 技术支持子系统

C. 业务管理子系统　　　　　　　　　D. 效能管理子系统

113. BE01(　　)是一种结合技术和管理来改善和优化完整性管理的综合手段,它能有效地为管理层制定完整性管理决策提供依据和支持。

A. 基础信息子系统　　　　　　　　　B. 技术支持子系统

C. 业务管理子系统　　　　　　　　　D. 效能管理子系统

114. BE01(　　)主要针对数据的维护、编辑、管理,以保证数据的可用性,它面向的用户是一些专业的数据库维护人员,主要是为上层的业务管理平台所用的设备信息以及各评价系统提供可用的数据支持。

A. 基础信息子系统　　　　　　　　　B. 技术支持子系统

C. 业务管理子系统　　　　　　　　　D. 效能管理子系统

115. BE02 管道 GPS 巡检管理系统实现了与现有主要巡检系统的巡检数据、巡检日报、巡检事件、(　　)等数据的集成。

A. 防汛周报　　　　B. 防汛日报　　　　C. 宣传计划　　　　D. 巡检方案

116. BE02 管道 GPS 巡检管理系统实现了(　　)与巡检系统的集成。

A. ERP 系统　　　　B. PIS 系统　　　　C. PPS 系统　　　　D. PioaGIS 系统

二、判断题(对的画"√",错的画"×")

第一部分　基础知识

阴极保护知识部分

(　　)1. AA01 金属是由原子构成的,原子是由原子核和绕原子核旋转的电子组成。

(　　)2. AA01 在电化学反应中失去电子,发生氧化反应的电极是阴极。

（　　）3. AA01 在电化学反应中得到电子，发生还原反应的电极是阴极。

（　　）4. AA01 电位的差异就是电流流动的动力，也是腐蚀的源泉。

（　　）5. AA01 当介质中的 H^+ 过量，则为酸性的。当介质中存在过量的 OH^-（氢氧根离子），则介质为碱性的。

（　　）6. AA01 pH 值中性点为 7，酸性溶液的 pH 值高于 7，而碱性溶液的 pH 值低于 7。

（　　）7. AA01 在低和高的 pH 值的情况下，都发生腐蚀的金属被称为两性金属。

（　　）8. AA02 镁阳极具有高驱动电压、低电流效率，多用于电阻率大于 $20\Omega \cdot m$ 的土壤环境或海水环境。

（　　）9. AA02 锌牺牲阳极多用于土壤电阻率小于 $20\Omega \cdot m$ 的土壤环境或海水环境。

（　　）10. AA02 铝牺牲阳极大多用于海水环境金属结构或原油储罐内底板的阴极保护，不能用于氯离子含量低的土壤环境。

（　　）11. AA03 参比电极的电位应具有重复性，极化小、稳定性好、寿命长。

（　　）12. AA03 参比电极的电位波动应大于 10mV。

（　　）13. AA03 饱和硫酸铜参比电极维护时，使用金属的研磨材料清洁铜棒。

（　　）14. AA04 当管道上的交流干扰电压不高于 4V 时，可不采取交流干扰防护措施。

（　　）15. AA04 交流干扰测试分为：普查测试、详细测试和防护效果评定测试 3 种。

（　　）16. AA04 交流干扰普查测试点应选在与干扰源接近的管段，间隔宜为 2km，宜利用现有测试桩。

（　　）17. AA05 为检测储罐底板阴极保护效果，应在罐底板下方埋设长效参比电极，罐底中心埋设的参比电极宜为长效硫酸铜或纯锌参比电极。

（　　）18. AA05 对于位于土壤电阻率低的环境中的小型储罐，宜采用外加电流阴极保护。

（　　）19. AA05 储罐内壁阴极保护电位，一般采用保护氯化银参比电极测试。

（　　）20. AA06 因高硅铸铁性脆、易断，在搬运、安装时应特别小心，以免摔碰而断裂，不能把阳极导线作为起吊工具。

（　　）21. AA06 直埋电缆敷设时应在长度上留有一定裕量并作波浪形敷设，以适应回填土的下沉。

（　　）22. AA07 阳极地床一般选择安装在高土壤电阻率的地点。

（　　）23. AA07 由于牺牲阳极驱动电压低、输出电流小，所以，一般只用在短距离管道、且土壤电阻率低的情况下。

（　　）24. AA07 外加电流阴极保护由于输出可调，可以用在大型管道以及高土壤电阻率区。

（　　）25. AA08 加强级石油沥青防腐层总厚度≥4.5mm。

（　　）26. AA08 普通级环氧煤沥青防腐层结构为底漆—面漆—面漆—面漆。

（　　）27. AA09 PCM+发射机上的黄色输出电压指示灯指示输出电压。电压指示灯不亮，表明输出电压小于 20V。

（　　）28. AA09 PCM+发射机上的黄色输出电压指示灯指示输出电压。电压指示灯指示超压，表明管道电阻或大地电阻过低。

管道保护知识部分

(　　)29. AB01 由于油气管道运输的介质具有高压、易燃和易爆的特点，一旦管道被损毁、破坏，导致油气泄漏，极易发生火灾爆炸和人员伤亡事故，给人民生命财产带来严重损失。

(　　)30. AB02 标识带是连续敷设于埋地管道下方，用于防止第三方施工意外损坏管道设置的管道标识。

(　　)31. AB02 管道地面标识是用于管道上方的各种地面标记，包括里程桩、标志桩、测试桩、通信标石、加密桩、警示牌等。

(　　)32. AB02 测试桩布设在埋地管道上，用于监测与测试管道阴极保护参数的附属设施(一般将里程桩与测试桩合并设置)。

(　　)33. AB02 阀室标牌是明示管道线路上各类阀室的标志。

(　　)34. AB05 特大型地质灾害险情是指受灾害威胁，需搬迁转移人数在1000人以上或潜在可能造成的经济损失1亿元以上的地质灾害险情。

(　　)35. AB05 特大型地质灾害灾情是因灾死亡30人以上或因灾造成直接经济损失1000万元以上的地质灾害灾情。

(　　)36. AB05 大型地质灾害险情是指受灾害威胁，需搬迁转移人数在500人以上、1000人以下，或潜在经济损失5000万元以上、1亿元以下的地质灾害险情。

(　　)37. AB05 大型地质灾害灾情是指因灾死亡10人以上、30人以下，或因灾造成直接经济损失500万元以上、1000万元以下的地质灾害灾情。

(　　)38. AB05 中型地质灾害险情是指受灾害威胁，需搬迁转移人数在100人以上、500人以下，或潜在经济损失500万元以上、5000万元以下的地质灾害险情。

(　　)39. AB05 中型地质灾害灾情是指因灾死亡3人以上、10人以下，或因灾造成直接经济损失100万元以上、500万元以下的地质灾害灾情。

(　　)40. AB05 小型地质灾害险情是指受灾害威胁，需搬迁转移人数在100人以下，或潜在经济损失500万元以下的地质灾害险情。

(　　)41. AB05 小型地质灾害灾情是指因灾死亡3人以下，或因灾造成直接经济损失。

管道应急管理知识部分

(　　)42. AC02 一河一案、一地一案都是分公司级综合应急预案。

(　　)43. AC02 演练计划不需要上传到PIS系统中。

(　　)44. AC02"造成或可能造成5000万元以上直接经济损失的"是管道公司级突发事件。

(　　)45. AC02 "造成或可能造成3人以上10人以下死亡(含失踪)，或10人以上50人以下重伤(含中毒)的"是集团公司级突发事件。

(　　)46. AC02 "引起地(市)级领导关注，或地(市)级政府部门领导做出批示的"是分公司级突发事件。

(　　)47. AC02"生产工艺和技术发生变化的"应进行修订应急预案。

(　　)48. AC03 "受国家、政府及集团公司应急联动要求"是管道公司应急响应启动条件。

（　　）49. AC03 公司对外信息披露人由公司应急领导小组指派或授权现场指挥部指定，未经授权任何人不得擅自对外发布信息和接受媒体采访。

（　　）50. AC03 公司及各单位启动应急响应后，受突发事件影响的单位应当配合政府有关部门做好相关方的告知工作。

工程施工管理知识部分

（　　）51. AD01 随着含碳量降低，在焊接热影响区氢诱发裂纹的倾向减小。

（　　）52. AD04 管体缺陷常用修复技术包括打磨、堆焊、补板、A 型套筒、B 型套筒、环氧钢套筒、复合材料、机械夹具以及换管。

（　　）53. AD05 从腐蚀防护的角度，埋地钢质管道沿线的环境调查应包括土壤腐蚀性和杂散电流干扰两个方面。

（　　）54. AD05 应控制的阴极保护产品包括：电源设备、辅助阳极、牺牲阳极、参比电极、测试桩、绝缘法兰、接地极、电缆、填包料等。

（　　）55. AD05 长效参比电极的电缆要紧靠电源电缆。

（　　）56. AD06 顶管作业坑应选在地面高程较低的一侧，作业坑应有足够的长度和宽度。

第二部分　专业知识

管道防腐管理部分

（　　）57. BA01 各站通电点电位的控制数值，应能保证相邻两站间的管段保护电位（消除 R 降）达到 $-0.85V$（CSE），同时，各站通电点最负电位不允许超过规定数值 [$-1.20V$（CSE）]。

（　　）58. BA01 如果电位测量时发现电位很正，多半是电缆与管道断开，应当尽快修复。

（　　）59. BA01 绝缘接头的作用是阻断电流路径，使其限定在管段。

（　　）60. BA01 当管道位于高压输电线路附近时，接触测试桩或管道前，应首先测量管道的交流电压，安全交流电压不高于 36V。

（　　）61. BA01 测量交流干扰时，使用的数字式电压表输入阻抗应大于等于 15MΩ。

（　　）62. BA01 测量交流干扰时，使用的电流表精确度为 2.5%。

（　　）63. BA02 PCM 发射机的白色输出线连接到阳极，绿色输出线连接到阳极管道。

（　　）64. BA02 PCM 发射机接地点的位置应距离管道连接点至少 10m，以保证足够的信号传输距离。

（　　）65. BA02 使用 PCM 检测管线电流时，接收机必须保持静止状态，才能得到准确的测量值。

（　　）66. BA02 A 字架配合 PCM+接收机用于精确定位涂层缺损点和绝缘故障点。

管道保护管理部分

（　　）67. BB01 与公安等政府部门建立联系，通过组织召开联席会、座谈会、行文等方式汇报管道保护情况，争取公安等政府部门对管道保护工作的支持。

（　　）68. BB01 管道工程师要每年定期组织召开巡护人员会议，分析总结前段时间管道巡护工作，评优树先，安排部署下一阶段巡查重点。

（　　）69. BB01 管道工程师每年对巡护人员进行业务培训，对新上岗的巡护人员进行业务培训。

（　　）70. BB01 管道工程师要每周巡线一次。

（　　）71. BB02 桩体损坏或桩体表面 1/2 以上标记的字迹不清时，应及时进行修复。

（　　）72. BB03 每年 11 月份对本年度的管道保护宣传效果进行总结分析，并在制订下一年宣传计划时进行改进。

（　　）73. BB04 每年的 4 月和 10 月，管道工程师组织排查第三方施工损伤管道风险。

（　　）74. BB04 在准许施工作业前，需 24h 进行现场巡护，确保危及管道安全的施工作业不得开工。

（　　）75. BB04 第三方管道施工管理可有效控制管道周边第三方施工可能导致的管道安全风险，避免第三方施工误损伤管道。

（　　）76. BB05 主汛期间实行 24h 值班制，并逐级汇报有关汛情或灾情。

（　　）77. BB05 管道工程师要组织识别防汛管理重点地段，并在巡线记录中进行更新。

（　　）78. BB05 要建立防汛物资明细表，汛前认真核查防汛物资储备情况，将所缺物资上报管道(保卫)科，由供应站统一购置或自购。

（　　）79. BB05 掌握基本的电气安全知识，会使用万用表也是管道工程师必备的技能。

管道应急管理部分

（　　）80. BD01 管道工程师要在年初制订本年度的站外管道应急预案演练计划和方案，将演练计划和方案上传到 PIS 系统中。

（　　）81. BD01 管道工程师要制订应急预案培训计划，对各专业应急人员、应急指挥人员、企业员工进行应急培训，使其了解并掌握应急预案总体要求和与员工相关内容的详细要求。

（　　）82. BD01 各分公司级应急预案应同时向管道途径地市级以上(包括省、自治区、直辖市或者设区的市)人民政府及相关部门备案(包括应急管理部门、安全生产监督管理部门、环保主管部门)，若应急预案有较大的修订后及时再次备案，备案后，要取得备案登记或相关证据。

（　　）83. BD02 应急响应是针对发生的事故，有关组织或人员采取的应急行动。

（　　）84. BD02 管道工程师要根据分公司级和站级应急预案中的分工做好现场应急响应工作。

管道管理系统使用部分

（　　）85. BE01 PIS 系统的账户名为中石油邮箱的前缀，密码为中石油邮箱的密码。

（　　）86. BE02 管道 GPS 巡检管理系统的账户名为中石油邮箱的前缀，密码为中石油邮箱的密码。

三、简答题

第一部分　基础知识

阴极保护知识部分

1. AA02 牺牲阳极阴极保护地床使用填料时，阳极的电流输出效率显著提高，请描述牺牲阳极地床填料的一般成分、含量。
2. AA08 简述煤焦油瓷漆防腐层的特点。
3. AA08 简述环氧粉末防腐层的特点。

管道保护知识部分

4. AB03《中华人民共和国石油天然气管道保护法》中在管道线路中心线两侧各 5m 地域范围内，禁止哪些危害管道安全的行为？
5. AB05 什么是地质灾害？
6. AB05 简述断层的 3 种基本形式。

管道应急管理知识部分

7. AC01 应急预案的定义是什么？
8. AC01 什么是应急管理工作的"一案三制"？
9. AC01 简述事故应急管理的 4 个阶段。
10. AC02 管道公司突发事件分为哪几类？
11. AC02 突发应急事件分为哪几级？
12. AC02 事故灾难事件中油气长输管道突发事件的 I 级事件都是哪些？
13. AC02 管道公司预案结构体系是什么？
14. AC02 分公司级现场处置应急预案是什么？
15. AC02 中国石油管道公司《突发事件总体应急预案》的工作原则是什么？
16. AC03 符合哪些条件时，经公司应急领导小组决定，可以启动公司级应急响应？
17. AC03 应急响应时，向管道公司报告的内容是什么？

第二部分　专业知识

管道防腐管理部分

18. BA01 恒电位仪的维护内容包括哪些？
19. BA01 简述阴极保护系统测试桩的维护内容。
20. BA01 管道漏点故障缠上的原因主要有哪些？
21. BA01 恒电位仪系统的检查与维护一般包括哪些项目？
22. BA01 牺牲阳极系统检查内容一般包括哪些项目？

管道保护管理部分

23. BB01 简述管道工程师巡线的内容。

24. BB01 管道工程师如何与地方政府部门建立联系？

25. BB03 管道工程师如何组织管道宣传活动？

26. BB04 管道重点防护部位是指什么？

27. BB04 管道工程师如何防护管道重点部位？

28. BB04 第三方施工损伤管道潜在风险包括什么？

29. BB04 在第三方施工监护现场，监护人要在第一时间做到"四清"，"四清"指的是什么？

30. BB04 第三方施工中实行"可控和可视化管理"是什么？

31. BB04 第三方施工的竣工验收的内容是什么？

32. BB04 第三方施工中的特殊情况如何处理？

管道完整性管理部分

33. BC02 管道风险评价指的是什么？

34. BC02 管道风险评价作业活动可分为哪 3 个阶段？

管道应急管理部分

35. BD02 应急响应是指什么？

36. BD02 管道工程师的应急响应工作内容包括哪些？

四、计算题

第一部分　基础知识

阴极保护知识部分

1. BA01 某站阴极保护投运后，除在测试自然电位时停机 100h 外，其他时间仪器均开机运行正常，请计算该站恒电位仪开机率(取两位小数)。

初级资质理论认证试题答案

一、单项选择题答案

1. C	2. A	3. A	4. C	5. D	6. B	7. B	8. D	9. B	10. B
11. C	12. A	13. A	14. A	15. D	16. D	17. C	18. A	19. B	20. A
21. B	22. C	23. D	24. D	25. A	26. B	27. B	28. B	29. B	30. C
31. C	32. D	33. B	34. A	35. C	36. D	37. C	38. B	39. D	40. D

41. D 42. C 43. C 44. D 45. B 46. A 47. B 48. C 49. D 50. B

51. C 52. D 53. A 54. B 55. D 56. B 57. A 58. A 59. A 60. A

61. A 62. B 63. B 64. B 65. B 66. B 67. C 68. C 69. C 70. C

71. C 72. B 73. B 74. B 75. B 76. B 77. B 78. B 79. B 80. B

81. B 82. B 83. D 84. A 85. A 86. A 87. B 88. C 89. B 90. A

91. D 92. C 93. C 94. C 95. D 96. B 97. D 98. B 99. C 100. A

101. D 102. C 103. D 104. C 105. B 106. A 107. B 108. B 109. B 110. D

111. C 112. B 113. D 114. A 115. B 116. B

二、判断题答案

1. √ 2. ×在电化学反应中失去电子，发生氧化反应的电极是阳极。 3. √ 4. √ 5. √ 6. × pH 值中性点为 7，酸性溶液的 pH 值低于 7，而碱性溶液的 pH 值高于 7。 7. √ 8. ×镁阳极具有高驱动电压、低电流效率，多用于电阻率大于 10Ω·m 的土壤或淡水环境中。 9. √ 10. √

11. √ 12. ×参比电极的电位波动应小于 10mV。 13. ×饱和硫酸铜参比电极维护时，使用非金属的研磨材料清洁铜棒。 14. √ 15. √ 16. ×直流干扰普查测试点应选在与干扰源接近的管段，间隔宜为 1km，宜利用现有测试桩。 17. √ 18. ×对于位于土壤电阻率低的环境中的小型储罐，宜采用牺牲阳极阴极保护。 19. ×储罐内壁阴极保护电位，一般采用纯锌参比电极测试。 20. √

21. √ 22. ×阳极地床一般选择安装在低土壤电阻率的地点。 23. √ 24. √ 25. ×加强级石油沥青防腐层总厚度≥5.5mm。 26. √ 27. √ 28. ×PCM+发射机上的黄色输出电压指示灯指示输出电压。电压指示灯指示超压，表明管道电阻或大地电阻过高。 29. √ 30. ×标识带是连续敷设于埋地管道上方，用于防止第三方施工意外损坏管道设置的管道标识。

31. √ 32. √ 33. √ 34. √ 35. √ 36. √ 37. √ 38. √ 39. √ 40. √

41. √ 42. ×一河一案、一地一案都是分公司级现场处置预案。 43. ×演练计划需要上传到 PIS 系统中。 44. ×"造成或可能造成 5000 万元以上直接经济损失的"是集团公司级突发事件。 45. ×"造成或可能造成 3 人以上 10 人以下死亡(含失踪)，或 10 人以上 50 人以下重伤(含中毒)的"是管道公司级突发事件。 46. √ 47. √ 48. √ 49. √ 50. √

51. √ 52. √ 53. √ 54. √ 55. ×长效参比电极的电缆不能紧靠电源电缆。 56. √ 57. √ 58. √ 59. √ 60. ×当管道位于高压输电线路附近时，接触测试桩或管道前，应首先测量管道的交流电压，安全交流电压不高于 15V。

61. ×测量交流干扰时，使用的数字式电压表输入阻抗应大于等于 10MΩ。 62. √ 63. ×PCM 发射机的白色输出线连接到管道，绿色输出线连接到阳极连线。64. ×PCM 发射机接地点的位置应距离管道连接点至少 45m，以保证足够的信号传输距离。 65. √ 66. √ 67. √ 68. √ 69. √ 70. √

71. ×桩体损坏或桩体表面 1/3 以上标记的字迹不清时，应及时进行修复。 72. ×每年

12 月对本年度的管道保护宣传效果进行总结分析，并在制订下一年宣传计划时进行改进。

73. √　74. √　75. √　76. √　77. ×管道工程师要组织识别防汛管理重点地段，并在 PIS 系统中进行更新。　78. √　79. √　80. √

81. √　82. ×各分公司级应急预案应同时向管道途径地县级以上（包括省、自治区、直辖市或者设区的市）人民政府及相关部门备案（包括应急管理部门、安全生产监督管理部门、环保主管部门），若应急预案有较大的修订后及时再次备案，备案后，要取得备案登记或相关证据。　83. √　84. √　85. √　86. √

三、简答题答案

1. AA02 牺牲阳极阴极保护地床使用填料时，阳极的电流输出效率显著提高，请描述牺牲阳极地床填料的一般成分、含量。

答：牺牲阳极地床回填料成分一般为：① 石膏粉 75%；② 膨润土 20%；③ 硫酸钠 5%。

评分标准：每答对①~③三种材料名称，得 10%，3 种材料均答对得 30%。答对石膏粉比例得 30%，答对膨润土比例得 20%，答对硫酸钠比例得 20%。

2. AA08 简述煤焦油瓷漆防腐层的特点？

答：① 抗水性能、粘结性能优于石油沥青；② 能抗植物根茎穿透；③ 耐微生物腐蚀；④ 电绝缘性能好。

评分标准：答对①~④各占 25%。

3. AA08 简述环氧粉末防腐层的特点。

答：环氧粉末防腐层具有优异的防腐性能，较为突出的优点包括：① 机械性能好；② 耐磨性能强；③ 粘结性能强；④ 耐阴极剥离性能好；⑤ 耐温性能好。

评分标准：答对①~⑤各占 20%。

4. AB03《中华人民共和国石油天然气管道保护法》中在管道线路中心线两侧各 5m 地域范围内，禁止哪些危害管道安全的行为？

答：① 种植乔木、灌木、藤类、芦苇、竹子或者其他根系深达管道埋设部位可能损坏管道防腐层的深根植物；② 取土、采石、用火、堆放重物、排放腐蚀性物质、使用机械工具进行挖掘施工；③ 挖塘、修渠、修晒场、修建水产养殖场、建温室、建家畜棚圈、建房以及修建其他建筑物、构筑物。

评分标准：答对①占 40%，答对②③各占 30%。

5. AB05 什么是地质灾害？

答：地质灾害是指在自然或者人为因素的作用下形成的，对人类生命财产、环境造成破坏和损失的地质作用（现象）。

评分标准：答对占 100%。

6. AB05 简述断层的 3 种基本形式。

答：断层分为走滑断层、正断层和逆断层 3 种基本形式。

评分标准：答对占 100%。

7. AC01 应急预案的定义是什么？

答：应急预案是根据发生和可能发生的突发事件，事先研究制订的应对计划和方案。

评分标准：答对占 100%。

8. AC01 什么是应急管理工作的"一案三制"？

答：应急管理工作的"一案三制"是指① 应急预案，② 应急工作的管理体制，③ 应急工作的运行机制，④ 法制。

评分标准：答对①~④各占 25%。

9. AC01 简述事故应急管理的 4 个阶段。

答：包括预防、准备、响应和恢复 4 个阶段。

评分标准：漏一个阶段扣 25%。

10. AC02 管道公司突发事件分为哪几类？

答：分为 4 类：自然灾害事件、事故灾难事件、公共卫生事件、社会安全事件 4 种类型。

评分标准：每条各占 25%。

11. AC02 突发应急事件分为哪几级？

答：集团公司级（Ⅰ级）、管道公司级（Ⅱ级）、分公司级（Ⅲ级）、站（队）级（Ⅳ级）。

评分标准：每条各占 25%。

12. AC02 事故灾难事件中油气长输管道突发事件的 Ⅰ 级事件都是哪些？

答：① 造成站场工艺区或周边生产设施严重破坏，油（气）主干线输送可能中断 72h 以上；② 可能造成 10 人以上死亡，或 50 人以上受伤；③ 对社会安全、环境造成重大影响，需要紧急转移疏散 1000 人以上；④ 造成 1000 万元以上的直接经济损失。

评分标准：每条各占 25%。

13. AC02 管道公司预案结构体系是什么？

答：由管道公司级应急预案、输油气分公司级应急预案和站队级应急预案组成。

评分标准：第一条占 40%，其余两条各占 30%。

14. AC02 分公司级现场处置应急预案是什么？

答：是分公司突发事件综合应急预案的支持性文件，主要针对某一类或某一特定的突发事件，对应急预警、响应以及救援行动等工作职责和程序作出的具体规定。

评分标准：第一条占 40%，其余两条各占 30%。

15. AC02 中国石油管道公司《突发事件总体应急预案》的工作原则是什么？

答：① 以人为本，减少危害；② 居安思危，预防为主；③ 统一领导，分级负责；④ 依法规范，加强管理；⑤ 整合资源，联动处置；⑥ 依靠科技，提高素质；⑦ 归口管理，信息及时。

评分标准：答对①占 10%，答对②~⑦各占 15%。

16. AC03 符合哪些条件时，经公司应急领导小组决定，可以启动公司级应急响应？

答：① 发生Ⅱ级突发事件；② 发生Ⅲ级突发事件，各单位请求公司给予支援或帮助；③ 受国家、政府及集团公司应急联动要求。

评分标准：答对①占 40%，答对②③各占 30%。

17. AC03 应急响应时，向管道公司报告的内容是什么？

答：报告和记录的内容：① 事件类别；② 时间、地点；③ 初步原因；④ 概况和已经采取的措施等；⑤ 现场人员状况，人员伤亡及撤离情况（人数、程度、国籍、所属单位）；⑥ 事件过程描述；⑦ 环境污染情况，对周边的影响情况；⑧ 现场气象、主要自然天气情况；⑨ 生产恢复期的初步判断；⑩ 报告人的单位、姓名、职务以及联系电话。

评分标准：答对①~⑩各占 10%。

18. BA01 恒电位仪的维护内容包括哪些？

答：① 应按管理要求定时切换在用、备用恒电位仪使用。改用备用的仪器时，应即时进行一次观测和维修。仪器维修过程中不得带电插、拔各插接件、印刷电路板等；② 观察全部零件是否正常，元件有无腐蚀、脱焊、虚焊、损坏、各连接点是否可靠，电路有无故障，各紧固件是否松动，熔断器是否完好，如有熔断，调查清原因再更换；③ 清洁内部，除去外来物；④ 发现仪器故障应及时检修，并投入备用仪器，保证供电，保证仪器开机率。

评分标准：答对①~④各占 25%。

19. BA01 简述阴极保护系统测试桩的维护内容。

答：① 检查接线柱与大地绝缘情况，电阻值应大于 $100k\Omega$，用万用表测量，若小于此值应检查接线柱与外套钢管有无接地，若有，则需要更换或维修；② 测试桩应每年定期刷漆和编号，防止测试桩的破坏丢失，对沿线城乡居民及儿童做好爱护国家财产的宣传教育工作；③ 测试桩的作用是保证与管道的电气连接，因此，连接电缆不能断开；④ 如果电位测量时发现电位很正，多半是电缆与管道断开，应当尽快修复。

评分标准：答对①~④各占 25%。

20. BA01 管道漏点故障缠上的原因主要有哪些？

答：① 施工不当；② 绝缘接头失效或漏电；③ 金属套管穿越处短路；④ 管道与接地网短路。

评分标准：答对①~④各占 25%。

21. BA01 恒电位仪系统的检查与维护一般包括哪些项目？

答：① 恒电位仪自检是否正常，系统电连接是否正常；② 长效参比电极的准确性和稳定性；③ 辅助阳极地床连接是否完好；④ 阳极接地电阻是否正常。

评分标准：答对①~④各占 25%。

22. BA01 牺牲阳极系统检查内容一般包括哪些项目？

答：① 阳极开/闭路电位；② 组合阳极输出电流；③ 组合阳极联合接地电阻；④ 阳极埋设点土壤电阻率。

评分标准：答对①~④各占 25%。

23. BB01 简述管道工程师巡线的内容。

答：管道工程师要每周巡线一次，① 检查巡护人员的巡线情况；② 要着重查看管道重点地段、光缆埋深较浅地段、阀室、伴行路；③ 了解阀室检查的重点内容，阀室的卫生、出入登记情况、阀室内的管道电位等；④ 填报 PIS 系统的巡线记录。

评分标准：答对①~④各占 25%。

24. BB01 管道工程师如何与地方政府部门建立联系？

答：与地方公安、油气管道主管、安监、消防等政府部门建立联系，通过定期通过召开联席会、座谈会、行文等方式汇报管道保护情况，争取地方等政府部门对管道保护工作的支持。

评分标准：答对占 100%。

25. BB03 管道工程师如何组织管道宣传活动？

答：① 定期组织一次管道宣传活动，管道宣传活动后，填写《管道宣传活动记录》；② 定期向管道沿线县级以上地方人民政府主管管道保护工作的部门和国土、规划部门汇报管道保护工作，并填写《管道宣传活动记录》；③ 巡线时随时向沿线群众宣传管道保护的重要性及宣贯《中华人民共和国石油天然气管道保护法》。

评分标准：答对①占40%，答对②③各占30%。

26. BB04 管道重点防护部位是指什么？

答：易发生打孔盗油气、第三方施工、恐怖袭击，人口密集区等管段。

评分标准：漏一项扣25%。

27. BB04 管道工程师如何防护管道重点部位？

答：① 管道工程师应掌握所辖管道全部情况，包括管道走向、埋深、穿越、土壤环境、社情信息等；② 能组织识别所辖管道重点防护部位，形成管道重点防护部位台账；③ 根据识别出的管道重点防护部位，编制可行的管道保护方案，提交站里审核；④ 检查管道保护方案的落实情况，发现方案不能覆盖实际工作的，要修订保护方案。

评分标准：答对①~④各占25%。

28. BB04 第三方施工损伤管道潜在风险包括什么？

答：第三方施工损伤管道潜在风险包括公路交叉、铁路交叉、电力线路交叉、光缆交叉、其他管道交叉、河道沟渠作业、挖砂取土作业、侵占、城建、爆破等风险点。

评分标准：每条各占10%。

29. BB04 在第三方施工监护现场，监护人要在第一时间做到"四清"，"四清"指的是什么？

答：第三方施工内容清、施工单位及建设单位清、管道基本状况清和管道警示标识清。

评分标准：每条各占25%。

30. BB04 第三方施工中实行"可控和可视化管理"是什么？

答：第三方施工工程必须在管道现场监护人员的24h监控下实施，对于穿越管道的构筑物要在管道可视的情况下平稳穿越。

评分标准：每条各占50%。

31. BB04 第三方施工的竣工验收的内容是什么？

答：① 与第三方施工单位对关联段管道的保护工程进行验收，对管道是否受损进行确认，详细记录隐蔽工程的情况；② 验收合格后，撤离看护人员和临时警示标识。对第三方施工中与管道关联管段相关的施工资料，上交管道科和留存输油气站存档管理。应及时在PIS系统中填报相关信息。

评分标准：答对①②各占50%。

32. BB04 第三方施工中的特殊情况如何处理？

答：① 第三方施工单位违反《中华人民共和国石油天然气管道保护法》以及管道管理相关规范要求强行进行施工的，可根据现场实际情况，在保证不发生冲突的前提下，留有证据。② 由输油气站立即报告县级人民政府主管管道保护工作的部门协调制止。③ 24h监护第三方施工现场。在与第三方施工作业工程相关联的管道上方设置警示标志（设置标识带和警示牌），在管道中心线两侧各5m范围内设置加密警示桩标定警示范围（每1m设置一个警示桩）。如现场风险难以控制，可将加密警示桩设定为限制通行桩，限制车辆通行或施工机具进入。④ 必要时或上述部门处理后第三方施工作业单位仍继续强行施工的，在加强现场保护的同时，向当地公安部门和安监部门报案，留存现场影音像资料存档。⑤ 当发生第三方施工损伤管道事故时，按相应应急预案参与抢修。

评分标准：答对①~⑤各占 20%。

33. BC02 管道风险评价指的是什么？

答：管道风险评价是指识别对管道安全运行有不利影响的危害因素，评价事故发生的可能性和后果大小，综合得到管道风险大小，并提出相应风险控制措施的分析过程。

评分标准：答对占 100%。

34. BC02 管道风险评价作业活动可分为哪 3 个阶段？

答：① 数据收集与整理；② 软件计算及报告编制；③ 报告审核及与相关方沟通。

评分标准：答对①②各占 30%，答对③占 40%。

35. BD02 应急响应是指什么？

答：是指针对发生的事故，有关组织或人员采取的应急行动。

评分标准：答对占 100%。

36. BD02 管道工程师的应急响应工作内容包括哪些？

答：管道工程师要根据分公司级和站级应急预案中的分工做好现场应急响应工作，一般为参与管道突发应急事故、事件的人员疏散、警戒、探边、抢险，及时报告事故、事件，开展恢复与重建，配合进行事故、事件调查等。

评分标准：答对每条各占 20%。

四、计算题答案

1. BA01 某站阴极保护投运后，除在测试自然电位时停机 100h 外，其他时间仪器均开机运行正常，请计算该站恒电位仪开机率(取两位小数)。

解：恒电位仪开机率为：

$$开机率 = \frac{全年开机时间(h) - 全年停机时间(h)}{全年开机时间(h)} \times 100\%$$

$$= \frac{365 \times 24 - 100}{365 \times 24} \times 100\% = 98.86\%$$

答：该站恒电位仪开机率 98.86%

评分标准：能够写出使用的计算公式占 50%，正确带入数值占 20%，计算出正确结果并明确答案占 30%，全对得满分。

初级资质工作任务认证

初级资质工作任务认证要素明细表

模块	代码	工作任务	认证要点	认证形式
一、管道防腐管道	S-GD-01-C01	管道阴极保护管理	（1）阴极保护站的日常维护； （2）阴极保护投入前对被保护管道的检查及验收； （3）阴极保护投入运行	步骤描述
	S-GD-01-C02	管道防腐层管理	（1）管道防腐层检测计划编制； （2）管道定位、埋深检测	（1）步骤描述； （2）设备操作
二、管道保护管理	S-GD-02-C01	管道巡护管理	（1）识别管道重点防护部位，制订保护方案； （2）检查巡护人员的巡线情况、组织召开巡护人员会议	步骤描述
	S-GD-02-C02	管道地面标识管理	定期更新管道地面标识台账，组织对管道地面标识进行日常维护	步骤描述
	S-GD-02-C03	管道保护宣传	（1）制订本站的年度管道保护宣传计划； （2）参与管道宣传活动，做好《管道保护宣传活动记录》	步骤描述
	S-GD-02-C04	第三方施工管理	识别第三方施工损伤管道的风险，建立第三方施工有效信息表	步骤描述
	S-GD-02-C05	防汛管理	防汛物资管理	步骤描述
	S-GD-02-C06	管道占压管理	组织排查管道占压，建立台账	步骤描述
三、管道完整性管理	S-GD-03-C01	管道高后果区管理	高后果区识别	步骤描述
	S-GD-03-02	管道风险评价数据收集与整理	管道风险评价数据收集与整理	步骤描述
四、管道应急管理	S-GD-04-C01	应急预案	（1）制订站外管道应急预案演练计划和演练方案并将计划上传到 PIS 系统； （2）培训应急预案	步骤描述
	S-GD-04-C02	应急响应	应急响应工作内容	步骤描述
五、管道管理系统使用	S-GD-06-C01	PIS 系统使用	熟练使用 PIS 系统填报、审核各项工作	系统操作
	S-GD-06-C02	GPS 系统使用	使用 GPS 系统检查巡线员管道巡护情况	系统操作

初级资质工作任务认证试题

一、S-GD-01-C01-01 管道阴极保护管理——阴极保护站的日常维护

1. 考核时间：30min。
2. 考核方式：步骤描述。
3. 考核评分表。

考生姓名：_____　　　　　　　　　　单位：_____

序号	工作步骤	工作标准	配分	评分标准	扣分	得分	考核结果
1	叙述阴极保护站恒电位仪系统日常维护的一般内容	恒电位仪自检、系统电连接、长效参比电极的准确性和稳定性、辅助阳极地床连接、阳极接地电阻	30	一般维护内容缺少1项扣6分			
2	叙述恒电位仪系统检查内容及标准	(1) 在现场采用万用表对恒电位仪接线板上的输出阳极、输出阴极、零位接阴、参比电极线进行检测，并根据以下方法初步判断仪器是否正常； (2) 将万用表置于直流电压挡，正负极分别接参比电极与零位接阴，万用表应显示稳定的管道保护电位； (3) 将万用表置于电阻最小挡，正负极分别接输出阴极和零位接阴，万用表显示电阻值应较小； (4) 用万用表置于电阻最大挡，正负极分别连接输出阳极和输出阴极，万用表应显示为不接通，但电阻值不应为无穷大	40	恒电位仪系统检查现场测试项目缺少1项或内容错误扣10分			
3	叙述长效参比电极维护内容及标准	(1) 每月应定期检查长效参比电极的有效性，并采用经校准的便携式参比电极对其进行校准，当差值超过±20mV时，应进行处理或更换； (2) 干旱地区长效参比电极应考虑设补液孔或其他补液措施； (3) 多年冻土区的恒电位仪控制用参比电极应埋在季节性冻土层以下，宜选用防冻型长效 $Cu/CuSO_4$ 参比电极，可使用长效高纯锌参比电极	30	项目缺少1项扣10分			
		合计	100				

考评员　　　　　　　　　　　　　　　　　　　　　　　年　　月　　日

二、S-GD-01-C01-02 管道阴极保护管理——阴极保护投入前对被保护管道的检查及验收

1. 考核时间：20 min。
2. 考核方式：步骤描述。
3. 考核评分表。

考生姓名：＿＿＿＿＿＿＿＿＿＿　　　　　　　　　　单位：＿＿＿＿＿＿＿＿

序号	工作步骤	工作标准	配分	评分标准	扣分	得分	考核结果
1	叙述阴极保护系统投入使用前应检查的项目	应检查项目包括管道绝缘是否正常、管道表面防腐层漏点检漏、检查管道是否具有连续的导电性能	30	缺少一项应检查项目扣10分			
2	叙述管道绝缘检查一般应检查的项目	包括管道绝缘接头绝缘性能是否正常、管道沿线布置的设施(如阀门、闸井)与土壤的绝缘是否良好、管道与固定墩、跨越塔架、穿越套管的绝缘是否良好。管道与其他金属构筑物有无"短接"	70	绝缘检查内容缺少1项扣10分			
合计			100				

考评员　　　　　　　　　　　　　　　　　　　　　年　　　月　　　日

三、S-GD-01-C01-03 管道阴极保护管理——阴极保护投入运行

1. 考核时间：30 min。
2. 考核方式：步骤描述。
3. 考核评分表。

考生姓名：＿＿＿＿＿＿＿＿＿＿　　　　　　　　　　单位：＿＿＿＿＿＿＿＿

序号	工作步骤	工作标准	配分	评分标准	扣分	得分	考核结果
1	描述阴极保护投入使用前对被保护管道应检测并记录的数据有哪些	(1) 检测并记录全线管道自然电位(该工作要在临时阴极保护拆除24h后进行)；(2) 检测并记录阳极地床的自然电位；(3) 检测并记录管道沿线土壤电阻率；(4) 检测并记录各站阳极地床接地电阻	20	缺少一项应检测、记录内容扣5分			
2	描述阴极保护站投入运行时直流电源开始送电时的控制电位值、管道极化一段时间后需要测试的数据、根据检测数据调整电源仪器输出	(1) 按照直流电源(整流器、恒电位仪、蓄电池等)操作程序给管道送电，使管道电位保持在-1.25V(CSE)左右；(2) 待管道阴极保护极化一段时间(4h以上)开始测试直流电源输出电流、电压、通电点电位、管道沿线通电电位；(3) 对检测到的保护电位进行分析，若个别管段保护电位过低，则需再适当调节通电点电位至全线阴极保护电位达到保护电位为止	50	恒电位仪控制电位电位不正确扣5分，极化时间未明确扣5分，测试内容少1项扣5分，未根据保护电位调整恒电位仪扣5分			

序号	工作步骤	工作标准	配分	评分标准	扣分	得分	考核结果
3	阴保站投运后各站通电点电位的控制范围描述	各站通电点电位的控制数值，应能保证相邻两站间的管段保护电位(消除 R 降)达到－0.85V(CSE)，同时，各站通电点最负电位不允许超过规定数值[－1.20V(CSE)]。调节通电点电位时，管道上相邻阴极保护站间加强联系，保证各站通电点电位均衡	20	通电点电位控制范围描述错误一项扣10分			
4	描述全线电位达到何种程度后，可认为阴极保护系统投用完成，并叙述阴保投用后何时进行全线电位检测	当管道全线达到最小阴极保护电位指标后，投运操作完毕。各阴极保护站进入正常连续工作阶段。在工作30天之内，进行全线近间距的电位测量	10	未描述全线达到最小保护电位投用完成扣5分，未在30日内进行全线近间距电位检测扣5分			
	合计		100				

考评员　　　　　　　　　　　　　　　　　　　　　　　　　　　　年　　　月　　　日

四、S-GD-01-C02-01 管道防腐层管理——管道防腐层检测计划编制

1. 考核时间：30 min。
2. 考核方式：步骤描述。
3. 考核评分表。

考生姓名：_____　　　　　　　　　　　　　　　单位：_____

序号	工作步骤	工作标准	配分	评分标准	扣分	得分	考核结果
1	假设需对某条长 100km 非三层 PE 防腐层的输油管道进行防腐层检测，请编制一个防腐层检测工作计划	计划格式不限制，但需要包括以下内容： (1)具体的检测时间段(某年某月某日开始至某年某月某日结束)； (2)参与检测的人员安排(何人参加检测工作，每个人负责何种工作)； (3)本次检测的范围，管道检测的长度不应小于34km；明确必须进行检测的重点管段(包括管道补口处、热煨弯头、冷弯弯管、管道固定墩处、管道跨越处、管道穿越处、隧道内的管道、输送介质温度超过40℃的管段)； (4)明确本次检测使用的仪器：需选用防腐层检漏仪器	60	(1)未确定检测周期扣10分； (2)未安排检测人员扣5分； (3)检测长度确定不正确扣10分，未识别重点管段扣10分，重点管段未全部进行检测每差1处扣1分，扣完为止； (4)未确定使用仪器扣10分			

续表

序号	工作步骤	工作标准	配分	评分标准	扣分	得分	考核结果
2	编制一个防腐层检漏数据记录表	按照需要记录内容编制记录表格，表格中必须包含项目有：管道位置、信号电流值、管道埋深、地貌记录、测试时间记录、信号源位置、土壤电阻率记录	25	未形成数据记录表扣10分，表格必须记录内容缺少1项扣2分			
3	编制管道开挖检测记录表	对检测结果对重点管段选段开挖，形成开挖记录，开挖记录必须包括：开挖位置、管道埋深、土质、地表电位、沟底电位、防腐层类型、防腐层外观描述、防腐层粘结力、厚度、电火花检漏记录、粘结或剥离情况、管体表面缺陷描述	15	开挖记录数据每差1项扣2分			
	合计		100				

考评员　　　　　　　　　　　　　　　　　　　　　　　年　　月　　日

五、S-GD-01-C02-02 管道防腐层管理——管道定位、埋深检测

1. 考核时间：40 min。
2. 考核方式：设备操作。
3. 考核评分表。

考生姓名：_____　　　　　　　　　　　　　单位：_____

序号	工作步骤	工作标准	配分	评分标准	扣分	得分	考核结果
1	PCM 检漏仪发射机安装	(1) 连接信号输出线：白色信号线与管道相连，绿色信号线与接地极连接，接地极可以是接地棒、阴保系统的阳极等，接地棒接地电阻越小越好，不管使用什么样的接地，接地电阻必须小于20Ω，以保证发射机的正常电流输出。接地点要与被测管线垂直，相距至少25m； (2) 发射机电源线连接至220V交流电源或20～50V直流电源蓄电池，黑线接负极、红线接正极	30	(1) 未正确连接发射机白色、绿色信号线，扣30分； (2) 电源正负极连接错误，本题不得分； (3) 接地极方位、距离错误扣10分			
2	PCM 检漏仪发射机、接收机开机，信号调节	(1) 打开发射机开关，选用 ELF 挡进行测试，根据需要检测管道长度调整输出电流，同时观察仪器输出电压是否超压，如出现超压需降低检测电流，检查接地极连接是否正常，或给接地极采取浇注盐水方式降阻； (2) 打开接收机开关，将接收机频率调至 ELF 挡，与发射机保持一致，接收机出现接收信号	10	发射机开机后不能调整输出频率、电流，每项扣5分；接收机未能接收到检测信号，扣10分			

续表

序号	工作步骤	工作标准	配分	评分标准	扣分	得分	考核结果
3	采用峰值/零值工作方式测定预埋管道中心线位置	(1) 确定初始检测点，检测的初始位置需在信号供入点的10m以外； (2) 调整接收机，采用峰值/零值两种工作方式测定管道中心线位置(在接收机上选择峰值法、零值法，峰值法时，管道位置在信号最强处，零值法时在检测信号最低处，测试时可调整接收机接收信号强度，根据箭头指向寻找管道，最终根据仪器检测值确定位置)，峰值/零值法确定管道位置，当所测得的峰/零位置不同时，间距需小于15cm； (3) 将测定的管道中心线位置进行标记	40	(1) 探测位置与预埋管道位置相距小于10cm得满分； (2) 探测位置与预埋管道位置相距大于10cm小于20cm得15分； (3) 探测位置与预埋管道位置大于20cm本题不得分			
4	检测预埋管道中心线深度	将管道中心位置确定后，将接收机的底端触到地面上，接收机地面保持水平，接收机与地面保持垂直，按下测深键，读取检测仪自动给出的埋深值，并记录数值	20	(1) 检测深度与预埋管道深度相差小于5cm得满分； (2) 检测深度与预埋管道深度相差大于5cm小于10cm得10分； (3) 检测深度与预埋管道深度相差大于10cm本题不得分			
	合计		100				

考评员　　　　　　　　　　　　　　　　　　　　　　　　　年　　月　　日

六、S-GD-02-C01-01 管道巡护管理——识别管道重点防护部位，制订保护方案

1. 考核时间：10 min。
2. 考核方式：步骤描述。
3. 考核评分表。

考生姓名：_____　　　　　　　　　　单位：_____

序号	工作步骤	工作标准	配分	评分标准	扣分	得分	考核结果
1	识别管道重点防护部位	识别管道重点防护部位(打孔盗油气、第三方施工、恐怖袭击易发地区、人口密集区)，建立管道重点防护部位台账	50	(1) 未能正确识别重点防护部位的，扣30分； (2) 未能建立管道重点防护部位台账的，扣20分			

序号	工作步骤	工作标准	配分	评分标准	扣分	得分	考核结果
2	制订保护方案	针对识别出来的管道重点防护部位，制订保护方案，方案涵盖每一个部位	50	（1）未针对识别出来的管道重点防护部位制定保护方案的，扣30分； （2）方案未能涵盖每一个部位的，扣20分			
	合计		100				

考评员　　　　　　　　　　　　　　　　　　　　　　　　　年　　月　　日

七、S-GD-02-C01-02 管道巡护管理——检查巡护人员的巡线情况、组织召开巡护人员会议

1. 考核时间：10 min。
2. 考核方式：步骤描述。
3. 考核评分表。

考生姓名：_____　　　　　　　　　　　单位：_____

序号	工作步骤	工作标准	配分	评分标准	扣分	得分	考核结果
1	检查巡护人员的巡线情况	检查巡护人员的巡线情况（检查 GPS、巡线记录）	50	未检查巡护人员的巡线情况，扣50分			
2	组织召开巡护人员会议	组织召开巡护人员会议（组织会议、形成记录）	50	（1）未组织召开巡护人员会议的，扣30分； （2）未形成会议记录的，扣20分			
	合计		100				

考评员　　　　　　　　　　　　　　　　　　　　　　　　　年　　月　　日

八、S-GD-02-C02 管道地面标识管理——定期更新管道地面标识台账，组织对管道地面标识进行日常维护

1. 考核时间：10 min。
2. 考核方式：步骤描述。
3. 考核评分表。

考生姓名：_____　　　　　　　　　　　单位：_____

序号	工作步骤	工作标准	配分	评分标准	扣分	得分	考核结果
1	定期更新管道地面标识台账	定期对管道沿线地面标识进行巡查，更新管道地面标识台账	50	未定期更新管道地面标识台账，扣50分			

续表

序号	工作步骤	工作标准	配分	评分标准	扣分	得分	考核结果
2	组织对管道地面标识进行日常维护	组织对管道地面标识进行日常维护，维护内容包括更换地面标识、喷涂警示标语、除锈刷漆、校正偏移管道的标识、扶正倾斜的标识	50	（1）未组织对管道地面标识进行日常维护，扣50分；（2）每缺少一项维护内容，扣10分			
	合计		100				

考评员 　　　　　　　　　　　　　　　　　　　　　　　　　年　　月　　日

九、S-GD-02-C03-01 管道保护宣传——制订本站的年度管道保护宣传计划

1. 考核时间：10 min。
2. 考核方式：步骤描述。
3. 考核评分表。

考生姓名：_____　　　　　　　　　　　　　单位：_____

序号	工作步骤	工作标准	配分	评分标准	扣分	得分	考核结果
1	制订本站的年度管道保护宣传计划	按照分公司管道宣传计划，根据本站的实际，管道工程师在每年12月底制订下一年度的管道宣传计划	100	未制订年度管道保护宣传计划的，扣100分			
	合计		100				

考评员 　　　　　　　　　　　　　　　　　　　　　　　　　年　　月　　日

十、S-GD-02-C03-02 管道保护宣传——参与管道宣传活动，做好《管道宣传活动记录》

1. 考核时间：10 min。
2. 考核方式：步骤描述。
3. 考核评分表。

考生姓名：_____　　　　　　　　　　　　　单位：_____

序号	工作步骤	工作标准	配分	评分标准	扣分	得分	考核结果
1	参与管道宣传活动	每月参加一次管道宣传活动	60	未能每月参加一次管道宣传的，扣60分			
2	做好记录	做好《管道宣传活动记录》，并在活动结束后48h内上传到PIS系统中	40	未能在活动结束后48h内上传《管道宣传活动记录》到PIS系统的，扣40分			
	合计		100				

考评员 　　　　　　　　　　　　　　　　　　　　　　　　　年　　月　　日

十一、S-GD-02-C04 第三方施工管理——识别第三方施工损伤管道的风险，建立第三方管道施工有效信息表

1. 考核时间：15 min。
2. 考核方式：步骤描述。
3. 考核评分表。

考生姓名：_____   单位：_____

序号	工作步骤	工作标准	配分	评分标准	扣分	得分	考核结果
1	识别第三方施工损伤管道的风险	识别第三方施工损伤管道的风险(第三方施工损伤管道潜在风险包括公路交叉、铁路交叉、电力线路交叉、光缆交叉、其他管道交叉、河道沟渠作业、挖砂取土作业、侵占、城建、爆破等风险点)	70	未能识别第三方管道施工损伤管道的风险，扣70分			
2	建立第三方施工有效信息表	每年4月、10月，建立第三方施工有效信息表	30	未能建立第三方施工有效信息表的，扣30分			
	合计		100				

考评员   年   月   日

十二、S-GD-02-C05 防汛及地质灾害管理——防汛物资管理

1. 考核时间：10 min。
2. 考核方式：步骤描述。
3. 考核评分表。

考生姓名：_____   单位：_____

序号	工作步骤	工作标准	配分	评分标准	扣分	得分	考核结果
1	防汛物资管理	(1) 要建立防汛物资明细表； (2) 汛前认真核查防汛物资储备情况； (3) 将所缺物资上报管道(保卫)科，由供应站统一购置或自购	100	(1) 未建立防汛物资明细表，扣50分； (2) 汛前未认真核查防汛物资储备情况的，扣20分； (3) 未将所缺物资上报管道(保卫)科，由供应站统一购置或自购的，扣30分			
	合计		100				

考评员   年   月   日

十三、S-GD-02-C06 管道占压管理——组织排查管道占压，建立台账

1. 考核时间：10 min。
2. 考核方式：步骤描述。

3. 考核评分表。

考生姓名：_____　　　　　　　　　　　　单位：_____

序号	工作步骤	工作标准	配分	评分标准	扣分	得分	考核结果
1	组织排查管道占压	组织巡线人员对管道进行徒步巡查，实地测量建构筑物与管道的距离，排查管道占压	60	未能组织排查管道占压的，扣60分			
2	建立台账	依据排查的管道占压情况，建立管道占压台账	40	未能建立台账的，扣40分			
	合计		100				

考评员　　　　　　　　　　　　　　　　　　　　　　　　年　　月　　日

十四、S-GD-03-C01 管道高后果区管理——高后果区识别

1. 考核时间：30 min。

2. 考核方式：步骤描述。

3. 考核评分表。

考生姓名：_____　　　　　　　　　　　　单位：_____

序号	工作步骤	工作标准	配分	评分标准	扣分	得分	考核结果
1	叙述高后果区地区等级划分规定	按沿线居民数和(或)建筑物的密集程度，划分为4个地区等级。相关规定如下：① 沿管道中心线两侧各200m范围内，任意划分成长度为2km并能包括最大聚居户数的若干地段，按划定地段内的户数划分为4个等级。在农村人口聚集的村庄、大院、住宅楼，应以每一独立户作为一个供人居住的建筑物计算。 一级地区：户数在15户或以下的区段。二级地区：户数在15户以上、100户以下的区段。三级地区：户数在100户或以上的区段，包括市郊居住区、商业区、工业区、发展区以及不够四级地区条件的人口稠密区。四级地区：系指4层及4层以上楼房(不计地下室层数)普遍集中、交通频繁、地下设施多的区段。 ②当划分地区等级边界线时，边界线距最近一户建筑物外边缘应大于或等于200m。③ 在一级和二级地区内的学校、医院以及其他公共场所等人群聚集的地方，应按三级地区选取。④ 当一个地区的发展规划足以改变该地区的现有等级时，应按发展规划划分地区等级	30	(1) 高后果区地区等级划分①分值18分，划分原则内容缺失扣5分，一级至四级地区划分内容错误每一项扣3分； (2) 第②③④项叙述错一项扣3分			

续表

序号	工作步骤	工作标准	配分	评分标准	扣分	得分	考核结果
2	叙述特定场所分类及内容	特定场所是除三级、四级地区外，由于管道泄漏可能造成人员伤亡的潜在区域。包括以下地区： 特定场所Ⅰ——医院、学校、托儿所、幼儿园、养老院、监狱、商场等人群难以疏散的建筑区域。 特定场所Ⅱ——在一年之内至少有50d（时间计算不需连贯）聚集30人或更多人的区域。例如集贸市场、寺庙、运动场、广场、娱乐休闲地、剧院、露营地等	20	每类特定场所叙述错误扣10分，其中缺少1项内容扣1分			
3	叙述输气管道高后果区识别准则	管道经过区域符合如下任何一条的区域为高后果区： ①管道经过的四级地区； ②管道经过的三级地区； ③如果管径大于762mm，并且最大允许操作压力大于6.9MPa，其天然气管道潜在影响区域内有特定场所的区域，潜在影响半径按照SY/T 6621相应公式计算； ④如果管径小于273mm，并且最大允许操作压力小于1.6MPa，其天然气管道潜在影响区域内有特定场所的区域，潜在影响半径按照SY/T 6621相应公式计算； ⑤其他管道两侧各200m内有特定场所的区域； ⑥除三级、四级地区外，管道两侧各200m内加油站、油库等易燃易爆场所	15	每一项叙述错误扣3分			
4	叙述输油管道高后果区识别准则	管道经过区域符合如下任何一条的区域为高后果区： ①管道经过的四级地区； ②管道经过的三级地区； ③管道两侧各200m内有村庄、乡镇等； ④管道两侧各50m内有高速公路、国道、省道、铁路及易燃易爆场所等； ⑤管道两侧各200m内有湿地、森林、河口等国家自然保护地区； ⑥管道两侧各200m内有水源、河流、大中型水库； ⑦管道两侧各15m内有与其平行铺设的地下设施（其他管道、光缆等）的区域，管道与其他外部管道交叉处半径25m的区域	21	每一项叙述错误扣3分			

续表

序号	工作步骤	工作标准	配分	评分标准	扣分	得分	考核结果
5	绘制高后果区识别记录表	绘制一个高后果区识别记录表，内容包括编号、起始里程（km+m）、结束里程（km+m）、长度（m）、识别描述（村庄、河流等名称以及数量）、备注	14	绘制的表格缺少一项扣2分			
	合计		100				

考评员　　　　　　　　　　　　　　　　　　　　　　　　　　　年　　月　　日

十五、S-GD-03-C02 管道风险评价数据收集与整理——管道风险评价数据收集与整理

1. 考核时间：30 min。
2. 考核方式：步骤描述。
3. 考核评分表。

考生姓名：_____　　　　　　　　　　　　单位：_____

序号	工作步骤	工作标准	配分	评分标准	扣分	得分	考核结果
1	绘制管段数据收集表格、管道单点属性数据收集表格	绘制管段数据格式表格，其中应包括属性编号、属性名称、起始里程、终止里程、属性值、备注；管道单点属性数据格式，其中应包括属性编号、属性名称、里程、属性值、备注	33	绘制数据收集格式每缺少1项扣3分			
2	说明数据收集方式、列举需要收集的资料	（1）收集数据方式：踏勘、与管道管理人员访谈、查阅资料； （2）需要收集的资料：① 管道基本参数，如管道运行年限、管径、壁厚、管材等级及执行标准、输送介质、设计压力、防腐层类型、补口形式、管段敷设方式、里程桩及管道里程等；② 管道穿跨越、阀室等设施；③ 管道通行带的遥感或航拍影像图和线路竣工图；④ 施工情况，如施工单位、监理单位、施工季节、工期等；⑤ 管道内外检测报告，内容应包括内、外检测工作及结果情况；⑥ 管道泄漏事故历史，含打孔盗油；⑦ 管道高后果区、关键段统计，管道周围人口分布；⑧ 管道输量、管道运行压力报表；⑨ 阴极保护电位报表以及每年的通/断电电位测试结果；⑩ 管道更新改造工程资料，含管道改线、管体缺陷修复、防腐层大修、站场大的改造等；⑪第三方交叉施工信息表及相关规章制度，如开挖响应制度；⑫管道地质灾	67	（1）收集数据方式缺少1项扣1分； （2）21项需要收集的数据中每缺少1项扣3分			

续表

序号	工作步骤	工作标准	配分	评分标准	扣分	得分	考核结果
2	说明数据收集方式、列举需要收集的资料	害调查/识别，及危险性评估报告；⑬管输介质的来源和性质、油品/气质分析报告；⑭管道清管杂质分析报告；⑮管道初步设计报告及竣工资料；⑯管道安全隐患识别清单；⑰管道环境影响评价报告；⑱管道安全评价报告；⑲管道维抢修情况及应急预案；⑳站场分析及其他危害分析报告；㉑是否安装有泄漏监测系统、安全预警系统及运行等情况	67	（1）收集数据方式缺少 1 项扣 1 分；（2）21 项需要收集的数据中每缺少 1 项扣 3 分			
	合计		100				

考评员　　　　　　　　　　　　　　　　　　　　　　　　年　　月　　日

十六、S-GD-04-C01-01 应急预案——制订站外管道应急预案演练计划和演练方案并将计划上传到 PIS 系统

1. 考核时间：10 min。
2. 考核方式：步骤描述。
3. 考核评分表。

考生姓名：_____　　　　　　　　　　　　单位：_____

序号	工作步骤	工作标准	配分	评分标准	扣分	得分	考核结果
1	制定站外管道应急预案演练计划	演练方案应该包括但不限于：（1）演练目的；（2）演练类型；（3）响应级别；（4）模拟事故与演练时间、地点；（5）参演人员构成及其职责；（6）演练准备与演练过程；（7）附录等	35	缺少一项，扣 5 分			
2	制定站外管道应急预案演练方案	演练方案的附录用以说明演练方案的细节。主要包括：（8）演练现场示意图；（9）演练所需物资；（10）演练费用预算；（11）聘请外部人员名单；（12）风险评估及控制措施等	40	缺少一项，扣 8 分			
3	将演练计划上传到 PIS 系统	将预案演练方案作为演练计划的附件上传到 PIS 系统	25	不会将演练方案上传到 PIS 系统的，扣 25 分			
	合计		100				

考评员　　　　　　　　　　　　　　　　　　　　　　　　年　　月　　日

十七、S-GD-04-C01-02 应急预案——培训应急预案

1. 考核时间：10 min。
2. 考核方式：步骤描述。
3. 考核评分表。

考生姓名：_____　　　　　　　　　　　　单位：_____

序号	工作步骤	工作标准	配分	评分标准	扣分	得分	考核结果
1	制订培训计划	制订明确的应急预案培训计划	20	未制订培训计划的，扣20分			
2	制订培训课程	制订与应急预案相符合的培训课程	20	未制订与应急预案相符合的培训课程的，扣20分			
3	组织培训	对各专业应急人员、应急指挥人员、企业员工进行应急培训，使其了解并掌握应急预案总体要求和与员工相关内容的详细要求	60	未组织进行培训的，扣60分			
	合计		100				

考评员　　　　　　　　　　　　　　　　　　　　年　　　月　　　日

十八、S-GD-04-C02 应急响应——应急响应工作内容

1. 考核时间：10 min。
2. 考核方式：步骤描述。
3. 考核评分表。

考生姓名：_____　　　　　　　　　　　　单位：_____

序号	工作步骤	工作标准	配分	评分标准	扣分	得分	考核结果
1	应急响应工作内容	管道工程师要根据分公司级和站级应急预案中的分工做好现场应急响应工作，一般为： (1)参与管道突发应急事故； (2)事件的人员疏散； (3)警戒； (4)探边； (5)抢险； (6)及时报告事故、事件； (7)开展恢复与重建； (8)配合进行事故； (9)事件调查等	100	第一项20分，其余缺少一项工作，扣10分			
	合计		100				

考评员　　　　　　　　　　　　　　　　　　　　年　　　月　　　日

十九、S-GD-06-C01 PIS 系统使用——熟练使用 PIS 系统填报、审核各项工作

1. 考核时间：10 min。
2. 考核方式：系统操作。
3. 考核评分表。

考生姓名：_____　　　　　　　　单位：_____

序号	工作步骤	工作标准	配分	评分标准	扣分	得分	考核结果
1	熟练使用 PIS 系统填报、审核各项工作	要能熟练使用 PIS 系统填报、审核各项工作，要注意表单填报的时效性和准确性	100	（1）不能熟练填报表单的，扣70分；（2）不能熟练审核表单的，扣30分			
	合计		100				

考评员　　　　　　　　　　　　　　　　　　　　　　　　年　　　月　　　日

二十、S-GD-06-C02：GPS 系统使用——使用 GPS 系统检查巡线员管道巡护情况

1. 考核时间：10 min。
2. 考核方式：系统操作。
3. 考核评分表。

考生姓名：_____　　　　　　　　单位：_____

序号	工作步骤	工作标准	配分	评分标准	扣分	得分	考核结果
1	使用 GPS 系统检查巡线员管道巡护情况	（1）登录 GPS 系统平台；（2）查询某一个巡线人员的巡线情况	100	缺少一项扣50分			
	合计		100				

考评员　　　　　　　　　　　　　　　　　　　　　　　　年　　　月　　　日

中级资质理论认证

中级资质理论认证要素细目表

行为领域	代码	认证范围	编号	认证要点
基础知识 A	A	阴极保护知识	01	金属腐蚀简介
			02	阴极保护原理
			03	阴极保护主要技术指标介绍
			04	杂散电流腐蚀干扰的简单判断与测试
			05	储罐阴极保护基础知识及日常管理
			06	管道阴极保护设施的安装与调试
			07	管道阴极保护设计基础知识及日常管理
			08	管道防腐层知识
			09	PCM+管道检测
	B	管道保护知识	02	管道地面标识
			03	第三方施工
			04	与管道相遇的第三方施工处理原则
	C	管道应急管理知识	01	应急管理
			02	管道公司应急预案
			03	管道公司应急响应
	D	工程施工管理知识	01	管线钢简介
			02	钢管简介
			04	缺陷修复简介
			05	埋地钢质管道腐蚀防护工程
			06	管道穿越公路和铁路施工
专业知识 B	A	管道防腐管理	01	管道阴极保护管理
			02	管道防腐层管理
	B	管道保护管理	01	管道巡护管理
			02	管道地面标识管理
			03	管道保护宣传
			04	第三方施工管理
			05	防汛及地质灾害管理
			06	管道占压管理

行为领域	代码	认证范围	编号	认证要点
专业知识 B	C	管道完整性管理	01	管道高后果区管理
			02	管道风险评价数据收集与整理
	D	管道应急管理	01	应急预案
	E	管道管理系统使用	02	GPS 系统使用

中级资质理论认证试题

一、单项选择题（每题 4 个选项，将正确的选项填入括号内）

第一部分　基础知识

阴极保护知识部分

1. AA01 钢铁表面存在杂屑，与周围的金属相比，杂屑电位较（　　），为阴极。
A. 低正　　　　　B. 高负　　　　　C. 高正　　　　　D. 低负

2. AA01 钢制水管道上的铜阀门，（　　）被腐蚀。管道不锈钢管箍用低碳钢螺栓固定，（　　）先腐蚀。
A. 钢管，管箍　　B. 铜阀门，管箍　　C. 钢管，螺栓　　D. 铜阀门，螺栓

3. AA01 同一条管道沿线，在通气条件差（含氧量低）的环境下，钢结构对地电位较（　　），为（　　）极。
A. 低，阴　　　　B. 低，阳　　　　C. 高，阴　　　　D. 高，阴

4. AA01 同一条管道沿线，在氧气供应充分的位置，钢铁的电位较（　　），为（　　）极。
A. 低，阴　　　　B. 低，阳　　　　C. 高，阴　　　　D. 高，阴

5. AA01 公路穿越处，由于沥青路面阻碍了氧气的供应，公路正下方氧气含量低，管地电位（　　），为（　　）极。
A. 低，阴　　　　B. 低，阳　　　　C. 高，阴　　　　D. 高，阴

6. AA01 公路穿越处，路两侧管道通气条件好，管地电位较（　　），为（　　）极。
A. 低，阴　　　　B. 低，阳　　　　C. 高，阴　　　　D. 高，阴

7. AA01 管道经过不同性质土壤时，将形成腐蚀电池，含盐量高的管段电位（　　），为（　　）极。
A. 低，阴　　　　B. 低，阳　　　　C. 高，阴　　　　D. 高，阴

8. AA02 海水环境金属结构或原油储罐内底板的阴极保护中通常使用的牺牲阳极材料为（　　）。
A. 铝阳极　　　　B. 锌阳极　　　　C. 高硅铸铁　　　　D. 镁阳极

9. AA03 下列（　　）不是对参比电极的要求。

A. 电位波动可大于50mV　　　　　　B. 不容易被污染，不污染被测环境
C. 电位波动不大于50mV　　　　　　D. 极化小、稳定性好、使用寿命长

10. AA03 在进行瞬间断电电位测量时，应在断掉被保护结构的外加电源或牺牲阳极（　　）秒内读取结构对地电位。

A. 0.1~0.2　　　B. 0.2~0.5　　　C. 0.5~1　　　D. 1~3

11. AA04 当交流电流密度为70A/m² 时，判断交流干扰强度为（　　）。

A. 无　　　B. 弱　　　C. 中　　　D. 高

12. BA04 处于直流电气化铁路、阴极保护系统及其他直流干扰源附近的管道，其任意点上的管地电位较自然电位偏移（　　）或管道附近土壤电位梯度大于0.5mV/m时，确认为直流干扰。

A. 2mV　　　B. 5mV　　　C. 10mV　　　D. 20mV

13. AA04 当直流干扰程度为80A/m² 时，判断直流干扰强度为（　　）。

A. 无　　　B. 弱　　　C. 中　　　D. 高

14. AA04 在进行交流干扰普查测试时，对于高压交流输电线路接近的管段，各点测试时间不短于（　　）。

A. 2min　　　B. 3min　　　C. 4min　　　D. 5min

15. AA05 罐底板外表面有防腐层时，保护电流密度范围应为（　　）。

A. 1~5mA/m²　　B. 5~10mA/m²　　C. 10~15mA/m²　　D. 15~20mA/m²

16. AA05 罐底板外表面无防腐层或防腐层质量差的在用储罐，保护电流密度可取（　　）。

A. 1~5mA/m²　　B. 5~10mA/m²　　C. 10~20mA/m²　　D. 20~30mA/m²

17. AA06 当恒电位仪出现手动输出调节正常，自动输出调节不正常的情况，判断为属于（　　）故障。

A. 阳极　　　B. 阴极连接线　　　C. 参比电极　　　D. 设置

18. AA06 恒电位仪输入电压正常，输出电压、电流均为零，保护电位有显示，分析为（　　）。

A. 阳极电缆断线　　　　　　B. 阴极连接线断线
C. 参比电极失效　　　　　　D. 设定电位正于管道已有电位

19. AA06 恒电位仪输出电压升高，输出电流不变，分析为（　　）。

A. 阳极电缆故障　　　　　　B. 阴极连接线断线
C. 参比电极失效　　　　　　D. 设定电位正于管道已有电位

20. AA06 阳极地床铺设时，直埋电缆表面距离地面的距离不小于（　　）。

A. 0.5mm　　　B. 0.8mm　　　C. 1mm　　　D. 1.2mm

21. AA08 加强级石油沥青防腐层结构（　　）。

A. 三油三布　　　B. 四油四布　　　C. 四油三布　　　D. 五油五布

22. AA08 特加强级环氧煤沥青防腐层干膜厚度≥（　　）。

A. 0.30mm　　　B. 0.40mm　　　C. 0.60mm　　　D. 0.70mm

23. AA09 雷迪PCM+检测仪输出电压超限时，表明（　　）。

A. 大地电阻小　　　　　　B. 管道电阻或大地电阻正常

C. 管道电阻小　　　　　　　　　　D. 管道电阻或大地电阻过高

24. AA09 用于管道涂层评估的 PCM+信号是（　　　）。

A. ELF　　　　　　B. ELCD　　　　　　C. LFCD　　　　　　D. GPS

25. AA09 用于同时进行管道涂层评估和故障点定位的 PCM+信号是（　　　）。

A. ELF 和 ELCD　　B. ELCD 和 LFCD　　C. LFCD 和 ELF　　　D. GPS 和 ELF

26. AA09 当 PCM+发射机选用（　　　）信号时，接收机才显示电流方向箭头。

A. ELF 和 ELCD　　B. ELCD 和 LFCD　　C. LFCD 和 ELF　　　D. GPS 和 ELF

管道保护知识部分

27. AB02（　　　）用于标记高风险地区管道安全防范事项的地面警示标识。

A. 测试桩　　　　B. 标志桩　　　　　C. 加密桩　　　　　D. 警示牌

28. AB02 通信标石用于标记（　　　）敷设位置，走向的地面标识，也称光缆桩。

A. 管道　　　　　B. 通信光缆　　　　C. 电缆　　　　　　D. 套管

29. AB04 申请进行穿跨越管道的施工作业，应当符合下列哪些条件：（　　　）

① 具有符合管道安全和公共安全要求的施工作业方案；

② 已制定事故应急预案；

③ 施工作业人员具备管道保护知识；

④ 具有保障安全施工作业的设备、设施。

A. ①②④　　　　B. ②③④　　　　　C. ①③④　　　　　D. ①②③④

30. AB04 除特殊情形外，在管道专用隧道中心线两侧各（　　　）地域范围内，禁止采石、采矿、爆破。

A. 500m　　　　B. 200m　　　　　C. 100m　　　　　D. 1000m

31. AB04 在穿越河流的管道线路中心线两侧各（　　　）地域范围内，禁止抛锚、拖锚、挖砂、挖泥、采石、水下爆破。但是，在保障管道安全的条件下，为防洪和航道通畅而进行的养护疏浚作业除外。

A. 500m　　　　B. 200m　　　　　C. 100m　　　　　D. 1000m

32. AB04 针对管道与建（构）筑物之间的距离，GB 50253《输油管道设计规范》对原油、C5 及 C5 以上成品油管道进行了规定，其中敷设在地面上的输油管道同建（构）筑物的最小距离，距离增加（　　　）倍。

A. 1　　　　　　B. 2　　　　　　　C. 4　　　　　　　D. 5

33. AB04 管道材质为 16Mn，管径为 720mm，壁厚为 8mm，最大允许悬空长度小于（　　　）。

A. 6m　　　　　B. 10m　　　　　　C. 15m　　　　　　D. 18m

34. AB04 新建铁路、公路与管道相交时，应采取可靠的防护措施，一般采用桥梁或（　　　）的保护方式。

A. 涵洞　　　　B. 盖板　　　　　C. 承台　　　　　　D. 挡板

35. AB04 GB 50253《输油管道工程设计规范》规定的管道线路同城镇居民或独立的人群密集房屋的最小间距（　　　）。

A. 10m　　　　B. 5m　　　　　　C. 15m　　　　　　D. 30m

36. AB04 GB 50253《输油管道工程设计规范》规定的管道线路同飞机场、海(河)港码头、大中型水库和水工建筑物、工厂的最小间距为( )。

A. 10m　　　　B. 20m　　　　C. 15m　　　　D. 30m

37. AB04 GB 50253《输油管道工程设计规范》规定的管道线路同高速公路、一二级公路的最小间距为( )。

A. 10m　　　　B. 20m　　　　C. 15m　　　　D. 30m

38. AB04 GB 50253《输油管道工程设计规范》规定的管道线路同三级及以下公路的最小间距为( )。

A. 5m　　　　B. 10m　　　　C. 15m　　　　D. 30m

39. AB04 GB 50253《输油管道工程设计规范》规定的管道线路同铁路干线的最小间距为( )。

A. 2m　　　　B. 3m　　　　C. 4m　　　　D. 5m

40. AB04 GB 50253《输油管道工程设计规范》规定的管道线路同铁路支线的最小间距为( )。

A. 2m　　　　B. 3m　　　　C. 4m　　　　D. 5m

应急管理知识部分

41. AC01 应急管理工作内容概括起来叫做( )。

A. "一案三制"　　B. 应急预案　　　C. 应急机制　　　D. 应急响应

42. AC01 应急管理中的"三制"是指应急工作的管理体制、运行机制和( )。

A. 法治　　　　B. 体系　　　　C. 法制　　　　D. 制度

工程施工管理知识部分

43. AD05 管道下沟前应对( )的防腐层进行的漏点检测，发现漏点应修补。

A. 70%　　　　B. 80%　　　　C. 90%　　　　D. 100%

44. AD05 牺牲阳极的安装时，表面应保持洁净、无油污等，埋深应在冰冻线以下且不小于( )。

A. 0.8m　　　　B. 1m　　　　C. 1.5m　　　　D. 2m

45. AD05 牺牲阳极的安装时，表面应保持洁净、无油污等，安装间距应为( )。

A. 0.5~1m　　　B. 1~2m　　　C. 2~3m　　　D. 3~5m

46. AD05 顶管作业时，第一节管顶进方向的准确性是关键，应认真加以控制、仔细检查和测量，轴线偏差不超过顶进长度的( )。

A. 0.8%　　　　B. 1%　　　　C. 1.5%　　　　D. 2%

47. AD06 使用钻孔法钻孔施工时，对松软土壤，钻头应比主机低( )钻杆长度。

A. 0.8%　　　　B. 1%　　　　C. 1.5%　　　　D. 2%

48. AD06 使用钻孔法钻孔施工时，对岩石土壤，钻头应比主机低( )钻杆长度。

A. 6%　　　　B. 5%　　　　C. 4%　　　　D. 3%

第二部分　专业知识

管道防腐管理部分

49. BA01 当测试管道、铁轨的纵向电压降及电位梯度时，仪器的分辨离不应大于（　　）。

A. 1mV　　　　　B. 2mV　　　　　C. 3mV　　　　　D. 4mV

50. BA01 各阴极保护站进入正常连续工作阶段后，应在（　　）天之内，进行全线近间距的电位测量，以确保管道各点达到阴极保护规范要求。

A. 30　　　　　B. 40　　　　　C. 45　　　　　D. 60

51. BA01 测试桩接线柱与大地的电阻值应大于（　　）。

A. 50kΩ　　　　　B. 60kΩ　　　　　C. 80kΩ　　　　　D. 100kΩ

52. BA01 绝缘接头非阴极保护侧的电位与保护侧电位差小于（　　），应采用其他措施判断接头是否短路。

A. 500mV　　　　　B. 100mV　　　　　C. 800mV　　　　　D. 10mV

53. BA01 绝缘接头非阴极保护侧的电位与保护侧电位差一般为（　　）。

A. 20~50mV　　　B. 50~100mV　　　C. 100~200mV　　　D. 200~500mV

54. BA01 在主管线连头前，测量的主、套管绝缘电阻应大于（　　）。

A. 0.5MΩ　　　　　B. 1MΩ　　　　　C. 2MΩ　　　　　D. 3MΩ

55. BA01 主管线连头后，可以通过测量套管、主管电位的方式检测套管是否与主管短路。两者的电位应当有一定偏差，一般为（　　）。

A. 20~50mV　　　B. 50~100mV　　　C. 100~200mV　　　D. 200~500mV

56. BA01 安全交流电压不高于（　　）。

A. 5V　　　　　B. 10V　　　　　C. 15V　　　　　D. 20V

57. BA01 检测交流干扰所用的接地电阻测试仪准确度应为（　　）。

A. ±2%　　　　　B. ±4%　　　　　C. ±5%　　　　　D. ±10%

58. BA02 PCM+发射机输出电流施加到管线上，管线电流的强度随远离发射机的距离而衰减，其衰减程度不受（　　）影响。

A. 管道涂层状况　　　　　　　　　B. 土壤电阻率

C. 输送介质　　　　　　　　　　　D. 管道电阻

59. BA02 在进行故障点定位测试是，将 A 字架置于管道上方（一般 A 字架位置在管线两侧 5m 以内即可），并与管道平行，（　　）色脚钉位于远离发射机方向。

A. 红　　　　　B. 绿　　　　　C. 黄　　　　　D. 蓝

管道保护管理部分

60. BB01 管道工程师（　　）巡线一次。

A. 每天　　　　　B. 每周　　　　　C. 每半个月　　　　　D. 每月

61. BB02 里程桩/电流、电位测试桩测试引线与管线的连接宜采用（　　）。

A. 氩弧焊　　　　　B. 下向焊　　　　　C. 铝热焊　　　　　D. 铆接

62. BB02 桩体损坏或桩体表面(　　)以上标记的字迹不清时，应及时进行修复。
A. 1/2　　　　　B. 1/3　　　　　C. 1/4　　　　　D. 1/5

63. BB03 申请进行穿跨越管道的施工作业应当在开工(　　)日前书面通知管道企业。
A. 7　　　　　B. 5　　　　　C. 3　　　　　D. 10

64. BB03 按照分公司管道宣传计划，根据本站的实际，管道工程师在每年(　　)月底制订下一年度的管道宣传方案。
A. 10　　　　　B. 11　　　　　C. 9　　　　　D. 12

65. BB04 第三方施工工程必须在管道现场监护人员的(　　)监控下实施。
A. 8h　　　　　B. 12h　　　　　C. 16h　　　　　D. 24h

66. BB04 需要开挖管道的第三方施工作业工程必须先采用人工方式将工程范围内的管道和光缆挖出，管道和光缆外侧(　　)以外方可采用机械开挖，防止第三方施工作业损伤管道或光缆。
A. 5m　　　　　B. 3m　　　　　C. 2m　　　　　D. 1m

67. BB05 汛期结束后，对汛期工作进行总结，发现不足并制定整改措施，将防汛总结填报(　　)系统。
A. ERP　　　　　B. PIS　　　　　C. PPS　　　　　D. GPS

管道完整性管理部分

68. BC02 (　　)不是与时间有关的输气管道的失效原因。
A. 内腐蚀　　B. 外腐蚀　　C. 第三方破坏　　D. 应力腐蚀开裂

69. BC02 (　　)是与时间有关的输气管道的失效原因。
A. 误操作　　B. 内腐蚀　　C. 第三方破坏　　D. 天气或外力

管道应急管理部分

70. BD01 一般情况下，每(　　)年对预案(包括公司各级应急预案)至少进行一次修订。
A. 1　　　　　B. 2　　　　　C. 3　　　　　D. 4

71. BD01 应急预案编制程序包括(　　)个步骤。
A. 4　　　　　B. 5　　　　　C. 6　　　　　D. 7

72. BD01 以下(　　)不是应急预案修订的原因。
A. 公司规章制度更新
B. 通过应急预案演练或经突发事件检验，发现应急预案存在缺陷或漏洞
C. 应急预案中组织机构发生变化或其他原因
D. 重大工程发生变化时

73. BD01 以下(　　)不是应急预案修订的原因。
A. 应急预案中组织机构发生变化或其他原因
B. 重大工程发生变化时
C. 基层站队要求修订时
D. 生产工艺和技术发生变化的

74. BD01 以下(　　)不是应急预案修订的原因。

A. 生产工艺和技术发生变化的

B. 应急资源发生重大变化的

C. 预案中的通讯录发生变化的

D. 面临的风险或其他重要环境因素发生变化，形成新的重大危险源的

管道管理系统使用部分

75. BE02 根据管道的实际情况，对系统数据进行更新或提出更新建议；根据使用过程中发现的问题，向(   )系统项目组提出改进建议。

A. ERP   B. PIS   C. PioaGIS   D. PPS

二、判断题(对的画"√"，错的画"×")

第一部分　基础知识

阴极保护知识部分

(　　)1. AA01 钢铁表面存在杂屑，与周围的金属相比，杂屑电位较负，为阳极。

(　　)2. AA01 如果不同的金属处于同一电解质并且电气连接，较活泼的金属电位高，被保护。

(　　)3. AA01 在通气条件差(含氧量低)的环境下，钢结构对地电位较低，为阴极；而在氧气供应充分的位置，钢铁的电位较高，为阳极。

(　　)4. AA01 储罐或管道处于土壤不均匀的环境时，引起腐蚀，土壤密实处为阳极。

(　　)5. AA01 由于混凝土呈碱性，混凝土包裹部分管道电位高，为阴极；而未包裹部分管道电位低，为阳极，发生腐蚀。

(　　)6. AA01 杂散电流从管道的某一部位进入管道，沿管道流动一段距离后，又从管道流入土壤，在电流流入的部位，管道发生腐蚀。

(　　)7. AA02 沉积在阴极上(或从阳极上游离出来)的任何材料的重量与通过回路中的电荷量成反比。

(　　)8. AA02 法拉第定律将腐蚀电池中金属随时间的损失和电流联系起来。定律的表达式为 $W_t = KIT$。

(　　)9. AA02 如果相对于阴极，阳极的面积很小，则阳极将迅速被腐蚀。

(　　)10. AA02 通过电解质的电流大小受到离子含量的影响，离子越少，电导率越大。

(　　)11. AA02 电导率等于电阻率的倒数。

(　　)12. AA02 电解质的电导率高代表其是腐蚀性的环境。

(　　)13. AA03 自然电位是金属埋入土壤后，在无外部电流影响时的结构对地电位。自然电位随着金属结构的材质、表面状况和土质状况，含水量等因素不同而异。

(　　)14. AA03 一般认为，金属在电解质溶液中，极化电位达到阳极区的开路电位时，就达到了完全保护。

(　　)15. AA03 阴极保护系统的保护电位越低越好。

(　　)16. AA03 使金属腐蚀下降到最低程度或停止时所需要的保护电流密度，称为最

小保护电流密度。

（　　）17. AA03 瞬间断电电位测量时，应在断掉被保护结构的外加电源或牺牲阳极 2～5s 之内读取得结构对地电位。

（　　）18. AA03 管道施加阴极保护后，管道电位自自然电位向正电位偏移，该偏移量称为阴极极化。

（　　）19. AA04 处于直流电气化铁路、阴极保护系统及其他直流干扰源附近的管道，其任意点上的管地电位较自然电位偏移 10mV 或管道附近土壤电位梯度大于 0.5mV/m 时，确认为直流干扰。

（　　）20. AA04 在直流干扰区域，当管道任意点上管地电位较自然电位正向偏移 100mV 或者管道附近土壤电位梯度大于 2.5mV/m 时，管道应及时采取直流排流保护或其他防护措施。

（　　）21. AA04 当管道与高压交流输电线路、交流电气化铁路的间隔距离大于 1000m 时，不需要进行干扰调查测试。

（　　）22. AA05 对于大型储罐，尤其是土壤电阻率较高时，宜采用牺牲阳极阴极保护方式。

（　　）23. AA05 因为储罐体积大，电阻小，不论阴极电缆何处连接，都不会影响电流的走向，而真正影响电流分布及走向的是阳极地床的安装位置。

（　　）24. AA05 根据储罐内部介质的不同，可选用外加电流或牺牲阳极阴极保护。如果介质中氯离子含量低，如淡水，可以采用外加电流阴极保护。

（　　）25. AA06 长效参比电极的埋设位置尽量靠近管道，热力管道时，距离管道 300mm，其深度不小于 1m，以确保其处于永久湿润的环境中。

（　　）26. BA06 双锌棒型接地电池，由两支锌棒组成，锌棒间用绝缘块分开，距离不小于 15mm。

（　　）27. AA07 投用阴极保护的管道必须是电气连续的。如果管道上有承插接口，法兰连接的阀门，要用跨接线跨接。

（　　）28. AA07 电流密度是指保护单位面积所需要的电流的大小，单位为 mA/m³。

（　　）29. AA07 土壤电阻率是阴极保护设计中的重要指标，它不仅影响阴极保护电流密度的选取，还决定着阳极地床的数量及位置。

（　　）30. AA07 浅埋式阳极又可分为立式和水平式两种，对于废钢阳极可以两种联合称为联合式阳极。

（　　）31. AA08 普通级石油沥青防腐层结构为三油三布。

（　　）32. AA08 普通级煤焦油瓷漆防腐层总厚度≥2 mm。

（　　）33. AA09PCM 输出的 ELF 电流信号主要用于管道涂层评估。具有较远的传输距离。

（　　）34. AA09 PCM 输出的 ELCD 电流信号是带有电流方向的 ELF 信号，具有中等输距离。主要用于同时进行管道涂层评估和故障点定位。

（　　）35. AA09 使用 PCM 检测管道埋深时，只有在管线左右的 2 倍管线埋深范围内，接收机才能实时显示管线深度。

（　　）36. AA09 一般使用 PCM 精确定位管道位置，宜抗干扰能力强，定位精度高的峰值定位模式。

管道保护知识部分

(　　)37. AB03 未经管道企业同意，其他单位可以使用管道专用伴行道路、管道水工防护设施、管道专用隧道等管道附属设施。

(　　)38. AB03 进行穿(跨)越管道的施工作业时，施工单位应当向管道所在地县级人民政府主管管道保护工作的部门提出申请。

(　　)39. AB03 新建铁路、公路与管道相交时，宜采用垂直交叉。必须斜交时，夹角不宜小于60°，受地形条件或其他特殊情况限制时，应不小于30°。在避不开的情况下，报上级主管部门，组织评审后实施。

(　　)40. AB03 两管道平行敷设间距不宜小于10m；特殊地段平行敷设间距不应小于5m。

(　　)41. AB03 两管道交叉时，后建管道应从原管道下方通过，且夹角不宜小于45°。

(　　)42. AB03 埋地电力电缆、通信电缆、通信光缆(同沟敷设光缆除外)与管道平行敷设时的间距，在开阔地带不宜小于10m。

(　　)43. AB03 管道与铁路平行或交叉时，应加强监测管道电流、电位变化，根据监测结果，采取相应措施。

(　　)44. AB03 为保护管道而设置的涵洞可以作为铁路、公路的排水涵洞。

(　　)45. AB03 当管道改线与既有铁路、高速公路、公路穿越时，可采取钢筋混凝土套管保护方式，套管直径应比管道直径大300mm，且应不小于1.0m，套管长度宜伸出路堤坡脚、路边沟外边缘应不小于2m。

(　　)46. AB03 新建铁路、高速公路、公路与管道交叉，当填方高度小于1.8m时，宜采用盖板涵形式防护，盖板涵净跨度不小于$D+2.5m$(D为管道外径，包括防护层)，盖板应采用现场浇筑形式。

(　　)47. AB03 新建铁路、高速公路、公路与管道交叉，当填方高度大于1.8m时，宜采用桥梁形式防护，桥梁净跨度不宜小于10m。

(　　)48. AB03 为保护管道而设置的单跨桥梁两端应设置栅栏等防盗措施。

(　　)49. AB03 管道应避免与铁路站场、公路交叉路口、圆形转盘交叉。

(　　)50. AB03 埋地电力电缆、通信电缆、通信光缆与管道交叉时，宜从管道下方通过，净间距不应小于0.8m，其间应有坚固的绝缘隔离物，确保绝缘良好。

(　　)51. AB03 埋地电力电缆可以不采用铠装屏蔽电缆。

(　　)52. AB03 对已有管道穿越段埋深无法准确掌握时，禁止任何施工方法的管道穿越在役管道。

(　　)53. AB03 GB 50253《输油管道工程设计规范》规定的管道线路同高速公路、一二级公路的最小间距为20m。

(　　)54. AB03 GB 50253《输油管道工程设计规范》规定的管道线路同三级及以下公路的最小间距为5m。

(　　)55. AB03 GB 50253《输油管道工程设计规范》规定的管道线路同铁路干线的最小间距为2m。

(　　)56. AB03 GB 50253《输油管道工程设计规范》规定的管道线路同铁路支线的最小

间距为 3m。

管道应急管理知识部分

( )57. AC01 应急管理工作内容概括起来叫做"一案三制"。

( )58. AC01 应急管理工作中的"三制"是指应急工作的管理体制、运行机制和法制。

( )59. AC02 每半年至少开展一次站队级应急预案演练。

( )60. AC03"受灾单位应对受伤人员积极安排救治，抚恤死者家属"属于应急响应中的"恢复与重建"。

( )61. AC03"按事件调查组的要求，接受调查"属于应急响应中的"恢复与重建"。

( )62. AD01 管线钢的缺陷主要是边部缺陷、分层、起皮、夹杂物和偏析等。

( )63. AD02 原油输送管道用钢管主要选用无缝钢管、螺旋缝双面埋弧焊钢管、高频电焊钢管和直缝双面埋弧焊钢管 4 类。

第二部分 专业知识

管道防腐管理部分

( )64. BA01 用土壤电阻率测量仪测量绝缘接头的绝缘电阻，接头埋地后，测量的电阻值应大于 0.01Ω。

( )65. BA01 为套管单独施加阴极保护可以减小由于套管短路而对整条管道阴极保护的影响，有助于套管内部主管道阴极保护的改善。

( )66. BA01 应定期检查工作接地和避雷器接地，并保证其接地电阻不大于 10Ω，在雷雨季节要注意防雷。

( )67. BA01 将恒电位仪开启，在恒电位仪阳极输出端串上一电流表，如果电流为零，则说明有断路现象。

( )68. BA01 检测交流干扰所用的接地电阻测试仪准确度应为 ±3%。

( )69. BA01 当测试管道、铁轨的纵向电压降及电位梯度时，仪器的分辨率不应大于 2mV。

( )70. BA02 使用 PCM 进行深度测量和管线电流测量时，接收机应位于管线正上方，并与管线走向垂直。

( )71. BA02 使用 A 字架定位故障点，将 A 字架置于管道上方，并与管道平行，红色脚钉位于远离发射机方向，绿色脚钉位于接近发射机方向。

管道保护管理部分

( )72. BB02 地面标识的喷刷：涂料应具有较好附着力、不易褪色、耐寒暑、耐紫外线照射等特点，并应按照涂料施工技术要求进行施工。

( )73. BB02 管道保护警示用语根据《管道保护法》相关规定，结合标识桩埋设地点有针对性地选择警示语句。

( )74. BB02 原则上，里程桩/电位测试桩每 1km 设置 1 个，电流测试桩每 3~5km 设置 1 个。

（　　）75. BB02 管道与新建铁路、公路、管道交叉需增设电位测试桩/标志桩时，标记方法为里程+间距。

（　　）76. BB02 站场长效参比电极处应设置测试桩，定期对参比电极性能进行监测。

（　　）77. BB02 新建铁路、公路、管道与原管道交叉时应增设电位测试桩/标志桩。

（　　）78. BB02 除转角桩外，当多种桩需在同一地点安装时，只设置警示桩。

（　　）79. BB02 管道转弯处均要设置转角桩，转角桩宜设置在转折管道中心线上方。

（　　）80. BB02 分界桩用于各分公司间行政区划分界，分界桩由下游公司负责管理。

（　　）81. BB02 宜在水工保护、地质灾害治理设施上方设立警示牌，并选择适当的警示用语。

（　　）82. BB02 标识带在管道新建、改线和大修施工过程中，随管体回填埋入地下，位于管顶上方300mm。

（　　）83. BB02 标识带中心线与管道中心线在同一竖直水平面上，字体朝上。

（　　）84. BB02 管道穿越大中型河流、山谷、冲沟、隧道、邻近水库及其泄洪区、水渠、人口密集区、地（震）质灾害频发区、地震断裂带、矿山采空区、爆破采石区域、工业建设地段等危险点源需设置警示牌，连续地段每100m设置1个警示牌，并设置在管道中心线上。

（　　）85. BB04 方案审核后，输油气站与第三方施工业主签订《管道安全防护协议书》，明确双方的权利和义务，签发作业许可。

（　　）86. BB04 需要开挖管道的第三方施工作业工程必须先采用人工方式将工程范围内的管道和光缆挖出，管道和光缆外侧5m以外方可采用机械开挖，防止第三方施工作业损伤管道或光缆。

（　　）87. BB04 与第三方施工作业关联段的管道看护及相关费用由第三方施工作业单位提供。

（　　）88. BB04 在第三方施工监护现场，监护人要在第一时间做到"四清"。

（　　）89. BB04 在准许施工作业前，需24h进行现场巡护，确保危及管道安全的施工作业不得开工。

（　　）90. BB04 需要开挖管道的第三方施工作业工程必须先采用人工方式将工程范围内的管道和光缆挖出，管道和光缆外侧5m以外方可采用机械开挖，防止第三方施工作业损伤管道或光缆。

（　　）91. BB04 管道现场监护人员对施工单位挖掘、勘探等动土机具的动态要跟踪掌握，重点对机械操作手进行安全教育培训。

（　　）92. BB04 与第三方施工单位对关联段管道的保护工程进行验收，对管道是否受损进行确认，详细记录隐蔽工程的情况。

（　　）93. BB04 第三方施工单位违反《中华人民共和国石油天然气管道保护法》以及管道管理相关规范要求强行进行施工的，可根据现场实际情况，在保证不发生冲突的前提下，留有证据。

（　　）94. BB05 每年计划在汛前完工的护坡、挡土墙、过水面等水工工程治理项目，应确保在当地主汛期到来之前完成。

（　　）95. BB05 汛期各输油（气）站必须加强巡线，雨后更要及时巡线，特别要加强对河道加宽、河道改道等灾害的巡查与监测。

（　　）96. BB05 汛后进行管道水毁灾害的普查，结合实际，提出相应的治理计划，报告分公司。

（　　）97. BB05 汛期各输油(气)站必须加强巡线，雨后更要及时巡线，特别要加强对河道加宽、河道改道等灾害的巡查与监测。

（　　）98. BB05 防汛演练后，组织进行演练总结，将演练总结上传到 PIS 系统。

（　　）99. BB05 对重点水工工程、管道穿跨越及险工、险段，制订事故状态下的防汛应急预案。

（　　）100. BB06 发现违章占压迹象，应迅速与有关部门沟通进行制止，如果制止无效，应以文件形式对新发管道占压情况进行详细说明，配合分公司向上一级地方政府报告。

管道完整性管理部分

（　　）101. BC01 收集和分析以往的管道失效事故对管道风险评价和风险控制具有非常重要的意义。

（　　）102. BC01 输气管道沿线当住宅数量的增加足以将此地区变成更高一级的类别时(如二级地区变成三级地区)，必须降低此区域内管道的压力。

（　　）103. BC01 ECDA 分为预评价、检测、检查及评价和后评价 4 个步骤。

（　　）104. BC02 风险是事故发生的可能性与其后果的综合。

管道应急管理部分

（　　）105. BD01 应急预案编制程序包括成立应急预案编制工作组、资料收集、风险评估、应急能力评估、编制应急预案和应急预案评审 6 个步骤。

（　　）106. BD01 一般情况下，如因新的相关法律法规颁布实施或相关法律法规修订实施，应及时对应急预案进行修订。

（　　）107. BD01 一般情况下，如因通过应急预案演练或经突发事件检验，发现应急预案存在缺陷或漏洞，应及时对应急预案进行修订。

（　　）108. BD01 一般情况下，如因应急预案中组织机构发生变化或其他原因，应及时对应急预案进行修订。

三、简答题

第一部分　基础知识

阴极保护知识部分

1. AA02 牺牲阳极阴极保护地床使用填料时，阳极的电流输出效率显著提高，请描述牺牲阳极地床填料的一般成分、含量及各种成分的作用？

2. AA04 交流干扰源调查测试时，高压输电系统应包括哪些调查、测试内容？

3. AA04 交流干扰源调查测试时，电气化铁路应包括哪些调查、测试内容？

4. AA04 交流干扰源调查测试时，对被干扰管道应包括哪些调查、测试内容？

5. AA04 直流干扰源调查测试时，直流干扰源的调查、测试应包括哪些内容？

6. AA04 直流干扰源调查测试时，被干扰管道的调查、测试应包括哪些内容？

7. AA08 简述环氧煤沥青防腐层的优缺点。

工程施工管理知识部分

8. AB03 与管道交叉的定向钻施工，对于交叉角度、净间距、出入土点的要求？

9. AB03 申请进行穿跨越管道的施工作业应符合什么条件？

管道应急管理知识部分

10. AC03 突发事件应急处置结束后，应开展的恢复与重建工作有哪些？

11. AD04 简述管体缺陷的类型。

第二部分　专业知识

管道防腐管理部分

12. BA01 如果阳极地床内有部分阳极失效，如何通过测量单支阳极电压场确认失效情况？

管道保护管理部分

13. BB02 管道地面标识的制作原则是什么？

14. BB02 如果某管线自 50km+700m 处开始改线，改线段内第 3km+500m 如何标记？

15. BB02 地面标识位置设置的原则是什么？

管道完整性管理部分

16. BC01 应采取哪些措施，开展高后果区管段的公共教育？

管道应急管理部分

17. BD01 应急预案编制程序包括哪几个步骤？

18. BD01 哪些原因下应及时对应急预案进行修订？

四、计算题

第一部分　基础知识

阴极保护知识部分

1. AA02 某种金属的电化学当量为 0.6kg/（A·a），其所在回路中的电流为 10A，计算该金属 1 年的重量损失。

中级资质理论认证试题答案

一、单项选择题答案

1. C	2. C	3. B	4. A	5. B	6. C	7. B	8. A	9. A	10. B
11. C	12. D	13. C	14. D	15. B	16. C	17. B	18. D	19. A	20. D
21. B	22. C	23. D	24. A	25. B	26. B	27. C	28. B	29. D	30. D
31. A	32. A	33. D	34. A	35. C	36. C	37. A	38. A	39. B	40. B
41. A	42. C	43. D	44. B	45. C	46. C	47. B	48. B	49. A	50. A
51. D	52. D	53. D	54. C	55. B	56. C	57. C	58. C	59. B	60. B
61. C	62. B	63. A	64. D	65. D	66. C	67. B	68. C	69. B	70. C
71. C	72. A	73. C	74. C	75. B					

二、判断题答案

1. ×钢铁表面存在杂屑，与周围的金属相比，杂屑电位较正，为阴极。　2. ×如果不同的金属处于同一电解质并且电气连接，较活泼的金属电位低，发生腐蚀。　3. ×在通气条件差(含氧量低)的环境下，钢结构对地电位较低，为阳极；而在氧气供应充分的位置，钢铁的电位较高，为阴极。　4. √　5. √　6. ×杂散电流从管道的某一部位进入管道，沿管道流动一段距离后，又从管道流入土壤，在电流流出的部位，管道发生腐蚀。　7. ×沉积在阴极上(或从阳极上游离出来)的任何材料的重量与通过回路中的电荷量成正比。　8. √　9. √　10. ×通过电解质的电流大小受到离子含量的影响，离子越多，电导率越大。

11. √　12. ×电导率高本身并不代表是腐蚀性的环境，它仅仅代表承载电流的能力。　13. √　14. √　15. ×保护电位不是越低越好，过低的电位会造成析氢。　16. √　17. ×瞬间断电电位测量时，应在断掉被保护结构的外加电源或牺牲阳极 0.2~0.5s 内读取得结构对地电位。　18. ×管道施加阴极保护后，管道电位自自然电位向负电位偏移，该偏移量称为阴极极化。　19. ×处于直流电气化铁路、阴极保护系统及其他直流干扰源附近的管道，其任意点上的管地电位较自然电位偏移 20mV 或管道附近土壤电位梯度大于 0.5mV/m 时，确认为直流干扰。　20. √

21. √　22. ×对于大型储罐，尤其是土壤电阻率较高时，宜采用外加电流阴极保护方式。　23. √　24. √　25. √　26. ×双锌棒型接地电池，由两支锌棒组成，锌棒间用绝缘块分开，距离不小于 25mm。　27. √　28. ×电流密度是指保护单位面积所需要的电流的大小，单位为 mA/m²。　29. √　30. √

31. √　32. ×普通级煤焦油瓷漆防腐层总厚度≥2.4m。　33. √　34. √　35. √　36. √

37. ×未经管道企业同意，其他单位不得使用管道专用伴行道路、管道水工防护设施、管道专用隧道等管道附属设施。　38. √　39. ×新建铁路、公路与管道相交时，宜采用垂直交叉。必须斜交时，夹角不宜小于 60°，受地形条件或其他特殊情况限制时，应不小于 45°。

在避不开的情况下，报上级主管部门，组织评审后实施。　40.√

41.×两管道交叉时，后建管道应从原管道下方通过，且夹角不宜小于60°。　42.√
43.√　44.×为保护管道而设置的涵洞不应作为铁路、公路的排水涵洞。　45.√　46.×新建铁路、高速公路、公路与管道交叉，当填方高度小于1.8m时，宜采用盖板涵形式防护，盖板涵净跨度不小于D+2.5m(D为管道外径，包括防护层)，盖板应采用活动吊装形式。
47.√　48.√　49.√　50.×埋地电力电缆、通信电缆、通信光缆与管道交叉时，宜从管道下方通过，净间距不应小于0.5m，其间应有坚固的绝缘隔离物，确保绝缘良好。

51.×埋地电力电缆应采用铠装屏蔽电缆。　52.√　53.×GB 50253《输油管道工程设计规范》规定的管道线路同高速公路、一二级公路的最小间距为10m。　54.√　55.×AB03 GB 50253《输油管道工程设计规范》规定的管道线路同铁路干线的最小间距为3m。　56.√　57.√　58.√　59.×每半年至少开展一次输油气分公司级应急预案演练。　60.√

61.√　62.√　63.√　64.√　65.×为套管单独施加阴极保护可以减小由于套管短路而对整条管道阴极保护的影响，但无助于套管内部主管道阴极保护的改善。　66.√　67.√　68.×检测交流干扰所用的接地电阻测试仪准确度应为±5%。　69.×当测试管道、铁轨的纵向电压降及电位梯度时，仪器的分辨离不应大于1mV。　70.√

71.×使用A字架定位故障点，将A字架置于管道上方，并与管道平行，绿色脚钉位于远离发射机方向，红色脚钉位于接近发射机方向。　72.√　73.√　74.×原则上，里程桩/电位测试桩每1km设置1个，电流测试桩每5~15km设置1个。　75.√　76.√　77.√　78.×除转角桩外，当多种桩需在同一地点安装时，只设置里程桩。　79.√　80.×分界桩用于各分公司间行政区划分界，分界桩由上游公司负责管理。

81.√　82.×标识带在管道新建、改线和大修施工过程中，随管体回填埋入地下，位于管顶上方500mm。　83.√　84.√　85.√　86.√　87.√　88.√　89.√　90.√　91.√　92.√　93.√　94.√　95.√　96.√　97.√　98.√　99.√　100.√
101.√　102.√　103.√　104.√　105.√　106.√　107.√　108.√

三、简答题答案

1. AA02 牺牲阳极阴极保护地床使用填料时，阳极的电流输出效率显著提高，请描述牺牲阳极地床填料的一般成分、含量及各种成分的作用？

答：①牺牲阳极地床回填料成分一般为石膏粉75%、膨润土20%、硫酸钠5%。②石膏粉是用来保持水分、降低阳极的接地电阻；③膨润土是增强与土壤的紧密性；④硫酸钠是来活化阳极表面，使阳极表面均匀腐蚀，提高阳极利用效率。

评分标准：答对①~④各占25%。

2. AA04 交流干扰源调查测试时，高压输电系统应包括哪些调查、测试内容？

答：① 管道与高压输电线路的相对位置关系；② 塔型、相间距、相序排列方式、导线类型和平均对地高度；③ 接地系统的类型(包括基础)及与管道的距离；④ 额定电压、负载电流及三相负荷不平衡度；⑤ 单相短路故障电流和持续时间；⑥ 区域内发电厂(变电站)的设置情况。

评分标准：答对①~⑤各占15%，答对⑥占25%。

3. AA04 交流干扰源调查测试时，电气化铁路应包括哪些调查、测试内容？

答：① 铁轨与管道的相对位置关系；② 牵引变电所位置，铁路沿线高压杆塔的位置与分布；③ 馈电网络及供电方式；④ 供电臂短时电流、有效电流及运行状况(运行时刻表)。

评分标准：答对①~④各占25%。

4. AA04 交流干扰源调查测试时，对被干扰管道应包括哪些调查、测试内容？

答：① 本地区过去的腐蚀实例；② 管道外径、壁厚、材质、敷设情况及地面设施(跨越、阀门、测试桩)等设计资料；③ 管道与干扰源的相对位置关系；④ 管道防腐层电阻率、防腐层类型和厚度；⑤ 管道交流干扰电压及其分布；⑥ 安装检查片处交流电流密度；⑦ 管道已有阴极保护和防护设施的运行参数及运行状况；⑧ 相邻管道或其他埋地金属构筑物干扰腐蚀与防护技术资料。

评分标准：答对①~⑧各占12.5%。

5. AA04 直流干扰源调查测试时，直流干扰源的调查、测试应包括哪些内容？

答：① 直流供电所及其他干扰源的位置，馈电网路、回归网路的状态与分布；② 电车及其他干扰源运行状况；③ 铁轨及其他干扰源对地电位及其分布；④ 铁轨及其他干扰源漏泄电流趋向及电位梯度。

评分标准：答对①~④各占25%。

6. AA04 直流干扰源调查测试时，被干扰管道的调查、测试应包括哪些内容？

答：① 本地区的腐蚀实例；② 管道与干扰源的相对位置、分布；③ 管地电位及其分布(包括管地电位按管道里程分布及管地电位随时间变化的分布)；④ 管壁中流动的干扰电流(大小及方向)；⑤ 流入、流出管道的干扰电流的大小与部位；⑥ 管道对铁轨的电压及方向(极性)；⑦ 管道外防腐层绝缘电阻；⑧ 管道沿线土壤电阻率；⑨ 管道沿线大地中杂散电流方向和电位梯度；⑩ 管道已有阴极保护和排流保护的运行参数及运行状况；⑪管道与其他相邻、交叉的管道及其他埋地金属构筑物间的电位差及其电法保护(包括排流保护)运行参数和运行状态。

评分标准：答对①~⑩各占9%，答对⑩占10%。

7. AA08 简述环氧煤沥青防腐层的优缺点。

答：优点① 环氧煤沥青防腐层采用冷涂敷工艺，施工方便；② 耐化学介质腐蚀、耐磨，对金属表面有很好的附着力。

缺点① 施工过程中固化时间长、② 表面处理质量要求高、③ 要求施工场地较大、④ 由于溶剂的挥发，针孔率较高。

评分标准：答对优点每条各占20%，答对缺点每条占15%。

8. AB03 与管道交叉的定向钻施工，对于交叉角度、净间距、出入土点的要求？

答：① 定向钻穿越管道时宜与管道垂直交叉，受条件限制不能垂直交叉的，交角不应小于60°；② 与在役管道交叉时，垂直净间距应大于6m，出、入土端距离在役管道的最小距离不应小于100m。

评分标准：答对①②各占50%。

9. AB03 申请进行穿跨越管道的施工作业应符合什么条件？

答：① 具有符合管道安全和公共安全要求的施工作业方案；② 已制订事故应急预案；③ 施工作业人员具备管道保护知识；④ 具有保障安全施工作业的设备、设施。

评分标准：答对①~④各占25%。

10. AC03 突发事件应急处置结束后，应开展的恢复与重建工作有哪些？

答：① 受灾单位应对受伤人员积极安排救治，抚恤死者家属；② 按事件调查组的要求，接受调查；③ 经政府主管部门同意后，恢复生产经营工作；④ 应急响应结束后，组织进行污染物的处理、环境的恢复、抢险过程和应急救援能力评估及预案的修订；⑤ 符合条件的，尽快恢复生产和经营。

评分标准：答对①~⑤各占 20%。

11. AD04 简述管体缺陷的类型。

答：① 腐蚀缺陷。由于管材与所处环境发生反映而造成管道壁厚的金属损失。② 制造缺陷。管道在制管、敷设或运行过程中产生的除腐蚀外的其他金属损失。③ 凹陷。因外力撞击或挤压造成管道表面曲率明显变化的局部弹塑性变形。④ 裂纹。一种断裂型不连续，其主要特征为锋利的尖端和张开位移处长宽比大。

评分标准：答对①~④各占 25%。

12. BA01 如果阳极地床内有部分阳极失效，如何通过测量单支阳极电压场确认失效情况？

答：① 查看原始资料确定阳极地床最初的阳极数量和间距；② 利用两支参比电极测量，一支放在远地点，一支放在阳极地床的上方；③ 放在阳极地床上方的参比电极每移动 0.5m 或 1.0m 读取一个数据；④ 绘制阳极床电压曲线；⑤ 通过绘制的阳极床电压曲线判断：工作阳极正上方应该是电压峰。如果没有发现电压峰，说明该阳极出现故障，应当修复或更换。

评分标准：答对①④各占 10%，答对②③各占 20%，答对⑤占 40%。

13. BB02 管道地面标识的制作原则是什么？

答：① 桩体应坚固、耐久；② 安装简易；③ 维护方便；④ 便于管理。

评分标准：答对①~④各占 25%。

14. BB02 如果某管线自 50km+700m 处开始改线，改线段内第 3km+500m 如何标记？

答：标记方法为：K50+700+GK3+500。

评分标准：答对占 100%。

15. BB02 地面标识位置设置的原则是什么？

答：宜在顺输送介质流向的左侧，距离管道中心线 1.5m 处（即桩体垂直中心线与管道轴向水平距离），埋设偏差为±0.25m。

评分标准：答对占 100%。

16. BC01 应采取哪些措施，开展高后果区管段的公共教育？

答：① 设立标示牌，加强宣传，普及高后果区内居民区的安全知识，提高群众紧急避险的意识；② 对与从事挖掘活动有关的人员开展安全教育；③ 应与从事挖掘等活动人员建立联系制度，在挖掘活动之前进行确认；④ 一旦管道发生泄漏，应当采取保护公共安全的措施；⑤ 建立向管道泄漏可能影响到的政府、居民区、学校、医院等发出管道安全警告的机制。

评分标准：答对①~⑤各占 20%。

17. BD01 应急预案编制程序包括哪几个步骤？

答：包括①成立应急预案编制工作组、②资料收集、③风险评估、④应急能力评估、

⑤编制应急预案和⑥应急预案评审 6 个步骤。

评分标准：答对①~④各占 15%，⑤⑥各占 20%。

18. BD01 哪些原因下应及时对应急预案进行修订？

答：① 新的相关法律法规颁布实施或相关法律法规修订实施；② 通过应急预案演练或经突发事件检验，发现应急预案存在缺陷或漏洞；③ 应急预案中组织机构发生变化或其他原因；④ 重大工程发生变化时；⑤ 国家相关文件、上级单位或公司要求修订时；⑥ 生产工艺和技术发生变化的；⑦ 应急资源发生重大变化的；⑧ 预案中的其他重要信息发生变化的；⑨ 面临的风险或其他重要环境因素发生变化，形成新的重大危险源的。

评分标准：答对①②各占 15%，答对③~⑨各占 10%。

四、计算题答案

1. AA02 某种金属的电化学当量为 0.6kg/（A·a），其所在回路中的电流为 10A，计算该金属 1 年的重量损失。

解：根据法拉第定律：$W_t = KIT$

$$W_t = 0.6\text{kg}/（A·a）×10A×1a = 6\text{kg}$$

答：该金属 1 年的重量损失为 6kg。

评分标准：能够写出使用的法拉第定律公式，得本题分数的 40%，正确代入数值得本题分数的 30%，计算出正确结果并明确答案得本题分数的 30%。

中级资质工作任务认证

中级资质工作任务认证要素明细表

模块	代码	工作任务	认证要点	认证形式
一、管道防腐管理	S-GD-01-Z01	管道阴极保护管理	(1) 电位测量； (2) 杂散电流干扰腐蚀测试	(1) 设备操作 (2) 设备操作
	S-GD-01-Z02	管道防腐层管理	A字架探测管道防腐层缺陷	设备操作
二、管道保护管理	S-GD-02-Z02	管道地面标识管理	地面标识制作与设置	步骤描述
	S-GD-02-Z03	管道保护宣传	制订本站管道保护宣传方案	步骤描述
	S-GD-02-Z04	第三方施工管理	对第三方施工作业进行监护	步骤描述
	S-GD-02-Z05	防汛管理	(1) 制订本站的防汛工作方案； (2) 防汛应急管理(编制(修订)防汛预案、防汛演练)	步骤描述
	S-GD-02-Z06	管道占压管理	及时制止管道新增占压	步骤描述
三、管道完整性管理	S-CD-03-Z01	管道高后果区管理	高后果区管理	步骤描述
四、管道应急管理	S-GD-04-Z01	应急预案	组织或参与相关应急预案演练	步骤描述

中级资质工作任务认证试题

一、S-GD-01-Z01-01 管道阴极保护管理——电位测量

1. 考核时间：40min。
2. 考核方式：技能操作。
3. 考核评分表。

考生姓名：_____   单位：_____

序号	工作步骤	工作标准	配分	评分标准	扣分	得分	考核结果
1	测量前准备	在测量之前，确认阴极保护正常运行，管道已充分极化	10	未做此步扣10分			

序号	工作步骤	工作标准	配分	评分标准	扣分	得分	考核结果
2	安装电流同步中断器	在对测量区间有影响的阴极保护电源处安装电流同步中断器，并设置合理的通/断周期，同步误差小于0.1s。合理的通/断周期和断电时间设置原则是：断电时间尽可能短，但又应有足够长的时间在消除冲击电压影响后采集数据。断电期不宜大于3s	10	未做此步扣10分			
3	安置硫酸铜电极	将硫酸铜电极放置在管道上方地表的潮湿土壤上，应保证硫酸铜电极底部与土壤接触良好	10	未做此步扣10分			
4	断电电位测量	使用外用表进行断电电位(V_{off})测量线	10	未做此步扣10分			
5	读数	将电压表调制事宜的量程上，读取数据，读数应在通/断电0.5s之后进行	10	未做此步扣10分			
6	记录	记录下通电电位(V_{on})和断电电位(V_{off})，以及相对于硫酸铜电极的极性。所测得的断电电位(V_{off})即为硫酸铜电极安放处的管道保护电位	10	未做此步扣10分			
7	绘制管道断电电位曲线图	使用记录下来的通电电位、断电电位为纵坐标，测试桩为横坐标，绘制管道断电电位曲线图，要求曲线图与数据记录一致，通过曲线图判断管道是否存在未保护管段	40	曲线图绘制错误扣30分，保护状态判断错误扣10分			
	合计		100				

考评员　　　　　　　　　　　　　　　　　　　　　　　　　　年　　月　　日

二、S-GD-01-Z01-02 管道阴极保护管理——杂散电流干扰腐蚀测试

1. 考核时间：60min。

2. 考核方式：系统操作。

3. 考核评分表。

考生姓名：_____　　　　　　　　　　　　　　　单位：_____

序号	工作步骤	工作标准	配分	评分标准	扣分	得分	考核结果
1	使用万用表、参比电极等工具测量指定管道的管地电位的交流干扰值	（1）使用万用表的交流测量量程；（2）将电压表与管道及参比电极相连接；（3）将电压表调至适宜的量程上，记录测量值和测量时间	30	按照管道电位测试方法检测管道沿线对地电位，检测方法正确得满分，不正确不得分			

续表

序号	工作步骤	工作标准	配分	评分标准	扣分	得分	考核结果
2	如管道交流干扰电压高于4V，根据检测结果计算交流电流密度	应按下式计算交流电流密度：$$J_{AC} = \frac{8U}{\rho \pi d}$$ 式中：J_{AC} 为评估的交流电流密度，A/m^2；U 为交流干扰电压有效值的平均值，V；ρ 为土壤电阻率，$\Omega \cdot m$，该值应取交流干扰电压测试时，测试点处与管道埋深相同的土壤电阻率实测值；d 为破损点直径，m，该值按发生交流腐蚀最严重考虑，取 0.0113	40	计算公式使用错误扣40分，计算错误扣10分			
3	根据交流电流密度判断管道受到交流干扰的强弱	交流电流密度<$30A/m^2$ 时，认为交流干扰强度弱，交流电流密度 $30 \sim 100A/m^2$ 时，认为交流干扰强度中，交流电流密度>$100A/m^2$ 时，认为交流干扰强度强	30	判断错误扣30分			
	合计		100				

考评员　　　　　　　　　　　　　　　　　　　　　　　　　　　　年　　月　　日

三、S-GD-01-Z02 管道防腐层管理——A 字架探测管道防腐层缺陷

1. 考核时间：30 min。

2. 考核方式：技能操作。

3. 考核评分表。

考生姓名：＿＿＿＿＿＿＿＿＿　　　　　　　　　　　　　　　　单位：＿＿＿＿＿＿＿＿＿

序号	工作步骤	工作标准	配分	评分标准	扣分	得分	考核结果
1	PCM 检漏仪发射机安装	(1) 连接信号输出线：白色信号线与管道相连；绿色信号线与接地极连接，接地极可以是接地棒、阴保系统的阳极等，接地棒接地电阻越小越好，不管使用什么样的接地，接地电阻必须小于 20Ω，以保证发射机的正常电流输出。接地点要与被测管线垂直，相距少 25m；(2) 发射机电源线连接至220V交流电源或 20~50V 直流电源蓄电池，黑色线接负极、红色线接正极	20	(1) 未正确连接发射机白色、绿色信号线，扣20分；(2) 电源正负极连接错误，本题分数全扣；(3) 接地极方位、距离错误扣10分			
2	PCM 检漏仪发射机、接收机开机，信号调节	(1) 打开发射机开关，选用 ELF 挡进行测试，根据需要检测管道长度调整输出电流，同时观察仪器输出电压是否超压，如出现超压需降低检测电流，检查接地极连接是否正常，或给接地极采取浇注盐水方式降阻；(2) 打开接收机开关，将接收机频率调至 ELF 挡，与发射机保持一致，接收机出现接收信号	10	(1) 发射机开机后不能调整输出频率、电流，每项扣5分；(2) 接收机未能接收到检测信号扣10分			

序号	工作步骤	工作标准	配分	评分标准	扣分	得分	考核结果
3	将 A 字架与 PCM 接收机相连接，并切换至 A 字架检测模式	(1) 将 3 针连接线分别与 A 字架和 PCM+接收机的附件插口连接； (2) 用频率键选择 ACVG(故障查找频率)转换到 A 字架工作模式，出现电流方向箭头指示和 A 字架形状的图标	10	连接、切换错误扣 10 分			
4	使用 A 字架定位查找预埋管道的故障点	(1) 将 A 字架置于管道上方(一般 A 字架位置在管线两侧 5m 以内即可)，并与管道平行，绿色脚钉位于远离发射机方向，红色脚钉位于接近发射机方向，将 A 字架的两脚钉插进地面，采集土壤中的故障电流方向和电位差读数； (2) 显示的前/后向箭头指明故障点的方向；仪器同时显示的以 dB 为单位的电位差对数值 dBmV 读数；若为 30dB 以上，说明附近应存在故障点；若方向箭头闪烁不定、未显示出明确的方向，则表示附近不存在故障点、或是 A 字架的中心点恰好位于故障点正上方； (3) 沿着管线路径，按此方法继续测量。当一个测点的 CD 箭头朝向前方、而下一个测点的 CD 箭头朝向后方时，表明 A 字架已经经过了一个故障点；此时在故障点附近的电位差对数值 dBmV 读数可能是 60dB； (4) 再以 1m 间距向后方测量，在故障点附近会看到电位差对数值 dBmV 的读数变大又突然变小，并再次变大，之后进入逐渐衰减过程。在故障点的两侧，CD 故障电流方向箭头也会发生变向； (5) 以更小的间距向前/向后重复测量，直到定位出 CD 箭头变向点和电位差对数值 dBmV 的读数的较小点——管线对地绝缘故障点。故障点位于 A 字架的中心点； (6) 将 A 字架的方向旋转 90°，与管线方向垂直，重复第(5)步所示的精确定位过程。同样可定位出一个 CD 箭头变向点和电位差对数值 dBmV 的读数的小点。这两个点应该能够重合。重合点即是精确的故障点位置	60	查找到的故障点与预埋故障点位置相距小于 1m，本项满分；1m 至 1.5m 扣 30 分；大于 1.5m 不得分			
		合计	100				

考评员　　　　　　　　　　　　　　　　　　　　　　　　年　　月　　日

四、S-GD-02-Z02 管道地面标识管理——地面标识制作与设置

1. 考核时间：10 min。
2. 考核方式：步骤描述。
3. 考核评分表。

考生姓名：＿＿＿＿＿＿＿＿＿　　　　　　　　　　　　　　　单位：＿＿＿＿＿＿＿

序号	工作步骤	工作标准	配分	评分标准	扣分	得分	考核结果
1	地面标识制作	地面标识的材质、尺寸(满足《管道地面标识管理规范》要求)、颜色(地面标识喷刷色彩应符合 RGB 色值规范的规定)、用语(管道保护警示用语根据《石油天然气管道保护法》相关规定，结合标识桩埋设地点有针对性地选择警示语句)、标记方法(根据地面标识的作用不同，选用不同的标识代号；流水编号应统一编制，从管线起点至终点按顺序编号)的要求	40	未能掌握关于地面标识的材质、颜色、尺寸、用语、标记方法的要求，扣40分			
2	地面标识设置	(1) 地面标识分别按设计要求，埋设于指定地点，在满足可视性需求的前提下，可纵向调整位置。 (2) 标识桩原则上应设置在路边、田埂、堤坝等空旷荒地处，尽量减少对土地使用的影响。 (3) 地面标识设置位置宜在顺输送介质流向的左侧，距离管道中心线 1.5m 处(即：桩体垂直中心线与管道轴向水平距离)；埋设偏差为± 0.25m。 (4) 当管道穿(跨)越公路、铁路、河流等有一定长度的建、构筑物时，标志桩正面应面向被穿(跨)越的建、构筑物，其他未作详细说明的标志桩正面均应面向来油(气)方向	60	未能掌握地面标识的设置要求，每少一项，扣15分			
		合计	100				

考评员　　　　　　　　　　　　　　　　　　　　　　　年　　月　　日

五、S-GD-02-Z03 管道保护宣传——制订本站管道保护宣传方案

1. 考核时间：10 min。
2. 考核方式：步骤描述。
3. 考核评分表。

考生姓名：_____　　　　　　　　　　单位：_____

序号	工作步骤	工作标准	配分	评分标准	扣分	得分	考核结果
1	制订本站管道保护宣传方案	按照分公司管道宣传方案，根据本站的实际，在每年12月底制订下一年度的管道宣传方案	30	未依据分公司方案内容的，扣15分；未在12月底制订的，扣15分			
2	确定宣传方案内容	宣传方案包括宣传时间与地点、宣传内容、参加人员、宣传材料等	40	宣传方案缺少一项，扣8分			
3	突出宣传重点	管道保护宣传要重点突出，创新形式，注重实效。下一年度方案不能与上一年度的方案雷同	30	方案重点不突出，扣5分；与上一年度内容雷同的，本项不得分			
	合计		100				

考评员　　　　　　　　　　　　　　　　　　　　　　年　　月　　日

六、S-GD-02-Z04 第三方施工管理——对第三方施工作业进行监护

1. 考核时间：10 min。
2. 考核方式：步骤描述。
3. 考核评分表。

考生姓名：_____　　　　　　　　　　单位：_____

序号	工作步骤	工作标准	配分	评分标准	扣分	得分	考核结果
1	确认线路埋深及走向	与施工单位现场负责人再次对管道及光缆埋深和走向进行现场复核确认。首先在与第三方施工相关联的管道两端开挖两个或两个以上探坑进行验证，探明管道与光缆的准确位置	20	未正确描述扣20分			
2	人工挖出工程范围内管道及光缆	需要开挖管道的第三方施工作业工程必须先采用人工方式将工程范围内的管道和光缆挖出，管道和光缆外侧5m以外方可采用机械开挖，防止第三方施工作业损伤管道或光缆	20	未正确描述扣20分			
3	实行"可控及可视化管理"	实行"可控和可视化管理"，即第三方施工工程必须在管道现场监护人员的24h监控下实施，对于穿越管道的构筑物要在管道可视的情况下平稳穿越	20	未正确描述扣20分			
4	管道现场监护	管道现场监护人员对施工单位挖掘、勘探等动土机具的动态要跟踪掌握，重点对机械操作手进行安全教育培训	20	未正确描述扣20分			
5	费用的处理	与第三方施工作业关联段的管道看护及相关费用由第三方施工作业单位提供	20	未正确描述扣20分			
	合计		100				

考评员　　　　　　　　　　　　　　　　　　　　　　年　　月　　日

七、S-GD-02-Z05-01 防汛管理——制订本站的防汛工作方案

1. 考核时间：10 min。
2. 考核方式：步骤描述。
3. 考核评分表。

考生姓名：＿＿＿＿＿＿＿＿＿＿＿＿＿　　　　　　　　　　　单位：＿＿＿＿＿＿＿＿＿＿＿

序号	工作步骤	工作标准	配分	评分标准	扣分	得分	考核结果
1	制订本站的防汛工作方案	根据分公司的汛期工作计划、工作方案，制订本站的汛期工作计划、工作方案	40	未描述此项扣40分			
2	建立与地方部门的联系	建立与地方防汛相关部门的联系，保证在汛期能与相关部门保持顺畅联系	40	未描述此项扣40分			
3	成立站级防汛领导小组	组织成立、更新站级防汛领导小组，建立防汛岗位责任制	20	未描述此项扣20分			
	合计		100				

考评员　　　　　　　　　　　　　　　　　　　　　　　　　　　　　　　年　　月　　日

八、S-GD-02-Z05-02 防汛及地质灾害管理——防汛应急管理(编制(修订)防汛预案、防汛演练)

1. 考核时间：10 min。
2. 考核方式：步骤描述。
3. 考核评分表。

考生姓名：＿＿＿＿＿＿＿＿＿＿＿＿＿　　　　　　　　　　　单位：＿＿＿＿＿＿＿＿＿＿＿

序号	工作步骤	工作标准	配分	评分标准	扣分	得分	考核结果
1	编制(修订)防汛预案	对重点水工工程、管道穿跨越及险工、险段，制定事故状态下的防汛预案。按照规定对防汛预案进行修订	60	(1) 未编制防汛预案的，扣40分； (2) 未按照规定对防汛预案进行修订的，扣20分			
2	防汛演练	(1) 汛前管道工程师要组织制订防汛演练方案； (2) 按照方案组织实施防汛演练； (3) 防汛演练后，组织进行演练总结； (4) 将演练总结上传到PIS系统	40	(1) 未制订演练方案的，扣10分； (2) 未按照方案进行防汛演练的，扣20分； (3) 未进行总结的，扣5分； (4) 未将总结上传到PIS系统，扣5分			
	合计		100				

考评员　　　　　　　　　　　　　　　　　　　　　　　　　　　　　　　年　　月　　日

九、S-GD-02-Z06 管道占压管理——及时制止管道新增占压

1. 考核时间：10 min。
2. 考核方式：步骤描述。
3. 考核评分表。

考生姓名：_____ 单位：_____

序号	工作步骤	工作标准	配分	评分标准	扣分	得分	考核结果
1	及时制止管道新增占压	（1）能够通过巡护人员、第三方举报等方式及时掌握新出现的违章占压迹象； （2）迅速与有关部门沟通进行制止； （3）如果制止无效，应以文件形式对新发管道占压情况进行详细说明，配合分公司向上一级地方政府报告； （4）注意留存制止占压过程中的影音像资料	100	缺少一项，扣25分			
	合计		100				

考评员 年 月 日

十、S-GD-03-Z01 管道高后果区管理

1. 考核时间：30 min。
2. 考核方式：步骤描述。
3. 考核评分表。

考生姓名：_____ 单位：_____

序号	工作步骤	工作标准	配分	评分标准	扣分	得分	考核结果
1	叙述高后果区管理中输油管道第三方破坏威胁的减缓措施	（1）与从事挖掘等活动人员建立联系制度，在挖掘活动之前进行确认； （2）挖掘活动前，应确认埋地管线的准确位置； （3）管道公司应确认挖掘活动的合法性、挖掘的目的； （4）在挖掘活动之前，应在挖掘作业区内的埋地管线沿线设置临时标记；管道公司和挖掘人员应能识别这些标记； （5）在挖掘之前和之后，应多次对管道进行检查，确认管道的安全； （6）制订检查管道附近地面情况的巡线计划，以检查施工活动、泄漏，或其他影响管道安全运行的因素； （7）如果是爆破活动，应在爆破前对爆破活动进行应力分析，确认爆破活动不会对管道造成损伤	100	（1）管理措施缺少1项扣10分； （2）管理措施内容缺失每项扣5分			
	合计		100				

考评员 年 月 日

十一、S-GD-04-Z01 应急预案——组织或参与相关应急预案演练

1. 考核时间：10 min。
2. 考核方式：步骤描述。
3. 考核评分表。

考生姓名：_____   单位：_____

序号	工作步骤	工作标准	配分	评分标准	扣分	得分	考核结果
1	组织或参与相关应急预案演练	（1）通知相关人员召开演练前会议； （2）宣贯演练方案，熟悉演练流程； （3）组织人员准备演练所需物资； （4）组织人员在既定时间、地点开展演练	100	缺少一项扣 25 分			
	合计		100				

考评员   年   月   日

高级资质理论认证

高级资质理论认证要素细目表

行为领域	代码	认证范围	编号	认证要点
基础知识 A	A	阴极保护	02	阴极保护原理
			03	阴极保护主要技术指标介绍
			04	杂散电流腐蚀干扰的简单判断与测试
			05	储罐阴极保护基础知识及日常管理
			06	管道阴极保护设施的安装与调试
			07	管道阴极保护设计基础知识及日常管理
			08	管道防腐层知识
			09	PCM+管道检测
	D	工程施工管理	03	管道施工焊接简介
			04	缺陷修复简介
			05	埋地钢质管道腐蚀防护工程
			06	管道穿越公路和铁路施工
专业知识 B	A	管道防腐管理	01	管道阴极保护管理
			02	管道防腐层管理
	B	管道保护管理	01	管道巡护管理
			04	第三方施工管理
			05	防汛及地质灾害管理
	C	管道完整性管理	01	管道高后果区管理
	D	管道应急管理	01	应急预案

高级资质理论认证试题

一、单项选择题(每题 4 个选项,将正确的选项号填入括号内)

第一部分　基础知识

阴极保护知识部分

1. AA02 电解质中的电解电流是(　　　)。

A. 由带正电荷的离子(阳离子)从阳极向阴极的方向移动,带负电的离子(阴离子)从阴

极向阳极的方向移动产生的

B. 由带正电荷的离子(阳离子)从阴极向阳极的方向移动, 带负电的离子(阴离子)从阳极向阴极的方向移动产生的

C. 由带正电荷的离子(阳离子)从阳极向阴极的方向移动产生的

D. 由带负电的离子(阴离子)从阴极向阳极的方向移动产生的

2. AA02 镁阳极具有高驱动电压、低电流效率、高造价的特点, 多用于电阻率大于( )的土壤或淡水环境中。

A. 2Ω·m   B. 5Ω·m   C. 10Ω·m   D. 15Ω·m

3. AA02 镁阳极在咸水或盐水中, 使用温度不宜超过( )。

A. 20℃   B. 25℃   C. 30℃   D. 35℃

4. AA02 镁阳极在淡水中, 使用温度不宜超过( )。

A. 30℃   B. 35℃   C. 40℃   D. 45℃

5. AA03 铜/硫酸铜电极(CSE)相对氢标电极的电位是( )。

A. 0. 3V   B. 0. 241V   C. 0. 25V   D. -0. 8V

6. AA03 饱和甘汞电极(SCE)相对氢标电极的电位是( )。

A. 0. 3V   B. 0. 241V   C. 0. 25V   D. -0. 8V

7. AA03 饱和氯化银电极(KCI)相对氢标电极的电位是( )。

A. 0. 3V   B. 0. 241V   C. 0. 25V   D. -0. 8V

8. AA03 锌电极相对氢标电极的电位是( )。

A. 0. 3V   B. 0. 241V   C. 0. 25V   D. -0. 8V

9. AA03 当使用新的饱和硫酸铜参比电极校准现场使用的饱和硫酸铜参比电极时, 电极之间差值大于( ), 则需要清洗现场所使用的电极。

A. 2mV   B. 5mV   C. 10mV   D. 15mV

10. AA04 当测算的交流干扰电流密度是 80A/ m^2 时, 认为该管道受到的交流干扰( )。

A. 强   B. 中   C. 弱   D. 无

11. AA04 当测算的交流干扰电流密度是 110A/ m^2 时, 认为该管道受到的交流干扰( )。

A. 强   B. 中   C. 弱   D. 无

12. AA04 当测算的交流干扰电流密度是 25A/ m^2 时, 认为该管道受到的交流干扰( )。

A. 强   B. 中   C. 弱   D. 无

13. AA04 在进行交流干扰测试时, 测试中读取数据时间间隔一般为( )。

A. 5~10s   B. 10~20s   C. 10~30s   D. 15~30s

14. AA05 罐底板外表面有防腐层时, 保护电流密度范围应为( )。

A. 5~10mA/m^2 B. 10~20mA/m^2 C. >20mA/m^2 D. <10mA/m^2

15. AA05 储罐内表面有防腐层时, 保护电流密度范围应为( )。

A. 5~10mA/m^2 B. 10~20mA/m^2 C. 10~30mA/m^2 D. >30mA/m^2

16. AA06 直埋电缆表面距离地面的距离不小于( ), 埋设电缆的四周垫以不小于100

毫米厚的细土、细砂,直埋电缆应在长度上留有一定裕量并作波浪形敷设。

A. 0.8m B. 1m C. 1.2m D. 1.5m

17. AA06 直埋电缆表面距离地面的距离不小于0.8m,埋设电缆的四周垫以不小于( )厚的细土、细砂,直埋电缆应在长度上留有一定裕量并作波浪形敷设。

A. 50mm B. 100mm C. 120mm D. 150mm

18. AA06 双锌棒型接地电池,由两支锌棒组成,锌棒间用绝缘块分开,距离不小于( )。

A. 25mm B. 50mm C. 75mm D. 100mm

19. AA08 加强级环氧煤沥青防腐层结构( )。

A. 底漆—面漆—面漆—面漆

B. 底漆—面漆—面漆、玻璃布、面漆—面漆

C. 底漆—面漆—玻璃布—面漆

D. 底漆—面漆—玻璃布、面漆—面漆

20. AA08 加强级钢质管道熔结环氧粉末外防腐层的厚度≥( )。

A. 300μm B. 400μm C. 500μm D. 600μm

21. AA09 当PCM检漏仪发射机输出电压指示灯提示为Voltage Limit时,表示输出电压已到( )。

A. 20V B. 60V C. 80V D. 100V

22. AA09 PCM检漏仪发射机Over Temperature显示红灯,表示( )。

A. 温度过高 B. 信号输出不正常 C. 输出功率过高 D. 输出电压过高

23. AA09 PCM检漏仪发射机Power Limit显示红灯,表示( )。

A. 温度过高 B. 信号输出不正常 C. 输出功率过高 D. 输出电压过高

24. AA09 PCM检漏仪发射机Voltage Limit显示红灯,表示( )。

A. 温度过高 B. 信号输出不正常 C. 输出功率过高 D. 输出电压过高

工程施工管理知识部分

25. AD05 土壤电阻率是划分土壤腐蚀性的判据,土壤电阻率( ),土壤腐蚀性判断为强。

A. <20Ω·m B. 20~50Ω·m C. >50Ω·m D. >100Ω·m

26. AD05 牺牲阳极表面应保持洁净、无油污等。其组装和埋设应符合设计要求,埋深应在冰冻线以下且不小于( )、间距为2~3m。其与被保护管道之间的连接应牢固。

A. 1m B. 1.5m C. 2m D. 2.5m

27. AD05 土壤电阻率是划分土壤腐蚀性的判据,土壤电阻率( ),土壤腐蚀性判断为弱。

A. <20Ω·m B. 20~50Ω·m C. >50Ω·m D. >100Ω·m

28. AD05 管道穿越公路、铁路时,穿越管道的管顶距离公路路面不得小于( )。

A. 1.1m B. 1.2m C. 1.4m D. 1.5m

29. AD05 顶管穿越公路、铁路作业时,第一节管顶进方向的准确性是关键,应认真加以控制、仔细检查和测量,轴线偏差不超过顶进长度的( )。

A. 1.1%   B. 1.2%   C. 1.4%   D. 1.5%

30. AD05 管道穿越公路、铁路时，穿越管道的管顶距离铁路轨枕下面不得小于(   )。

A. 1m   B. 1.5m   C. 1.6m   D. 2m

第二部分　专业知识

管道腐蚀管理部分

31. BA01 各阴极保护站进入正常连续工作阶段。应在(   )天之内，进行全线近间距的电位测量。

A. 10   B. 15   C. 20   D. 30

32. BA01 每月应定期检查长效参比电极的有效性，并采用经校准的便携式参比电极对其进行校准，当差值超过±(   )时，应进行处理或更换。

A. 5mV   B. 10mV   C. 15mV   D. 20mV

33. BA01 检查接线柱与大地绝缘情况，电阻值应大于(   )，用万用表测量，若小于此值应检查接线柱与外套钢管有无接地。

A. 50kΩ   B. 100kΩ   C. 500kΩ   D. 1000kΩ

34. BA01 主管线连头后，可以通过测量套管、主管电位的方式检测套管是否与主管短路。两者的电位应当有一定偏差，一般在(   )。

A. 100~200mV   B. 200~500mV   C. 500~1000mV   D. 1000~1500mV

35. BA01 管道阴极保护系统检查时，应定期检查工作接地和避雷器接地，并保证其接地电阻不大于(   )。

A. 2Ω   B. 5Ω   C. 10Ω   D. 15Ω

36. BA01 测量埋地钢质管道交流干扰时，参比电极可采用钢棒电极、硫酸铜电极。采用钢棒电极时，其钢棒直径不宜小于(   )。

A. 12mm   B. 14mm   C. 16mm   D. 18mm

二、判断题(对的画"√"，错的画"×")

第一部分　基础知识

阴极保护知识部分

(   )1. AA02 镁阳极具有高驱动电压、低电流效率、高造价的特点，多用于电阻率大于 20Ω·m 的土壤或淡水环境中。

(   )2. AA02 镁阳极在咸水或盐水中，使用温度不宜超过 45℃。

(   )3. AA02 镁阳极在淡水中，使用温度不宜超过 45℃。

(   )4. AA03 铜/硫酸铜电极(CSE)相对氢标电极的电位是 0.241V。

(   )5. AA03 饱和甘汞电极(SCE)相对氢标电极的电位是 0.3V。

(   )6. AA03 饱和氯化银电极(KCI)相对氢标电极的电位是 0.3V。

(   )7. AA03 锌电极(Zn)相对氢标电极的电位是 0.80V。

（　）8. AA04 管道受到交流干扰为 80A/m² 时，判断交流干扰程度为强。

（　）9. AA04 在进行交流干扰测试时，测试中读取数据时间间隔一般为 15～30s。

（　）10. AA05 罐底板外表面有防腐层时，保护电流密度范围应为 5～10mA/m²。

（　）11. AA05 储罐内表面有防腐层时，保护电流密度范围应为 10～30mA/m²。

（　）12. AA04 测量埋地钢质管道交流干扰时，参比电极可采用钢棒电极、硫酸铜电极。采用钢棒电极时，其钢棒直径不宜小于 15mm。

（　）13. AA04 检查片与管道的净距约 0.5m，检查片除裸露面积为 100m² 的金属表面外，其余部位应作好防腐绝缘。

（　）14. AA06 双锌棒型接地电池，由两支锌棒组成，锌棒间用绝缘块分开，距离不小于 25mm。

（　）15. AA08 无溶剂环氧防腐层分为普通级干膜厚度≥0.4mm。

（　）16. AA08 埋地管道的外防腐层一般分为普通、加强和特加强 3 个级别。

（　）17. AA08 石油沥青防腐层由石油沥青、玻璃布、塑料膜、底漆组成。

（　）18. AA09 Over Temperature 温度超限指示灯：当发射机的温度超限时，发射机将自动关机。

工程施工管理知识部分

（　）19. AD03 在制管焊接和现场施工焊接中，常见焊接缺陷有气孔、夹渣、未熔合、裂纹和未焊透等，按其形状不同可分为平面型缺陷和体积型缺陷，其中裂纹、未熔合和未焊透属于平面型缺陷，对焊缝质量危害很大，气孔和夹渣属于体积型缺陷。

（　）20. AD04 A 型套筒安装前，套筒覆盖的管体表面应清理至近白级，若使用填充材料，填充材料应用于所有缺口、深坑和空隙，套筒应紧密地贴近管体。

（　）21. AD05 埋地钢制管道在阴极保护状态下，当土壤电阻率大于 500Ω·m 时，测得管地电位至少达到 -0.75V。

（　）22. AD05 牺牲阳极表面应保持洁净、无油污等。其组装和埋设应符合设计要求，埋深应在冰冻线以下且不小于 1.5m、间距为 2～3m。其与被保护管道之间的连接应牢固。

（　）23. AD06 管道穿越公路、铁路时，穿越管道的管顶距离铁路轨枕下面不得小于 1.5m，距离公路路面不得小于 1.2m，在路边低洼处管线埋深不得小于 0.9m。

（　）24. AD06 管道穿越公路、铁路时，穿越管道的管顶距离铁路轨枕下面不得小于 1.6m，距离公路路面不得小于 1.5m，在路边低洼处管线埋深不得小于 0.9m。

（　）25. AD06 管道穿越公路、铁路时，穿越管道的管顶距离铁路轨枕下面不得小于 1.5m，距离公路路面不得小于 1.2m，在路边低洼处管线埋深不得小于 0.8m。

（　）26. AD06 顶管穿越公路、铁路时，第一节管顶进方向的准确性是关键，应认真加以控制、仔细检查和测量，轴线偏差不超过顶进长度的 1%。

第二部分　专业知识

管道防腐管理部分

（　）27. BA01 每月应定期检查长效参比电极的有效性，并采用经校准的便携式参比电极对其进行校准，当差值超过±50mV时，应进行处理或更换。

（　　）28. BA01 检查接线柱与大地绝缘情况，电阻值应大于1000kΩ，用万用表测量，若小于此值应检查接线柱与外套钢管有无接地。

（　　）29. BA01 应定期检查工作接地和避雷器接地，并保证其接地电阻不大于10Ω。

（　　）30. BA01 各阴极保护站进入正常连续工作阶段。应在30天之内，进行全线近间距的电位测量。

（　　）31. BA02 PCM进行电流检测时，良好涂层与不良涂层间杂的管道，则不良涂层段会产生较大的管线电流衰减。目标管道与其他金属体短路或搭接时，管线电流急剧陡降。

（　　）32. BA02 将A字架置于管道上方（一般A字架位置在管线两侧5m以内即可），并与管道平行，绿色脚钉位于远离发射机方向，红色脚钉位于接近发射机方向。

管道保护管理部分

（　　）33. BB01 当发生打孔盗油气案件时，要积极主动配合公安部门调查处理案件，并跟踪案件的进展情况。

（　　）34. BB04 对于已经形成的占压，要根据分公司清理占压的计划，积极协调相关方清理占压，及时在PIS系统中填报相关信息。

（　　）35. BB04 不必对与第三方施工单位对关联段管道的保护工程进行验收。

（　　）36. BB04 对第三方施工关联段管道的保护工程验收合格后，撤离看护人员和临时警示标识。

（　　）37. BB04 对第三方施工中与管道关联管段相关的施工资料，上交管道科和留存输油气站存档管理。应及时在PIS系统中填报相关信息。

（　　）38. BB05 汛期各输油（气）站必须加强巡线，雨后要及时巡线，特别要加强对河道加宽、河道改道等灾害的巡查与监测。

（　　）39. BB05 对突发险情，要立即采取临时防护措施，并及时上报防汛办公室。

（　　）40. BB05 对危及管道安全的重大事故隐患，要立即组织抢修，并及时报告防汛办公室。

管道应急管理部分

（　　）41. BD01 在应急预案演练结束后，应当对应急预案演练效果进行总结，撰写应急预案演练总结，分析存在的问题，并对应急预案提出修订意见，并上传到PIS系统。

三、简答题

第一部分　基础知识

阴极保护知识部分

1. AA03 简述常见铜/硫酸铜电极、饱和甘汞电极、饱和氯化银电极、锌电极相对氢电极的电位。

2. AA05 简述罐底板外表面阴极保护准则。

3. AA07 为使所设计的阴极保护系统有效，管道要满足哪些条件？

4. AA08 防腐层性能的基本要求是什么？

工程施工管理部分

5. AD05 防腐层施工期间补口补伤检验内容包括哪些？

第二部分 专业知识

管道防腐管理部分

6. BA01 在现场采用万用表对恒电位仪接线板上的输出阳极、输出阴极、零位接阴、参比电极线进行检测，检测数值为何种情况时，可以初步判断恒电位仪运行正常？

管道保护管理部分

7. BB04 第三方施工结束后，需要开展哪些工作？

管道完整性管理部分

8. BC01 一般应采取何种措施，开展高后果区管段的公共教育？

管道应急管理部分

9. BD01 在应急预案演练结束后，应当开展哪些工作？

四、计算题

第一部分 基础知识

阴极保护知识部分

1. AA02 已知某站需要的牺牲阳极电流输出为 0.2A，设计寿命 20 年，电流效率 0.5，如使用阳极理论电容量 2200 Ah/kg 的镁阳极，阳极使用率 85%，则该阳极质量应选用多少？

高级资质理论认证试题答案

一、单项选择题答案

1. A	2. C	3. C	4. D	5. A	6. B	7. C	8. D	9. B	10. B
11. A	12. C	13. C	14. A	15. C	16. A	17. B	18. A	19. B	20. B
21. D	22. A	23. C	24. D	25. A	26. A	27. C	28. B	29. D	30. C
31. D	32. D	33. B	34. B	35. C	36. C				

二、判断题答案

1.×镁阳极具有高驱动电压、低电流效率、高造价的特点，多用于电阻率大于$10\Omega\cdot m$的土壤或淡水环境中。　2.×镁阳极在咸水或盐水中，使用温度不宜超过30℃。　3.√
4.×铜/硫酸铜电极（CSE）相对氢标电极的电位是0.3V。　5.×饱和甘汞电极（SCE）相对氢标电极的电位是0.241V。　6.×饱和氯化银电极（KCl）相对氢标电极的电位是0.25V。　7.√
8.×管道受到交流干扰为80A/m²时，判断交流干扰程度为中。　9.×在进行交流干扰测试时，测试中读取数据时间间隔一般为10~30s。　10.√
11.√　12.×测量埋地钢质管道交流干扰时，参比电极可采用钢棒电极、硫酸铜电极。采用钢棒电极时，其钢棒直径不宜小于16mm。　13.√　14.√　15.√　16.√　17.√
18.√　19.√　20.√
21.√　22.×牺牲阳极表面应保持洁净、无油污等。其组装和埋设应符合设计要求，埋深应在冰冻线以下且不小于1m、间距为2~3m。其与被保护管道之间的连接应牢固。
23.×管道穿越公路、铁路时，穿越管道的管顶距离铁路轨枕下面不得小于1.6m，距离公路路面不得小于1.2m，在路边低洼处管线埋深不得小于0.9m。　24.×管道穿越公路、铁路时，穿越管道的管顶距离铁路轨枕下面不得小于1.6m，距离公路路面不得小于1.2m，在路边低洼处管线埋深不得小于0.9m。　25.×管道穿越公路、铁路时，穿越管道的管顶距离铁路轨枕下面不得小于1.6m，距离公路路面不得小于1.2m，在路边低洼处管线埋深不得小于0.9m。　26.×顶管穿越公路、铁路时，第一节管顶进方向的准确性是关键，应认真加以控制、仔细检查和测量，轴线偏差不超过顶进长度的1%。　27.×每月应定期检查长效参比电极的有效性，并采用经校准的便携式参比电极对其进行校准，当差值超过±20mV时，应进行处理或更换。　28.×检查接线柱与大地绝缘情况，电阻值应大于100kΩ，用万用表测量，若小于此值应检查接线柱与外套钢管有无接地。　29.√　30.√
31.√　32.√　33.√　34.√　35.×与第三方施工单位对关联段管道的保护工程进行验收，对管道是否受损进行确认，详细记录隐蔽工程的情况。　36.√　37.√　38.√　39.√
40.√　41.√

三、简答题答案

1. AA03 简述常见铜/硫酸铜电极、饱和甘汞电极、饱和氯化银电极、锌电极相对氢电极的电位。

答：铜/硫酸铜电极0.300V、饱和甘汞电极0.241V、饱和氯化银电极0.250V、锌电极−0.8V。

评分标准：答对每项各占25%。

2. AA05 简述罐底板外表面阴极保护准则。

答：① 在施加阴极保护时，测得的保护电位为−1200~−850mV（CSE）。测量电位时，必须考虑消除测量方法中所含的IR降误差；② 罐/地极化电位为−1200~−850mV（CSE）；③ 阴极极化或去极化电位差大于100mV的判据。

评分标准：答对①②各占30%，答对③占40%。

3. AA07 为使所设计的阴极保护系统有效，管道要满足哪些条件？

答：① 管道必须是电气连续的。如果管道上有承插接口，法兰连接的阀门，要用跨接线跨接；② 被保护的管道段必须和其他埋地管道、电缆、接地极绝缘，可采用绝缘接头或绝缘法兰；套管穿越时，主管和套管之间要安装绝缘垫块；③ 管道穿越其他管道、电缆、或埋地结构时，其间距要大于 0.4m，如果间距小于 0.1m，要在它们之间安装绝缘板；当管道与其他结构平行时，其间距应大于 10m；④ 管道上的阀门、三通、管件也要涂敷，管道上的电动阀头要与阀体绝缘(可以采用接地电池进行接地)，管道不能与固定墩中的钢筋短路。采用金属支架进行跨越时，应在管道跨越两端安装绝缘接头。并用跨接线将跨越两端的管道连接。

评分标准：答对①~④各占 25%。

4. AA08 防腐层性能的基本要求是什么？

答：① 与金属有良好的粘结性；② 电绝缘性能好，有足够的电气强度(击穿电压)和电阻率；③ 有良好的防水性及化学稳定性，即防腐层长期浸入电解质溶液中，不发生化学分解而失效或产生导致腐蚀管道的物质；④ 具有足够的机械强度及韧性，即防腐层不会因施工过程中的碰撞或敷设后受到不均衡的土壤压力而损坏；⑤ 具有耐热和抗低温脆性，即防腐层在管道运行温度范围内和施工过程中不因温度过高而软化，也不会因温度过低而脆裂；⑥ 耐阴极剥离性能好，能抵抗阴极析出的氢对防腐层的破坏；⑦ 抗微生物腐蚀；⑧ 破坏后易修复；⑨ 材料价廉，便于施工。

评分标准：答对①⑦⑧⑨各占 8%；答对②⑥各占 10%；答对③④⑤各占 16%。

5. AD05 防腐层施工期间补口补伤检验内容包括哪些？

答：① 外观检查：每补完一个口或一个伤，操作者应自检，外观如有麻面、皱纹、鼓泡等缺陷，应及时处理；② 厚度检查：每 20 个口或伤至少抽查 1 个口或伤，每个口或伤上、下、左、右测 4 点，厚度不应低于管体防腐层厚度。采用聚乙烯热收缩套(带)进行补口的除外；③ 漏点检测：对补伤、补口区进行漏点检测，且不应有漏点；④ 粘结力检测：按照相应防腐层标准规定的方法和抽查比例进行检测。不合格的不应投用。

评分标准：答对①~④各占 25%。

6. BA01 在现场采用万用表对恒电位仪接线板上的输出阳极、输出阴极、零位接阴、参比电极线进行检测，检测数值为何种情况时，可以初步判断恒电位仪运行正常？

答：① 将万用表置于直流电压挡，正负极分别接参比电极与零位接阴，万用表应显示稳定的管道保护电位；② 将万用表置于电阻最小挡，正负极分别接输出阴极和零位接阴，万用表显示电阻值应较小；③ 用万用表置于电阻最大挡，正负极分别连接输出阳极和输出阴极，万用表应显示为不接通，但电阻值不应为无穷大。

评分标准：答对①②各占 30%，答对③占 40%。

7. BB04 第三方施工结束后，需要开展哪些工作？

答案：① 与第三方施工单位对关联段管道的保护工程进行验收，对管道是否受损进行确认，详细记录隐蔽工程的情况；② 对第三方施工中与管道关联管段相关的施工资料，上交管道科和留存输油气站存档管理。应及时在 PIS 系统中填报相关信息。

评分标准：答对①②各占 50%。

8. BC01 一般应采取何种措施，开展高后果区管段的公共教育？

答：① 设立标示牌，加强宣传，普及高后果区内居民区的安全知识，提高群众紧急避险的意识；② 对与从事挖掘活动有关的人员开展安全教育；③ 应与从事挖掘等活动人员建立联系制度，在挖掘活动之前进行确认；④ 一旦管道发生泄漏，应当采取保护公共安全的措施；⑤ 建立向管道泄漏可能影响到的政府、居民区、学校、医院等发出管道安全警告的机制。

评分标准：答对①~⑤各占 20%。

9. BD01 在应急预案演练结束后，应当开展哪些工作？

答：① 对应急预案演练效果进行总结，分析存在的问题，并对应急预案提出修订意见；② 撰写应急预案演练总结；③ 上传到 PIS 系统。

评分标准：答对①②各占 40%，答对③占 20%。

四、计算题

1. AA02 已知某站需要的牺牲阳极电流输出为 0.2A，设计寿命 20 年，电流效率 0.5，如使用阳极理论电容量 2200Ah/kg 的镁阳极，阳极使用率 85%，则该阳极质量应选用多少？

解：镁阳极消耗量计算

$$W = \frac{I \times t \times 8766}{U \times Z \times Q}$$

$$= \frac{0.2 \times 20 \times 8766}{0.5 \times 2200 \times 85\%} = 37.5\text{kg}$$

答：该站应使用大于 37.5kg 的镁阳极

评分标准：能够写出使用的计算公式，得本题分数的 40%，正确带入数值得本题分数的 30%，计算出正确结果并明确答案得本题分数的 30%。

高级资质工作任务认证

高级资质工作任务认证要素明细表

模块	代码	工作任务	认证要点	认证形式
一、管道防腐管理	S-GD-01-G01	管道阴极保护管理	管道阴极保护系统异常情况分析与应对	步骤描述
	S-GD-01-G02	管道防腐层管理	编制防腐层修复方案	步骤描述
二、管道保护管理	S-GD-02-G01	管道巡护管理	协调处理管道保护相关事宜	步骤描述
	S-GD-02-G04	第三方施工管理	对第三方施工关联段管道保护工程进行验收、归档	步骤描述
	S-GD-02-G05	防汛管理	汛期巡线与抢修	步骤描述
	S-GD-02-G06	管道占压管理	参与管道占压清理	步骤描述
三、管道应急管理	S-GD-04-G01	应急预案	组织应急预案演练后评价，撰写演练总结	步骤描述

高级资质工作任务认证试题

一、S-GD-01- G01 管道阴极保护管理——管道阴极保护系统异常情况分析与应对

1. 考核时间：20min。

2. 考核方式：步骤描述。

3. 考核评分表。

考生姓名：_____   单位：_____

序号	工作步骤	工作标准	配分	评分标准	扣分	得分	考核结果
1	根据给出的恒电位仪异常情况，分析故障原因，提出调查及处理方案	（1）恒电位仪无电，电源指示灯不亮，分析故障为：主电源断路器跳闸；电源熔断器熔断；指示灯损坏，处理方法：检查设备是否有短路，然后合闸；更换熔断器或指示灯；	12.5	故障原因分析正确得5分，处理方法正确得12.5分			
		（2）恒电位仪输出电压、电流达到最大；C1电位指示下降，故障原因：绝缘法兰短路；或与其他地下金属结构物短路；参比电极损坏，处理方法：修复短路的绝缘法兰，断开地下金属构筑物；检查参比电极测量线或更换参比电极；	12.5	故障原因分析正确得5分，处理方法正确得12.5分			

序号	工作步骤	工作标准	配分	评分标准	扣分	得分	考核结果
1	根据给出的恒电位仪异常情况,分析故障原因,提出调查及处理方案	(3) 恒电位仪噪声增大,故障原因:机箱摆放不平;主继电器接触不良;主变压器、滤波电抗器螺栓松动,处理方法:机箱垫平;更换主继电器;拧紧松动螺栓;	12.5	故障原因分析正确得5分,处理方法正确得12.5分			
		(4) 恒电位仪故障灯亮,故障原因:测试转换跳动;阳极或阴极汇流电缆开路;参比电极电缆开路或参比电极失效,处理方法:按复位按钮;检查阳极或阴极汇流电缆;检查参比电极电缆或更换参比电极;	12.5	故障原因分析正确得5分,处理方法正确得12.5分			
		(5) 控制电位正常,保护电位高或满幅,输出电压、电流为零,故障原因:外部故障,可能是参比电极电缆或零位接阴电缆断路,也可能是参比电极损坏,失效或流空,处理方法:分次进行检查排除;	12.5	故障原因分析正确得5分,处理方法正确得12.5分			
		(6) 控制电位正常,保护电位低,接近自然电位,输出电流为零,输出电压高或满幅,故障原因:外部故障,最可能是阴极电缆或阳极电缆断接,较少可能是端子锈蚀、虚接或通电点脱落,更少可能有阳极锈断(对运行多年管道可能相对增大),处理方法:应确定恒电位仪输出保险器良好;	12.5	故障原因分析正确得5分,处理方法正确得12.5分			
		(7) 控制电位正常,保护电位偏离控制,误差大,输出电压电流正常(随控制调节同步变化),故障原因:比较放大器电路平衡失调;外部故障,处理方法:检查调整,调整不能恢复则有元器件不良,检查排除后进行电路调整;由参比电极特性不良所致,进行更换;	12.5	故障原因分析正确得5分,处理方法正确得12.5分			
		(8) 控制电位正常或不正常(不正常多表现与调节不同步),保护电位低,接近自然电位,输出电压、电流为零,故障原因:恒电位仪内部故障,处理方法:须对电路元件、部件,与电路有关的端子、插件、掉线等进行检查和排除	12.5	故障原因分析正确得5分,处理方法正确得12.5分			
	合计		100				

考评员   年 月 日

二、S-GD-01-G02 管道防腐层管理——编制防腐层修复方案

1. 考核时间：30min。
2. 考核方式：步骤描述。
3. 考核评分表。

考生姓名：_____　　　　　　　　　　　　单位：_____

序号	工作步骤	工作标准	配分	评分标准	扣分	得分	考核结果
1	叙述《防腐层大修选段及核查管理规定》中管道防腐层大修选段原则	(1) 管道防腐层大修选段必须根据近五年内管道内、外检测报告，结合近三年内地面检漏结果及(或)日常管理资料进行； (2) 原则上，如果有管道内检测数据，应首先依据内检测结果进行选段：① 管道内检测显示管体金属腐蚀较密集—连续500m内存在沿管道轴向分布较均匀的腐蚀3处及以上，且主要位于管道3：00~9：00时钟位置内的管段，应全部优先安排防腐层大修；② 如不能同时安排，则应以单元管段腐蚀轻重程度作为防腐层大修先后依据；③ 未在大修段内的中度以上腐蚀点应通过局部修补先行处理； (3) 如果没有内检测数据，则应根据管道外检测数据、土壤条件并结合地面检漏数据、管道阴极保护电流密度与日常管理资料综合考虑	50	(1) 第(1)、(3)条描述错误扣10分； (2) 第(2)条其中①、②、③每项描述错误扣10分			
2	编制防腐层修复项目立项建议书	按标准格式编制项目立项建议书，项目建议书立项理由充分，符合中国石油管道公司E版文件《防腐层大修选段及核查管理规定》要求；工程概况、工程量明确；投资概算测算明细	50	(1) 格式不正确，扣10分； (2) 项目立项理由不符合中国石油管道公司E版文件要求扣10分； (3) 工程概况、工程量未列出明细，少1项扣5分； (4) 投资概算高于审核价格10%，扣20分			
	合计		100				

考评员　　　　　　　　　　　　　　　　　　　　年　　月　　日

三、S-GD-02-G01 管道巡护管理——协调处理管道保护相关事宜

1. 考核时间：10 min。

2. 考核方式：步骤描述。

3. 考核评分表。

考生姓名：_____   单位：_____

序号	工作步骤	工作标准	配分	评分标准	扣分	得分	考核结果
1	协调处理管道保护相关事宜	（1）协调处理管道保护相关事宜，协助向相关部门行文发函，进行管道维权；（2）当发生打孔盗油气案件时，要积极主动配合公安部门调查处理案件，并跟踪案件的进展情况	100	缺少一项扣50分			
	合计		100				

考评员   年   月   日

四、S-GD-02-G04 第三方施工管理——对第三方施工关联段管道保护工程进行验收、归档

1. 考核时间：10 min。

2. 考核方式：步骤描述。

3. 考核评分表。

考生姓名：_____   单位：_____

序号	工作步骤	工作标准	配分	评分标准	扣分	得分	考核结果
1	对第三方施工关联段管道保护工程进行验收	与第三方施工单位对关联段管道的保护工程进行验收，对管道是否受损进行确认，详细记录隐蔽工程的情况。验收合格后，撤离看护人员和临时警示标识	80	（1）未与第三方施工单位对关联段管道的保护工程进行验收，扣50分；（2）未对管道是否受损进行确认，扣10分；（3）未详细记录隐蔽工程的情况，扣10分；（4）验收合格后，未撤离看护人员和临时警示标识，扣10分			
2	对第三方施工关联段管道保护工程进行归档	对第三方施工中与管道关联管段相关的施工资料，上交管道科和留存输油气站存档管理。应及时在PIS系统中填报相关信息	20	（1）未将相关资料上交管道科和留存输油气站存档管理，扣10分；（2）未及时在PIS系统中填报相关信息，扣10分			
	合计		100				

考评员   年   月   日

五、S-GD-02-G05 防汛管理——汛期巡线与抢修

1. 考核时间：10 min。
2. 考核方式：步骤描述。
3. 考核评分表。

考生姓名：_____　　　　　　　　　　　　单位：_____

序号	工作步骤	工作标准	配分	评分标准	扣分	得分	考核结果
1	汛期巡线	汛期各输油(气)站必须加强巡线，雨后要及时巡线，特别要加强对河道加宽、河道改道等灾害的巡查与监测	30	雨后未及时巡线的，扣30分			
2	汛期抢修	对突发险情，要立即采取临时防护措施，并及时上报防汛办公室。对危及管道安全的重大事故隐患，要立即组织抢修，并及时报告防汛办公室	70	（1）对突发险情，未立即采取临时防护措施的，扣20分；（2）未及时上报的，扣10分；（3）对危及管道安全的重大事故隐患，未立即组织抢修的，扣30分；（4）未及时报告防汛办公室的，扣10分			
	合计		100				

考评员　　　　　　　　　　　　　　　　　　　　　　年　　月　　日

六、S-GD-02-G06 管道占压管理——参与管道占压清理

1. 考核时间：10 min。
2. 考核方式：步骤描述。
3. 考核评分表。

考生姓名：_____　　　　　　　　　　　　单位：_____

序号	工作步骤	工作标准	配分	评分标准	扣分	得分	考核结果
1	参与管道占压清理	（1）对于已经形成的占压，要掌握分公司清理占压的计划；（2）根据计划积极协调相关方清理占压；（3）及时在PIS系统中填报相关信息	100	缺少第（1）项，扣30分；缺少第（2）项，扣50分；缺少第（3）项，扣20分			
	合计		100				

考评员　　　　　　　　　　　　　　　　　　　　　　年　　月　　日

七、S-GD-04-G01 应急预案——组织应急预案演练后评价，撰写演练总结

1. 考核时间：10 min。

2. 考核方式：步骤描述。

3. 考核评分表。

考生姓名：_____　　　　　　　　　　　单位：_____

序号	工作步骤	工作标准	配分	评分标准	扣分	得分	考核结果
1	组织应急预案演练后评价	在应急预案演练结束后，应当对应急预案演练效果进行总结	30	演练结束后，未组织后评价总结的，扣30分			
2	撰写演练总结	撰写应急预案演练总结，分析存在的问题，并对应急预案提出修订意见；上传到PIS系统	70	（1）未撰写应急预案演练总结的，扣30分； （2）未分析问题的，扣10分； （3）未对预案提出修改意见的，扣10分； （4）未上传到PIS系统的，扣20分			
	合计		100				

考评员　　　　　　　　　　　　　　　　　　　　　　　　年　　月　　日

参 考 文 献

[1] 冯洪臣. 阴极保护安装与维护[M]. 北京：经济日报出版社，2010.

[2] GB/T 50698—2011 埋地钢质管道交流干扰防护技术标准[S].

[3] GB 50991—2014 埋地钢质管道直流干扰防护技术标准[S].

[4] SY/T 0420—1997 埋地钢质管道石油沥青防腐层技术标准[S].

[5] SY/T 0447—2014 埋地钢质管道环氧煤沥青防腐层技术标准[S].

[6] SY/T 0379—2013 埋地钢质管道煤焦油瓷漆外防腐层技术规范[S].

[7] SY/T 0442—2010 钢质管道熔结环氧粉末内防腐层技术标准[S].

[8] GB/T 23257—2009 埋地钢质管道聚乙烯防腐层[S].

[9] SY/T 6854—2012 埋地钢质管道液体环氧外防腐层技术标准[S].

[10] SY/T 0414—2007 钢质管道聚乙烯胶粘带防腐层技术标准[S].

[11] Q/SY GD 1028—2014 埋地管道外防腐层及保温层手册[S].

[12] SY/T 0407—2012 涂装前钢材表面处理规范[S].

[13] Q/SY GD 1034—2014 管道地面标识管理手册[S].

[14] 冯庆善，王婷，秦长毅，等. 油气管道管材及焊接技术[M]. 北京：石油工业出版社，2015.

[15] 中国石油天然气股份有限公司管道分公司. 油气管道管体缺陷修复手册[S]. 廊坊，2014：2-10.

[16] GB/T 21246—2007 埋地钢质管道阴极保护参数测量方法[S].

[17] Q/SY GD 1036—2014 管道线路第三方施工管理手册[S].

[18] GD 50251—2015 输气管道工程设计规范[S].

[19] GB 32167—2015 油气输送管道完整性管理规范[S].